U0350845

《环境经济研究进展》（第五卷）编委会

环境经济研究进展

PROGRESS ON ENVIRONMENTAL ECONOMICS

（第五卷）

中国环境科学学会环境经济学分会

葛察忠　秦昌波　黄茂兴　李红祥　主编

中国环境科学出版社·北京

图书在版编目（CIP）数据

环境经济研究进展. 第 5 卷/葛察忠等主编. —北京：
中国环境科学出版社，2012.12
ISBN 978-7-5111-1166-1

Ⅰ.①环… Ⅱ.①葛… Ⅲ.①环境经济学—文集
Ⅳ.①X196-53

中国版本图书馆 CIP 数据核字（2012）第 241615 号

责任编辑　陈金华
助理编辑　刘　杨
责任校对　唐丽虹
封面设计　玄石至上

出版发行　中国环境科学出版社
　　　　　（100062　北京市东城区广渠门内大街 16 号）
　　网　　址：http://www.cesp.com.cn
　　电子邮箱：bjgl@cesp.com.cn
　　联系电话：010-67112765（编辑管理部）
　　　　　　　010-67113412（教材图书出版中心）
　　发行热线：010-67125803，010-67113405（传真）
　　印装质量热线：010-67113404
印　　刷　北京中科印刷有限公司
经　　销　各地新华书店
版　　次　2012 年 12 月第 1 版
印　　次　2012 年 12 月第 1 次印刷
开　　本　787×1092　1/16
印　　张　13.75
字　　数　340 千字
定　　价　45.00 元

总　序

　　作为中国环境科学学会的分支机构，环境经济学专业委员会在环境保护部、中国环境科学学会的指导下，第一届委员会于 2003 年 12 月正式成立，挂靠在环境保护部环境规划院。2008 年，环境经济学专业委员会调整更名为环境经济学分会，成立第二届委员会。环境经济学分会的成立，为政府机构、环境科技、环境教育、环境管理工作者在环境经济领域的交流与合作搭建了一座良好的平台，为中国的环境经济学发展起到了有效的促进作用。

　　环境经济学的研究在中国已经有近 30 年的历史，并取得了丰硕的研究和实践成果。近 6 年来，环境经济学分会与相关单位开展了不同层面的环境经济与政策学术活动，举办了若干次环境经济学术国际研讨会，与美国、欧洲、日本等环境与资源经济学协会开展了学术交流，分会委员们发表和出版了许多环境经济论文和专著，有力推进了中国环境经济学的学科发展。从 2007 年开始，环境经济学分会结合国家环境经济政策项目，与环境保护部环境规划院和《环境经济》杂志社联合开办了《中国环境经济》网页（http://www.csfee.org.cn），充分发挥了环境经济学分会的平台辐射作用。2008 年，中国环境科学学会环境经济学分会又委托浙江大学等单位，开展了全国环境经济学学科发展调查。

　　为了进一步推动中国环境经济学的发展，克服环境经济学分会近期难以创办学术期刊的局面，环境经济学分会理事会决定从 2008 年开始，不定期出版《环境经济研究进展》，展示中国环境经济学研究的最新发展和趋势，交流中国环境经济学研究和实践成果。我们希望《环境经济研究进展》成为传播中国环境经济学动态的载体，沟通环境经济信息的平台。为此，希望环境经济学分会全体委员以及关心环境经济学研究的各界人士积极投稿，一起办好《环境经济研究进展》，为推动中国环境经济学的学术发展和政策应用添砖加瓦。

王金南　主任委员

中国环境科学学会环境经济学分会

序　言

　　环境保护部环境规划院是中国政府环境保护规划与政策的主要研究机构。环境规划院的主要任务是根据国家社会经济发展战略，专门从事环境战略、环境规划、环境政策、环境经济、环境管理、环境项目等方面的研究，为国家环境规划编制、环境政策制定和重大环境工程决策提供科学技术支持。

　　环境经济政策是指按照市场经济规律的要求，运用价格、税收、财政、信贷、收费、保险等经济手段，影响市场主体行为的政策手段。环境经济政策是以内化环境行为的外部性为原则，对各类市场主体进行基于环境资源利益的调整，从而建立保护和可持续利用环境资源的激励和约束机制。环境经济政策体系是解决环境问题最有效、最能形成长效机制的办法，是宏观经济手段的重要组成部分，更是落实科学发展观的制度支撑。

　　"十一五"以来，环境经济政策体系建设受到国家高度重视，环境经济政策试点探索全面铺开，国家出台了大量的绿色信贷、环境财政、生态补偿等环境经济政策，这些环境经济政策在国家的节能减排中发挥了重要作用，环境经济政策在环境政策体系中的地位不断上升。不少地方也积极结合当地的环境保护工作需要，大力开展生态补偿、绿色信贷、环境责任险等政策的试点探索，并积累了很多很好的经验。与此同时，环境经济学学科建设也取得了很大的进展，不少学校新增了环境经济学硕士点和博士点；环境经济学研究也取得了很大的突破，国家科研立项项目逐年增多，科研论文发表的水平和数量逐年提升，环境经济学研究的国际化水平也在逐步提高。环境经济学研究也为环境经济政策的制定和实施提供了重要支持。

　　2011 年是"十二五"环境保护工作的起始之年，"十二五"期间节能减排压力进一步加大，对环境经济政策的创新和应用提出了更高的要求和更大的需求。中国环境科学学会环境经济学分会联合中国环境规划院、福建师范大学于2011 年 12 月 14—16 日在福建武夷山召开了中国环境科学学会环境经济学分会

2011 年学术年会，会议的主题为"十一五"环境经济政策：进展和展望。国内有关专家学者就"十一五"时期环境税费、生态补偿、排污交易等政策的实践进展、环境经济学学科发展、环境经济学研究理论与方法等问题进行交流与讨论。我们将会议论文进行了整理，编辑成《环境经济研究进展》（第五卷、第六卷）出版。希望《环境经济研究进展》（第五卷、第六卷）的出版，不仅评估和总结"十一五"时期环境经济学和环境经济政策研究的进展、分析存在的问题和取得的经验，也为我国"十二五"时期环境经济政策制定和试点，以及环境经济学学科建设提供思路和参考。

本书编委会

目　录

专家发言摘要 1

第一篇　环境经济理论与方法

城市发展与城市环境污染关系的计量研究 17
城市居民交通方式选择及其对能源与环境的影响 26
关于市场化改革对能源利用效率的影响的研究及其对中国的启示 35
基于PSR模型的土地利用系统健康评价及障碍因子诊断 44
空间环境经济学与环境经济地理学之比较及其启示 54
产业生态化理论研究进展与实践述评 65
四川省工业经济系统的效率研究——环境与经济协调发展理论的应用 69
林权改革对生态环境影响的多维量表分析 78
基于总量控制的主要污染物总量指标预算管理体系初探 85
基于不同视角的江西省资源环境基尼系数研究 90

第二篇　环保投融资和环境财政政策

协整分析在水污染防治投资预测中的应用 105
四川省行业绿色信贷指南制定实践探讨 112
我国环境经济政策的研究进展及其展望 120
浙江省发展低碳经济战略对策研究 126

第三篇　环境税费政策

区域差异对我国排污税费政策的影响分析及对策研究 133
太湖流域最佳管理措施成本效果综合分析 141

第四篇　生态补偿

黄河流域生态补偿机制研究 153
海西生态补偿机制构建的思考 158

流域阶梯式生态补偿标准研究及应用 163

我国矿产资源开发生态补偿政策的回顾与展望 170

自然保护区生态补偿问题的思考——以贵州雷公山自然保护区为例 179

第五篇　排污交易

国际航空业纳入欧盟排放交易系统（EU-ETS）对中国的影响及对策 189

基于公平发展视角的碳减排国际比较 196

美国 SO_2 排放权交易经验及对中国的启示 204

专家发言摘要

会议背景

（1）2011 年 12 月 14—16 日，中国环境科学学会环境经济学分会 2011 年学术年会在福建武夷山市成功召开。会议由中国环境科学学会环境经济学分会、环境保护部环境规划院、水专项"战略与政策"主题专家组联合举办，福建师范大学承办。

（2）"十一五"以来，环境经济政策体系建设受到国家高度重视，环境经济政策试点探索全面铺开，国家环境经济政策体系建设在稳步推进。与此同时，环境经济学学科建设也取得了很大的进展，国家科研立项项目逐年增多，科研论文发表的水平和数量逐年提升，环境经济学研究的国际化水平也在逐步提高。2011 年是"十二五"环境保护工作的起始之年，"十二五"期间节能减排压力进一步加大，对环境经济政策的创新和应用提出了更高的要求和更大的需求，有必要评估和总结"十一五"时期环境经济学和环境经济政策研究的进展、分析存在的问题和取得的经验，为"十二五"时期环境经济政策制定和试点，以及环境经济学学科建设提供思路和参考。在此背景下，中国环境科学学会环境经济学分会联合环境保护部环境规划院、水专项"战略与政策"主题专家组共同举办此次年会，为各位专家、学者搭建一个研讨沟通的平台，交流国内环境经济政策实践和研究进展，为"十二五"时期环境经济政策研究与实践提供思路。

（3）中国环境科学学会任官平秘书长、环境保护部政策法规司燕娥处长、分会主任委员、环保部环境规划院副院长兼总工王金南教授、福建师范大学汪文顶副校长等出席了会议。在大会开幕式上，任官平秘书长对环境经济学分会的发展和取得的成绩给予了高度评价，并代表中国环境科学学会热烈祝贺本次年会的召开。为供有关单位把握环境经济政策研究进展和实践动态，特将专家发言要点进行总结归纳，供参考。

会议主题

本次会议设置了大会报告和分会场报告两部分。其中，围绕特定主题设置了 3 个分会场报告。参会的环境经济研究专家围绕相关主题进行发言、讨论和交流。3 个分会场主题设置如下：

（1）生态补偿与环保投融资政策

（2）排污交易与环境税费政策

（3）环境经济理论与方法

会议专家发言摘要

大会主题报告

燕　娥（环境保护政策法规司　处长）：“十二五”环境经济政策建设规划

燕娥处长指出，尽管“十一五”时期环保工作取得明显成效，但总体上我国环境问题尚未得以遏制，形势依然十分严峻。为了更有效地解决应对环境挑战，需要加快环保工作的历史性转变。从环保手段而言，需要从过去过于重视行政手段的运用向更多地应用综合性手段转变，特别要重视环境经济政策在污染减排中的作用。

“十一五”期间，我国环境经济政策主要在制定“双高”名录，推行绿色信贷和环境污染责任保险试点等取得了较大进展，“十二五”期间，主要的环境经济政策制度建设包括完善排污权有偿使用和生态补偿、开展环境污染损害鉴定评估工作，为污染责任保险提供技术支撑等。近期环境保护政策法规司的主要工作包括：推行重污染企业退出机制（发布“指导意见”，利用信贷政策支持等），制定《对外投资环境指南》，配合财政部设计环境税方案，开展《环境经济政策综合名录》制定，参与制定进出口关税政策，推行环保债券并支持企业发布环保债券，推进企业环境行为信用评价，继续推进环境污染强制责任保险试点和绿色信贷政策等。

葛察忠（环境保护部环境规划院　研究员）：“十一五”环境经济政策实践进展

葛察忠研究员指出，“十一五”时期是我国环境经济政策面临重要机遇的时期。对“十一五”期间出台的环境经济政策文件的统计分析显示：国家层面出台的环境经济政策多达189项，政策制定和出台的各部委中，以财政部出台较多，且政策出台数量逐年增长较快，这与节能减排工作的政策创新需求有直接关系。地方环境经济政策制定和出台不均衡，以浙江、江苏出台较多，欠发达地区较少，政策出台的类型与国家层面类似，以财税、定价政策居多。政策出台总体上呈东西中分布格局，以东部地区出台数量最多。

重点领域环境经济政策进展有很大不同。环境财政政策制度框架初备，表现在国家环保投入增加，环保专项资金对解决阶段性环保问题起到了重要作用，但还存在着中央和地方政府的环保事权和财政事权不明确，政府和市场的职责不明确等问题。“十一五”期间环保税制建设还是以环保相关税收的“绿化”为主，主要表现在所得税优惠，推行汽车消费税等领域，相关税收优惠政策的贯彻落实还存在很多问题，环境税试点工作需要“自上而下”的强力推动，这是下一步环境税制建设的重点。此外，生态补偿政策实践在江苏、河北等10余个省市开展了试点，但仍存在主要停留在政策口号层面，试点探索缺乏上位法律依据，部门间合作机制建设不足等问题。而在环境资源定价政策方面，建立反映实际环境资源成本的环境定价机制建设仍然是一个长期性的课题，如排污费政策的再改革，如何有效发挥电价政策在高耗能行业的减排作用等尚需要进一步研究。绿色信贷政策处于快速发展阶段，但仍尚处于起期。行业环境经济政策在“调结构，促转型”中初步发挥作用，但仍需要进一步挖潜。总体而言，“十一五”期间的环境经济政策体系仍然以环境财政、税费和定价政策为主，在落实环境规划目标、促进节能减排工作中发挥了积极的作用，基本搭建了环境经济政策体系框架，“自上而下”和“自下而上”相结合的试点探索正在快速推进的过程中。

葛察忠研究员也指出：在环境经济政策体系建设取得很大进展的同时，也应看到环境经济政策在政策体系中的地位总体上还比较低，许多环境经济政策仍处于试点、试行阶段，不少环境经济政策的效用远未发挥，国家环境经济政策体系尚未真正建立，各方对环境经济政策体系建设的认识还不足。建议在"十二五"时期，需要加快环境财政制度建设，推进排污交易和生态补偿两种机制，加快环境税费、价格、金融和贸易四个重点领域的环境经济政策研究和制定。

孙莉宁（安徽省环保厅　处长）：巢湖流域水环境保护与环境经济政策探讨

孙莉宁处长首先介绍了巢湖流域及其水环境状况，指出巢湖流域水环境治理面临重大挑战，需要重视环境经济政策的创新和应用。进而，介绍了安徽省针对巢湖环境治理出台和实施的环境经济政策进展，指出目前安徽省出台的有关政策主要包括排污收费、阶梯水价、企业证券、环境税费、绿色信贷政策等。

其中，安徽省排污收费连续几年基本维持在 5 亿元左右，随着排污费征收的力度加大，排污费征收将呈现先增后降的趋势，依靠排污费对环保治理的刺激和引导作用将逐步下降，如合肥市 2008 年下降率达到了 38%，并认为现行的排污收费制度在筹集环保资金方面的效果并不理想；2010 年安徽省合肥市开始实行阶梯式水价制度，基本水价分三级，但是平均水资源费征收标准较低，仅为 0.06 元/m^3，远低于全国直辖市和主要省会城市的 0.22 元/m^3 水平，阶梯用水价格仍未能反映环境成本价格，无法起到经济杠杆的调节作用；在企业环境债券方面，国家发展改革委 2009 年核准巢湖城投发行企业债券 12 亿元，其中 4 亿元将用于巢湖清淤填塘固基兼滨湖造地工程；合肥市建投公司债券 20 亿元，全部用于合肥市环境改善项目排水设施建设一期工程和河道整治一期工程。但是，主要政策目标在于提升城市土地价值和防洪排涝、绿化美化，改进环境效益考虑不足；税费优惠政策方面，目前主要是对脱硫脱硝上网电价有优惠政策支持，应扩大范围，对水污染物 COD、总磷和总氮减排给予政策优惠；省内各银行业金融机构对不符合国家环保政策要求的项目坚决不受理，但是绿色信贷政策尚缺乏科学可操作的政策支撑，国家和地方相关的产业政策需适时细化更新提供配套；农业生态补贴主要为油菜秸秆还田（20 元/亩）、小麦秸秆还田（10 元/亩）和秸秆收购资源化利用（50 元/t），但是仍存在补偿力度较小，对资源化利用激励不足问题。

建议"十二五"时期，采取基于污染物排放强度的阶梯税率办法推进排污费改税；开展对不同行业、不同类型污染物对环境危害的同质化以及成本转换体系研究，为推进污权交易提供支撑；启动化肥农药减施补贴、有机肥生产补贴、有机肥使用补贴、资源综合利用补贴等相关补贴补偿，推动农业面源污染治理生态补偿，同时提高已有农业补贴政策补偿标准；增加对水污染物减排的税费优惠政策，鼓励企业不断提高污染治理水平。

黄茂兴（福建师范大学经济学院　教授）："十一五"期间环境竞争力发展评价

黄茂兴教授对环境竞争力发展评价研究的理论依据、评定省域环境竞争力的指标评价体系和计算方法进行了介绍，并应用构建的指标体系对我国 31 个省份进行了环境竞争力评价，并对评价结果进行了分析和讨论。其研究成果《环境竞争力绿皮书中国省域环境竞争力发展报告（2005—2009）》，已由社会科学文献出版社出版。

平行分会一：生态补偿与环保投融资政策主题报告

李国平（西安交通大学经济与金融学院　教授）：我国矿产资源开发生态补偿政策的回顾与展望

首先，李国平教授以矿产资源开发生态补偿政策的发展为主线，指出我国矿产资源开发生态补偿大体经历 3 个阶段：征收生态补偿费阶段、缴存环境治理保证金阶段和综合治理阶段。而后，对该 3 个阶段的法律政策进行了评析，指出不同阶段的政策演变体现了我国环境政策从命令-控制模式向经济激励模式转变的进程，行政管理手段从以行政征收为主向行政指导和行政合同为主转型的过程，实施依据从非规范性文件向法规、规章转化的方向。同时指出，在试点推行的过程中，地方政策的正当性和合理性值得怀疑，地方政策的差异性不可避免造成市场竞争的不公平；国家层面法律规范的缺失是造成这些问题的主因。

最后，李国平教授对建立我国矿产资源开发生态补偿机制的政策需求进行了分析，并对政策发展趋势进行了展望：①统一立法是生态补偿机制有效推进的基础和前提；②改革矿产资源税费政策，加大投入；③建立矿山环境治理和生态恢复政府部门之间的协调机制，理想的模式就是目前生态保证金加补偿基金的模式，而不是征收环境税的思路，这种点对点的模式市场导向更明确，激励机制更有效，与行政许可的结合也可以更好地达到事前预防的目的。

张　炳（南京大学环境学院　博士）：江苏省环境经济政策实践与经验

张炳博士围绕江苏省环境经济政策实践进展状况、实践经验、存在问题及"十二五"江苏省环境经济政策建设重点领域等作了报告。

首先概括总结了近期江苏省陆续出台和实施的主要环境经济政策总体状况：①初步形成了环境保护价格调节机制；②初步建立了多元化环境公共财政投入机制；③积极探索环境资源区域补偿政策；④积极探索排污交易机制及其他市场手段，如绿色信贷、环境责任保险等。

其次，介绍了江苏省实践的主要环境经济政策，包括排污收费政策、扬尘排污收费政策、污水处理收费政策、环境财政政策、排污权有偿使用及交易政策、生态补偿政策、绿色信贷政策、环境污染责任保险政策及农村环境保护的经济政策等的实施效果和存在问题，指出目前已初步形成了以环境价格体系为核心，以污染物排放指标有偿使用和环境资源区域补偿为辅助手段，综合运用财税、信贷、保险手段的环境经济政策体系框架，环境经济政策在筹集资金、促进污染物减排和提升环境质量方面发挥了一定重要作用。但同时也依然存在环境经济政策设计系统性不足、建设力度不够、部分现行环境经济政策不适应形势发展等问题。

最后，对江苏省"十二五"环境形势进行了分析，阐述了制定环境经济政策的主要方向，介绍了"十二五"期间需重点推进的环境经济政策：进一步完善环境价格政策，体现环境成本；加大环境财政投入，促进总量减排；建立生态补偿机制，体现环境公平性；创新环境金融政策，优化产业结构；加大农村环境保护投入，创新农村环境经济政策。

李军军（福建师范大学经济学院　讲师）：基于公平发展视角的碳减排国际比较

首先，李军军介绍了发达国家和发展中国家对认定碳排放历史责任、分配碳减排任务所存在的争议点，指出发达国家和发展中国家认识上的差异使得应对全球气候变化的国际碳减排合作机制充满变数。而后，阐述了国际面板数据模型的构建过程，分析了 1971 年至 2009 年 32 个发达国家和 17 个发展中国家经济增长对二氧化碳排放的影响程度，结果发现 CO_2 排放的收入弹性系数为 0.6，但利用面板数据模型的分割点检验，弹性系数有增长趋势。最后，得到下述结论：发达国家碳排放的收入弹性系数一直大于发展中国家，《京都议定书》规定的碳减排双重政策没有造成产业非正常转移，发达国家也没有严格履行碳减排义务，从各国公平拥有经济发展权的角度来看，要求发展中国家立即承担严格的碳减排义务是不公平的。

陈　鹏（环境保护部环境规划院　博士）：我国环保投资统计核算研究中若干关键问题解析

陈鹏博士首先介绍了环保投资核算研究中理论与实践层面存在的关键问题：①目前我国环保投资概念理论上界定不清，统计核算范围边界模糊，单独环保活动与环境受益活动未作明确区分；关于城市集中供热、清洁生产、节能节水、自然资源集约利用以及城市绿化等领域是否纳入以及如何纳入环保投资统计核算体系尚缺乏统一认识；②现行"三同时"环境保护投资、工业污染源治理投资以及城市环境基础设施建设投资的统计体系已无法满足基于不同生态环境要素保护角度的精细化管理与科学决策要求；③环保投资统计核算制度不完善，数据较为分散，重复交叉严重，时间跨度不一致，数据管理不规范。

其次，对环保投资统计核算范围及核算科目体系框架的构建进行了探讨，得出下述结论：①基于相关环境保护行政主管部门的主要目的而非私营企业或个人主要目的的原则、固定资产投资原则以及消除和预防费用原则确定环保投资统计核算范围；②城市绿化、燃气、集中供热、节能节水、自然资源集约利用、防灾减灾以及环保产业均不应纳入环保投资统计核算范围；③采用额外成本法将清洁技术纳入环保投资统计范围，因难以确定基准投资水平而导致可操作性较低，建议清洁生产领域将以环境保护为目的的技术改造纳入统计范围，直接计算技术改造活动带来的额外成本；④环保投资统计核算科目体系可以采用层级法与不同角度分类法。相对而言，层级法结构稳定、层次分明、应用灵活、服务多重目的，建议采用该方法进行环保投资统计核算，并提出要素-领域-属性-活动-设施五层科目体系框架结构。

刘新民（四川省环境保护科学研究院　助理研究员）：四川省行业绿色信贷指南制定实践探讨

刘新民围绕《四川省钒钛钢铁行业绿色信贷指南》（以下简称《指南》）的制定过程、《指南》的内容和特点、存在问题及保障行业绿色信贷指南科学性与可操作性的建议等四个方面作了报告。

首先介绍了《指南》的制定过程，包括研习"赤道原则"、确定准入门槛、构建评价指标体系、选择评价方法、确定权重等，重点介绍了评价指标体系构建所经历的 6 个阶段。而后介绍了定量定性指标体系、环境风险评价方法、绿色信贷分级管理等《指南》主要内容，并与《中国钢铁行业绿色信贷指南》做了比较，认为要保证行业绿色信贷指南的科学性和可操作性，必须做到：①确定好地区行业特殊性的衡量标准；②区分具体项目贷款和企业资产重组及运营资金贷款的环境风险；③评估绿色信贷指南的实施对行业的影响；④设计对节能减排技术改造项目的鼓励条款；⑤增加对贷款中、贷款后的环境风险进行动态监控的内容；⑥逐步建立绿色信贷环境风险评估的环境专家库；⑦做好和银行业界的沟通。由于环境信息的不透明和评价标准的缺失，使得绿色信贷的执行效果受到了影响，建立信息共享机制，同时制定企业环境风险评价标准成为亟须。

张国珍（兰州交通大学　教授）：流域城市水环境污染治理的水交易机制研究——以黄河上游兰州段为例

张国珍教授结合流域水权交易模式、排污权交易模式、黄河流域兰州段水环境现状及水交易市场的构建等探讨了在同一流域水权和排污权交易市场相结合的问题。

首先介绍了流域水权和排污权交易体系。流域水权交易包括流域水权体系、水权制度构架体系、水权制度的内容、水权交易机制构建的前提等。流域排污权交易模式涵盖水污染物排放权交易体系模式选择、体系构架及机制构建的前提等内容。而后，介绍了黄河流域兰州段水环境现状的调查情况，包括水资源概况、污染概况、污染特点等，指出构建水交易市场是解决目前兰州段污染较为严重、事故频发、入河排污口管理失控、城市环境基础设施建设滞后等一系列问题的最佳选择。最后，从总体框架、黄河兰州段水权市场结构、黄河兰州段排污权市场结构、黄河兰州段实施监控管理系统的建设思路、信息采集与传输、计算机网络、水资源信息管理系统、信息服务系统及监控管理中心 9 个方面初步构建了黄河流域兰州段水交易市场。

章　显（郑州大学　工程师）：基于总量控制的主要污染物总量指标预算管理体系初探

章显工程师结合我国污染物总量控制的刚性减排制度，围绕总量预算指标来源、总量指标预算方法、总量指标预算管理等方面进行了报告。

首先提出污染物总量指标预算管理体系，阐述了污染物总量预算指标的定义，指出总量预算指标来自污染减排增量，是预期的污染物排放新增总量，具有一定的滞后性，可能在 2～3 年才能显现出来。其次，剖析了环境容量、污染物现状排放量、污染物新增排放量与总量预算指标的函数关系，以此为基础阐述了基于环境容量的污染物总量指标预算分配模型以及年度预算演化模型的建立过程。最后，对污染物总量指标预算管理方法进行了初步探讨，提出了下述管理方法：①将污染减排量作为总量指标的"收入线"，将总量指标的供给作为总量指标管理的"支出线"，实行"收支两条线"管理制度；②建立排污权交易制度能够调动地方政府和企业的减排积极性；③将预算指标作为环评审批的约束条件，建立环评审批需求总量与预算总量联动管理机制；④建立严格的总量指标核准和动态管理制度。

石广明（南京大学环境学院　博士）：基于自愿协议的跨界流域生态补偿政策分析

石广明博士首先基于合作博弈理论分析了以自愿协商方式开展跨界流域生态补偿的可能性，指出在强制性要求流域内跨界断面水污染物总量达标的前提下，跨界流域生态补偿问题是一个流域内各地区的收益分配问题，并提出如果能使得流域上下游各地区在完全合作情况下都产生收益，便能使得各地区以自愿协商形式开展跨界流域生态补偿。

在此基础上，以河南省贾鲁河流域的郑州、开封、许昌、漯河及周口 5 个城市的 4 个跨市界断面（中牟陈桥、扶沟摆渡口、临颍高村桥、西华纸坊）为实证研究对象，模拟计算了 2008 年各区域在部分合作和完全合作情景下，削减 COD 所产生的收益，并分析了各区域的合作收益协商解。

最后，采用 4 种不同的分配方式（核仁法、弱核仁法、Shapley 值法及 SCRB 法）对完全合作情况下的收益进行了分配，结果显示：采用分离成本剩余收益法（SCBR）所得到的结果对各地区而言合作稳定性较强，在这种收益分配方式下，各地区均不容易从完全合作的情况中分离出去。并利用 SCBR 法分配收益的结果，测算了各区域的跨界流域生态补偿额。

平行分会二：排污交易与环境税费政策主题报告

田淑英（安徽大学经济学院　教授）：我国环境经济政策的研究进展及其展望

田淑英教授重点介绍了我国环境经济政策研究概况、"十一五"期间环境经济政策研究进展以及环境经济政策研究趋势 3 方面问题。首先，概述了我国用于应对环境污染治理问题的各类环境经济政策，包括排污收费政策、资源税费政策、经济优惠政策以及环保投融资政策等的研究状况，认为学术界越来越关注污染防治的环境经济政策研究。而后，分析总结了"十一五"以来我国环境经济政策的研究进展，认为主要体现在：排污费、环境税、排污权交易、环境投融资以及环境管制等领域，研究结果表明：①排污收费政策在污染物减排效果方面并不很理想，需要进一步矫正排污费政策失灵，需提高其科学性、透明度，完善其实施系统，改善其实施环境；②环境税效应研究集中在对国民经济增长的影响及"双重红利"两方面，学者多运用 CGE 模型模拟分析碳税的影响；③对排污权交易的研究主要集中在排污权配额分配、排污权对厂商行为的影响、排污权交易带来的社会福利等方面；④对环保融投资研究主要集中在政府投资和信贷政策工具用于环境保护的方式和有效性方面；⑤对环境管制的研究集中在对环境污染数量管制及环境经济政策执行监管方面。

通过对我国学者近几年来的环境经济政策研究的梳理和总结，田淑英教授认为今后我国环境经济政策研究需加强环境经济政策基础性理论研究；环境经济政策手段有效性研究，以及环境经济政策的组合研究。

董战峰（环境保护部环境规划院　博士）：中国环境税改革的几个关键问题

董战峰博士从我国环境税制建设需求、环境税制改革框架、环境税实施面临的挑战以及"十二五"环境税改革思路 4 个方面分析了我国环境税改革的若干关键问题。首先指出了环境税改革的理论基础主要源于环境物品的公共物品属性以及由此产生的外部性问题，以及"经济人"（环境行为者）的有限理性以及环境信息的不对称性。对当下社会各界关注的环境税和排污权交易两种政策的对比分析表明，现阶段前者相对更具备大范围实施的条件和基础。认为我国现行税制的环保职能弱化，存在结构性缺陷。并介绍了"十一五"期间一系列重要政府工作文件对环境税费改革的需求和要求。

而后，提出了环境税设计方案，并对环境税收入进行了测算，认为环境税收入专款专用可以大大缓解长期存在的环保投入资金不足问题；指出环境税改革要解决好整体税种结构的优化，遵守税收中性原则，这也是国际环境税改通行的做法；介绍了国际上开征环境税可能产生的双重和多重"红利"，指出环境税"红利"问题要考虑时间效应；指出研究和实践中对能源密集型产业竞争性可能产生的影响存在着不同看法，环境税收入建议专款专用并以地方税为主，建议环境税征管采用环保代征、税务主导的模式。董博士同时也指出，"十一五"期间，环境税改进展主要还是集中在现有税制的绿化，且主要体现在有关税种的税式支出政策方面，高度重视环保相关税收的绿化仍是下一步环境税制改革的重点。

在"十二五"环境税改革中，董博士建议重点把握好 4 个问题：搭建综合协调的统一环境税制改革框架，争取开征独立环境税，加快现有环保税种绿色化；加强部际协调、形成有效机制，尽快推进和深化典型区域试点，这是影响环境税改推进的关键；环境税初期重在调控对环境产生明显影响的行为，并逐步扩大税基、优化税率；环境税开征前必须做好预告、技术培训等一系列准备工作。

祝 建（福建师范大学经济学院 教授/博导）：环境保护视角下我国绿色税收体系的构建

祝建教授指出，在我国经济发展取得举世瞩目成就的同时，环境污染日益严重且已成为制约我国经济发展的"瓶颈"。现行税收政策对环境保护调控激励功能不足，在借鉴国际经验的基础上，结合我国国情，提出建立健全我国绿色税收体系需从完善现行税制、开征环境税（能源税、排污税、噪声税、垃圾税）以及健全配套措施入手，并提出了具体对策建议：①在增值税改革中降低循环企业和可再生能源企业的增值税税率；健全对回收废旧物资企业的优惠政策；取消对化肥、农药、农机、农膜等免征或减征增值税的规定。②把煤炭、一次性餐具、一次性包装物、一次性口杯等重点污染物纳入消费税征收范围；对环境友好型产品和清洁能源产品免征或减征消费税；将消费税征收环节推广到批发、零售及消费发生行为环节，并将消费税由价内税改为价外税。③扩大资源税的征收范围，将土地、海洋、地热、草原和滩涂淡水等自然资源列入资源税的征收范围；将其他资源相关税费，如土地增值税、耕地占用税、矿产资源管理费等并入资源税。④提高现行城市维护建设税的税率；把城市维护建设税征收的范围拓宽到乡村，加快农村基础设施的建设，改城市维护建设税为城乡维护建设税。

魏 琦（南京大学环境学院 助理研究员）：江苏省太湖流域污泥处理处置经济政策研究

目前，我国有 80%的污泥没有得到较好地处理与处置，近年来江苏太湖流域污泥产生量逐年增加，虽污泥处置比率不断升高，但污泥资源化利用率却逐年下降。而且，江苏太湖流域污泥全过程管理机制中，除污泥处置环节外，污泥产生处理环节和储存运输环节尚未有配套的经济政策。从 2008 年开始，江苏省物价局、财政厅和环保厅等政府部门从污水处理费中抽取 0.2 元/t 用于污泥处置设施建设与运营。

在无补贴和有补贴两种情形下，魏琦对污泥处理处置技术进行了成本收益分析。结果表明：无补贴时，热电厂焚烧处置的成本效益最低，污泥处置对电厂而言负担较重。制砖和水泥窑协同焚烧由于处置污泥可节约部分原料的投入，负担较轻。而污泥制肥以污泥为产品的主要原料，处置过程即为其生产过程，通过肥料产品的销售，基本抵消了污泥处置的成本，并略有盈利。有补贴的情况下，热电焚烧的收益最少，堆肥绿化的收益最高。并指出现行的均一化补贴标准，不利于区域污泥处理处置技术的引导。

研究还表明，随着污泥含水率下降，焚烧中需蒸发水分的能耗减少，可节约更多的燃料。60%～20%干化技术虽先进，但是成本很高，这一情境下污泥处理成本在包括污泥运输、焚烧等成本在内的污泥治理总成本中所占的比例较大。建议江苏省太湖流域完善污泥处理处置补贴标准体系，鼓励有条件的进行污泥脱水至含水率 60%，并鼓励 BOT/BOO 等特许经营。

黎元生（福建师范大学经济学院　教授）：我国流域治理机制创新的目标模式与政策含义

黎元生教授分析了我国现行的流域多层治理机制的缺陷。包括：①各级政府是流域治理的单边主体，企业和社会公众，在流域治理过程中的参与度较低；②政府职能分工诱发"碎片化权威"，即多头管理体制的弊端；③流域区际政府缺乏有效的协作机制。基于此，认为我国现行的流域多层治理机制难以实现流域生态与经济社会的可持续发展。

黎元生教授指出加快构建流域网络治理机制是流域生态系统复杂性和多功能性的客观要求，也是发达国家流域治理的普遍经验，更是推进我国府际间"碎片化"缝合的现实选择。进而提出了流域网络治理机制的基本框架，并分析了闽江流域案例，认为其政策着力点考虑设计为：设立权威的流域协调机构，规范行政分层治理的考核体系，建立流域区际政府间协商机制和完善流域治理的自愿性激励政策。

赵细康（广东省社科院环境经济与政策研究中心　研究员）：广东建立碳排放权交易市场的国际借鉴及核心机制设计研究

赵细康研究员重点介绍了碳排放权交易的经济学基础、碳排放权交易市场的发展及碳排放权交易的核心机制设计等。首先，他指出碳排放权是指权利主体获取的一定数量的气候环境资源的限量使用权，在性质上属于一种排放许可。排放权交易就是一种许可排放配额的交易，需要以总量控制指出为前提。其次，介绍了排放权交易的产生过程及应用，以及《京都议定书》中规定的排放权交易。最后，通过国际上主要排放权交易市场和交易所机构的调研分析，综述了碳交易系统的类别和 2005 年至 2010 年国际碳排放交易市场的发展状况。

赵细康研究员指出，其课题组是广东碳排放权交易试点的技术支持单位。目前已经完成广东碳排放权交易的核心机制设计，主要包括①相对减排制度下的总量设置，采用总量分置与增量分步扩容的模式来克服中国目前的相对碳减排难题；②运用标杆法则对碳排放配额进行初始分配；③制定《广东省碳排放权交易管理办法》及一系列的配套管理办法；④正在开发碳核查技术和碳排放清单编制技术，并将碳核查技术应用到现有的节能减排监控体系中。

李晓琼（环境保护部环境规划院　助理研究员）：国际航空业纳入欧盟排放交易系统（EU-ETS）对中国的影响及对策

报告分析了欧盟将国际航空业纳入 EU-ETS 的法律政策及驱动原因，列举了国际航空业对此的反应，并分析了欧盟此举对中国航空业的影响，提出了争取有利于中国航空业发展的空间，制定并采取相应的应对措施，推进我国温室气体交易体系及航空技术改革等政策建议。

欧盟于 2008 年通过法案，自 2012 年 1 月 1 日起正式将所有欧盟和非欧盟航班纳入欧盟温室气体排放交易系统（EU-ETS）。中国共 33 家航空公司列入名单，经测算：仅 2012 年一年，中国航空公司至少需向欧盟支付约 8 亿元人民币。欧盟此举的主要原因主要是①保护环境，减少航空业对气候变化的影响；②保护欧洲航空业在国际市场的竞争力，限制非欧盟企业在欧盟市场的扩张；③掌握政治经济主导权。以美国为首的各国航空业表示了对欧盟政策的强烈反对，美国早在 2009 年 12 月已将欧盟起诉。国际民航组织（ICAO）也公开发表声明反对欧盟此举。

对我国航空业的建议包括：①通过政治谈判寻求对发展中国家航空企业的优惠政策；或参照美国的模式，由航空协会和企业联合起诉；呼吁建立全球统一的航空业碳减排方案；②研究并提出碳税抵消措施；发挥航空器买方力量，或入股欧洲航空企业；③建立我国碳排放标准及排放监测标准；建立我国自己的温室气体排放交易体系；加快推进航空技术改革。

何　盼（南京大学环境学院　助理研究员）：我国排污权交易政策设计：基于"十一五"试点地区的案例分析

报告首先介绍了排污权交易在世界范围内的广泛实践及我国的排污权交易试点进展情况。指出目前我国排污权交易主要存在的问题为试点鲜有交易发生并未对促进环境质量改善起到明显作用。她认为不恰当的政策设计是导致我国排污权试点无法有效运转的根本原因，且往往有关政策间缺乏整合，构成政策冲突。

报告选取了江苏太湖、重庆、浙江等 6 个国家试点地区为分析对象，针对其在排污权交易关键问题上的政策设计进行评估。主要包括污染物总量的确定与初始分配、交易模式与成本、排污权时间流动性以及监管和罚则 5 个环节。

分析结果表明：造成排污权交易政策不能有效运转的主要原因包括政策设计缺乏科学性和可操作性，政策间缺乏整合性。总量控制与排污许可证及交易制度之间的冲突，造成排污许可证制度并没有真正起到相应的作用，排污权交易无法真正得到执行。

平行分会三：排污交易与环境税费政策主题报告

毛显强（北京师范大学环境学院　教授）：政策环评的先行尝试：贸易政策的环境经济影响评价——理论、方法、实践

毛显强教授介绍了我国开展贸易政策环评的背景、国内外研究进展，指出在贸易领域开展政策环评十分必要且可行，并分别采用 CGE 模型和 CPE 模型对出口退税贸易政策开展了环境影响评价。

首先采用标准 GTAP 模型，分别对单一高污染行业（钢铁）取消出口退税和多个高污染行业（能源和原材料、纺织和服装、钢铁和化工四大高污染部门）取消出口退税进行了一般均衡分析。单一行业取消出口退税的一般均衡分析结果显示：降低钢铁行业出口退税虽然能够带来一定的环境改善，但这一间接性针对污染排放的经济政策工具，会使得资源优化配置时，以经济最优而非环境最优；同时，若降低出口退税应当覆盖所有污染行业，以避免因国内生产要素的流动而发生"污染转移（泄漏）"。多个高污染行业取消出口退税的一般均衡分析结果显示：对污染性行业全面降低出口退税，可以有效防止行业间"污染泄漏"或"污染转移"的发生，结构效应影响较大。

而后，采用 CPE 模型分别对钢铁行业进行了降低出口退税和取消出口退税的局部均衡分析，结果显示：出口退税率下调将导致钢铁制品、生铁和铁合金等产品出口数量下降，产量规模降低，进而使得钢铁行业污染排放减少。从福利变化来看，我国生产者剩余均有所下降，但政府税收支出大幅减少；国内总福利上升；国外消费者福利有所损失。

最后，毛显强教授指出：评估贸易政策的经济环境影响是可行的，环境经济学可以为政策环评提供有效手段和工具；降低和取消对高污染产品的出口退税补贴有利于改善环境，这一改善的实现主要通过结构效应和规模效应实现，但没有技术效应贡献；仅对单一高污染行业/产品取消出口退税，会由于要素转移导致产业间污染转移。因此，取消出口退税应尽可能覆盖所有高污染产业/产品；一般均衡分析有助于认识结构与规模效应的共同作用；局部均衡分析有助于认识行业内部细分行业或产品的情况。

穆嫱旎（中国人民大学国民经济核算研究所　博士）：资源环境国际流量的识别与测算思路

首先，穆嫱旎博士介绍了开展资源环境国际流量测算的背景和重要意义，总结了综合环境经济核算、物质流与资源生产力核算、虚拟水及内涵能源测算与分析，以及环境逆差等相关领域的研究进展，归纳提出了 3 种资源环境国际流动形式，包括自然形式下的资源环境国际流动、经济领域与环境领域间的跨国界资源环境流动以及国际贸易背后的资源环境国际流动。并借助国际贸易中的"进口"、"出口"概念，综合显示这些流动给一国带来的影响，为资源环境国际流量的定量测算提供前提。

在前述基本背景问题介绍的基础上，穆博士重点介绍了测算各种经济产品进出口的资源环境国际流量的基本思路。主要是通过引入投入产出分析技术，并对传统投入产出表加以改进来实现的。穆博士认为经过改进的投入产出技术在资源环境流量测算方面具备以下 3 个优势：①可采用加边矩阵法测算；②可采用实物-价值混合型模式；③可应用完全消耗系数。并以水资源为案例分 3 个步骤进行了分析，包括通过"加边"将水资源投入与投入产出表对接；计算直接用水系数和完全用水系数，将经济活动与水资源消耗联系起来；在完全用水系数基础上，测算内嵌于商品贸易中的水资源量。

最后，穆博士总结到：本研究主要是阐释了资源环境国际范围流动的各种形式，为实现这些流量及差额的核算提供了一个基础，但是对于如何对将理论定义讨论延伸到实务测算还是一个值得探讨问题。

朱建华（环境保护部环境规划院　助理研究员）：协整分析在水污染防治投资预测中的应用

朱建华主要从水污染防治投资评估、水污染防治投资与经济增长的协整分析、"十二五"水污染防治投资预测、水污染防治投资统计存在的问题及对策、水污染防治投资相关建议 5 个方面介绍了协整分析在水污染防治投资预测中的应用情况。

朱建华首先介绍了我国"六五"至"十一五"期间的水环境投资情况，分析了水环境投资的环境效益和经济效益；从数据采集、影响因素分析、协整分析等几方面详细介绍了水污染防治投资的协整分析步骤，并分别应用灰色系统、时间序列、协整分析 3 种方法预测了我国"十二五"水污染防治投资情况，结果显示协整分析预测结果较为符合实际情况。

最后，朱建华总结了水污染防治投资统计存在的主要问题：环保投资概念不清，统计范围不一致；环保投资统计方法科学性不强，重复交叉统计现象严重；环保投资统计制度不完善，数据管理不规范等。并建议在将来的环境投资政策改革中要明确界定环保投资内涵，调整环保投资统计范围；建立环保投资的科学统计方法，真实反映环保投资水平；完善环保投资统计制度，规范环保投资统计。

黄和平（江西财经大学鄱阳湖生态经济研究院　副教授）：基于不同视角的江西省资源环境基尼系数研究

黄和平教授首先介绍了基尼系数的概念及内涵，基于 GDP、人口和生态容量的 3 种资源环境基尼系数计算方法，并利用 3 种方法，以江西省 11 个地市作为评价对象，选取能源消耗、SO_2 排放及 COD 排放 3 个评价因子，测算了江西省 2009 年基于 GDP、人口和生态容量的资源环境基尼系数。

从能源消耗的基尼系数的计算结果来看，3 种计算方法的结果都均显示基尼系数远超"警戒线"，而且引起能源消耗区域间不公平的主要因子表现出高度的一致性。从水资源的基尼系数的计算结果来看，3 种计算方法表现出不同的结果，引起水资源消耗的区域间不公平的主要因子也不相同。从 COD 排放的基尼系数的计算结果来看，3 种计算方法表现出较好的一致性，都未超过"警戒线"，COD 排放在各地市间比较公平，但引起 COD 排放区域间不公平的主要因子却不尽相同。从 SO_2 排放的基尼系数的计算结果来看，也表现出较高的一致性，但都超过了"警戒线"，表明 SO_2 排放在各区域间公平性欠缺，也发现引起 SO_2 排放区域间不公平的主要因子表现出较高的一致性。

黄和平副教授在总结发言中指出：①从不同角度计算的资源环境基尼系数来判别资源消耗或环境污染的区域公平性或合理性似乎都有一定的科学性，但也有其自身的不完善性；②不论从哪个角度来计算什么方面的资源环境基尼系数和绿色负担系数，都存在着因果关系的指代不清或对应不明的问题，需要进一步细化原因和结果的一一对应关系；③仅从一个时间段面上判断资源消耗或环境污染在区域间的公平性与合理性显然也是不够充分的。

倪蔚佳（四川省环境保护科学研究院　工程师）：四川省工业经济系统的效率研究——环境与经济协调发展理论的应用

倪蔚佳首先介绍了开展四川省工业经济系统的效率研究的背景、研究目的及意义、研究内容及方法，然后重点介绍了运用环境与经济协调发展理论，以生态效率、环境压力弹性系数为指标，分析 2007 年、2009 年四川省工业经济系统主要物质消费（能源/资源及用水）和主要污染物排放的生态效率水平，以及经济发展与环境压力的耦合状态。

研究结果表明：①四川省各市州的工业能源/资源消费随经济的高速增长整体呈上升趋势，工业发展的资源依赖程度有所下降；②全省工业系统各项生态效率指标整体上升，但区域和行业的效益指标变化不平衡。从地区来看，过半数地区的能源/资源利用效率下降，能源消费及资源消费压力增加，过半数地区的工业用水利用效率提高，用水消费压力减轻；从行业来看，物质利用效率与主要污染物排放的环境效率偏低；③工业经济产值变化所带来的环境压力不尽相同。分地区来看，区域经济发展与能源消费的环境压力多呈"复钩"状态，主要资源、工业用水消费和主要污染物排放的环境压力有所减轻，"脱钩"明显。分行业来看，行业经济发展多与物质消费呈"复钩"关系。

倪蔚佳指出：实现环境-经济系统的协调持续发展应以发展为根本目标，考虑区域的资源环境特点，大力发展循环经济，促进"两高一资"行业的技术进步，提高生态效率，进一步挖掘区域经济增长领域，实现经济增长与物质消耗和环境退化的"脱钩"，通过技术进步实现行业发展与物质消费及污染物排放的"脱钩"，淘汰难以改善的"强复钩"行业。

曾维华（北京师范大学　教授）：基于 LMDI 的结构调整对 CO_2 减排的贡献度研究

曾维华教授介绍了评估指标分解模型、结构减排贡献率模型等研究方法，并以北京市石景山区 2005—2010 年 CO_2 排放量的测算与分解为案例进行了系统分析。运用了数平均指数法（LMDI）将该地区 CO_2 排放强度分解为排放系数效应、能源强度效应、能源结构效应,并进一步将能源强度的变化分解为产业结构效应和产业能源强度效应,从而全面反映结构调整对 CO_2 排放强度变化的影响。

计算结果表明:"十一五"期间石景山区 CO_2 排放强度下降了 14.47 t/万元,其中产业结构效应的贡献率为 53.98%,能源结构效应的贡献率为 26.84%,说明以首钢搬迁为代表的产业结构调整和"煤改气"能源结构调整对策的实施对石景山区 CO_2 减排的贡献很大。在对石景山区 2010—2015 年产业及能源结构进行情景预测的基础上,对结构减排的贡献度进行"十二五"的预测分析,结果表明"十二五"期间 CO_2 排放强度将下降 8.40 t/万元,其中产业结构效应的贡献率为 14.72%,能源结构的贡献率为 56.94%,说明结构调整仍将成为石景山区 CO_2 减排的主要驱动力。

曾维华教授提出了针对性政策建议:①以首钢搬迁为契机,制定产业扶持政策,实现第三产业对第二产业的稳定替代,以充分发挥产业结构调整的碳减排作用;②在确定天然气为主要能源利用类型的基础上,以石景山区现有的工业企业和自然环境为依托,建设可再生能源技术研发中心,充分开发和利用太阳能、风能和生物质能等清洁能源,进一步推动能源消费结构的调整,充分发挥能源结构调整的碳减排实效性;③在关注结构调整的碳减排实效性的同时,还应重点加快产业技术进步,尤其要加强对低碳技术的引进消化吸收与再创新,降低产业能源强度,提高能源利用率。

张东翔(北京理工大学 教授/博导):"双高"产品名录研究中的环境代价理论研究

张东翔教授首先简要介绍了环境经济政策配套综合名录、制定"双高"产品名录对环境代价研究的需求、制定环境经济政策配套综合名录的相关研究、"双高"产品分析中的环境代价与模型特点等情况;随后,介绍了环境代价的相关分析模型,以及环境代价的因子分析模型的具体情况,分析了 2005 年吉林松花江污染事件的计算参数,并对直接损失、校正损失、间接计算损失进行了测算和分析;介绍了环境代价指数计量模型,并对重金属高污染产品工艺清单和高氨氮污染产品工艺清单进行了分析;介绍了环境代价费用系数研究情况,并依此方法从国家污染源普查数据中涉及的总计 32 个大行业,267 个小行业,887 个产品中选择了 20 个大行业(130 个小行业)中总计选择 708 种产品,其中包含了 98 991 种广义工艺数目进行实证分析。

实证分析结果表明:环境代价指数对高污染特性的最终判断结果可信度较高,但是也存在部分高污染产品工艺的产排污系数缺少特征污染物的描述,导致其环境代价指数低于阈值以及产排污系数的工业废水量和工业废气量存在内涵不明确等问题。

张永亮(南京大学环境学院 博士):太湖流域水污染物排污交易系统的水环境影响研究

张永亮博士首先介绍了我国水污染排污交易的实施背景以及进展情况,指出不受约束的污染物排污交易(Tradable Discharge Permit,TDP)系统往往会在流域内造成空间的"热点问题",然后详细介绍了研究思路:①提出基于流域分区的交易比率(Zonal Based Trading Ratio,ZTR)系统,在追求成本效率的基础上,避免"热点问题";②运用基于主体建模(Agent Based Model,ABM)方法,选择太湖流域的武进港小流域进行水污染物排污交易市场的仿真;③将市场模型与水质模型(Water Quality Analysis Simulation Program,WASP)相结合,预测不同政策情景下的交易系统对流域水质的影响;④对 EPS、TDP 和 ZTR 3 种不同的政策情景进行比较分析。

接着以太湖流域的武进港为案例区，选择了 52 家重点工业污染源作为研究对象，按照上述 4 个分析步骤对武进港开展排污交易的水质影响进行了分析和模拟。结果显示：①在 EPS 情景下，各河段水质保持了较好的水平，但区域污染物处理总成本和单位污染物处理成本较高；②在 TDP 条件下交易市场对区域污染物总量控制达到了较好的效果，具有较好的成本效益。但也导致了过多的排污权通过交易进入下游，导致了下游水质恶化，即空间上的"热点"问题；③根据上下游间水体的迁移转化特性设定子流域间的交易比率，不仅未导致主要断面水质的恶化，而且对避免下游入湖断面的水质恶化起到了很好的作用，在达到水质目标、避免"热点"问题的同时，仍比命令控制政策具有成本效益；④ZTR 条件下的区域污染物控制总成本和平均成本相对较高，这是由于交易比率导致一些主体为了购买所需排污权付出了更多的成本。

最后，张永亮博士指出了该研究中的不足和将来的研究方向，包括：仅考虑空间热点，假设污染物均匀排放，忽略了时间热点问题；排污主体的污染物处理成本函数需要进一步优化；需要扩大研究区范围，增加参与主体数量；不同分配方法对市场和环境的影响，要重视调整排污权初始分配；在交易系统中考虑纳入农业面源污染。

总　结

本次年会共有 28 位国内环境经济政策研究专家在会上作了主题报告。这些专家来自环境保护部环境规划院、中国科学院、中国人民大学、北京师范大学、南京大学、广东省社科院以及福建环科院、湖北环科院、四川环科院等单位。来自高校院所以及政府有关部门的 100 余位代表与会。参会各方深入交流探讨了我国环境经济政策研究最新成果和实践经验，以及研究和实践中碰到的问题、解决的办法以及存在的困惑等相关问题。

本次学术年会回顾总结了"十一五"时期环境经济政策研究与进展，并展望了"十二五"环境经济政策研究重点，通过本次学术年会，各方参会人员对国内环境经济政策研究和实践总体进展、环境保护投融资、公共财税、生态补偿、绿色金融政策等重点领域环境经济政策的最新实践和研究动态有了一个很好的了解。

会议对推动国内环境经济政策研究与制定人员的对话和交流起到了积极作用，也为"十二五"时期环境经济政策研究与实践提供了很多很好的思路。本次学术年会取得了圆满成功，达到了各项预期目标。本次会议征集论文届时将择优结集出版《环境经济研究进展》（第五卷、第六卷）。

第一篇
环境经济理论与方法

◆ 城市发展与城市环境污染关系的计量研究
◆ 城市居民交通方式选择及其对能源与环境的影响
◆ 关于市场化改革对能源利用效率的影响的研究及其对中国的启示
◆ 基于 PSR 模型的土地利用系统健康评价及障碍因子诊断
◆ 空间环境经济学与环境经济地理学之比较及其启示
◆ 产业生态化理论研究进展与实践述评
◆ 四川省工业经济系统的效率研究——环境与经济协调发展理论的应用
◆ 林权改革对生态环境影响的多维量表分析
◆ 基于总量控制的主要污染物总量指标预算管理体系初探
◆ 基于不同视角的江西省资源环境基尼系数研究

城市发展与城市环境污染关系的计量研究*

Quantitative Study of Urban Development and Urban Environmental Pollution

刘 驰[1, 2] 陈祖海[1]

（1. 中南民族大学经济学院，武汉 430074;

2. 武汉大学经济与管理学院，人口·资源·环境经济研究中心，武汉 430072）

[摘 要] 根据武汉市城市发展相关数据，应用因子分析方法对城市发展水平进行综合测算，构建了城市发展综合指数，运用回归模型对城市发展综合指数和工业"三废"分别进行耦合分析并建模，探究武汉市城市发展对城市环境的影响。基于研究结果分析，提出促进武汉市城市经济与环境协调发展的对策建议。

[关键词] 武汉市 因子分析 城市发展 环境污染

Abstract Based on the data of Wuhan city，an urban development composite index was we structured by factor analysis methods. Then urban development composite index and the industrial "three wastes" are coupled respectively through regression models，in order to explore the impacts of Wuhan city development to urban environment. According to the analysis，countermeasures and suggestions are put forward to promoting the coordinated development of economy and environment of Wuhan City.

Keywords Wuhan city，Factor analysis，Urban development，Environment pollution

城市化是人口向城市聚集、城市规模扩大，经济增长集中以及由此引起一系列社会经济变化的过程，通常用城市人口比重指标或者非农业人口比重指标来表示，这一指标被称为城市化率。但是，城市化是一个非常复杂的经济社会过程，城市化的内涵应包括城市人口比重不断提高、人口空间布局的改变、产业结构的转变、居民收入和消费水平不断提高、城市文明不断发展、人口素质的提高，等等。城市化内涵的复杂性，使得传统的单一指标测量方法已经难以全面反映城市化水平及其变动，由此催生了复合指标测量方法在城市化研究中的应用。张耕田[8]、李振福[9]、丁刚等[10]运用不同的模型对城市化水平进行预测。刘志刚[11]、张思锋等[12]运用层次分析法对城市化水平测度进行

* 基金项目：2011 国家软科学研究计划项目（2011GXQ4B016），2010 中央高校基本科研业务费专项资金项目（ZSQ10016），2010 国家社会科学基金项目（10BMZ046），2009 中南民族大学教学研究项目（JYX09022）。

作者简介：刘驰，辽宁铁岭人，讲师，博士生，研究方向：人口资源与环境经济学。E-mail：brandy78@163.com；
陈祖海，湖北潜江人，教授，博士，研究方向：环境经济学。E-mail：chenzhai7@yahoo.com.cn。

了实证研究。

经济发展和环境之间的关系早已成为国内外学者研究的焦点之一。一种观点认为经济发展会对环境产生压力，因此必须加强环境保护，以保证环境与经济的平衡发展[2-4]；另一种观点认为经济发展本身就是环境保护的有效手段，随着经济增长，产业结构调整，依赖于资源和产生环境污染的产品需求减少，可以达到环境改善的目的[5]。最具代表性的是 Grossman 和 Krueger 发现的环境质量随着经济的增长呈现出先增长后减小的关系，也被称为环境库兹涅茨曲线，简称 EKC[1]。国内学者进行了一些实证研究：凌亢等[13]计算了经济规模、产业结构和排污强度对全国和南京"三废"的作用；胡明秀等[14]计算了人均 GDP 与工业"三废"之间的相关关系；于峰等[15]计算了各省经济发展对环境质量的影响，等等，大多考察了经济指标对环境指标的影响。

虽然城市发展水平与经济发展水平密切相关，但城市化进程对环境的影响与单纯的经济指标所反映的情况是不一样的。为此，本文以武汉市为研究对象，借鉴国内外运用复合指标测度城市化水平的相关研究，运用因子分析法对武汉市城市发展水平进行重新测定，依据相关统计数据计算出武汉的城市发展综合指数，探究城市化进程对城市环境的影响，为实现城市化与环境的协调发展提供参考。

1 研究对象及研究方法

1.1 研究地区概述

武汉市是湖北省省会城市，也是中部 6 省人口规模最大的城市，拥有完整的工业体系，2009 年常住人口 910 万，户籍人口 838 万人。武汉市 2010 年经济总量达到 5 515.76 亿元，GDP 总量在中部 6 省省会城市中名列第一①。近年来武汉市城市发展显著加快，城市工业、人口的高度集中，使得固体废弃物污染、水污染、空气污染等问题加剧。以水污染为例，据武汉市环保局公布，2010 年，全市废水排放量 78 376.66 万 t，其中工业废水 22 465.15 万 t，占废水排放总量的 28.66%；生活污水 55 911.52 万 t，占废水排放量的 71.34%，生活污水排放量仍超过工业废水排放量②。近 20 年来废水排放趋势如图 1 所示。

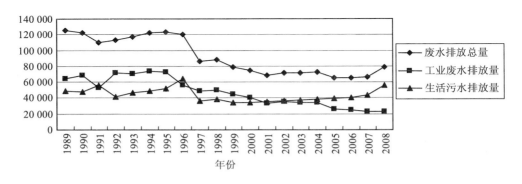

图 1　1989—2008 年武汉市废水排放量趋势图

---

① http://www.whtj.gov.cn/Article/ShowArticle.aspx?id=6217《2010 年武汉市国民经济和社会发展统计公报》.

② http://news.163.com/11/0318/03/6VD8UA5900014AED.html《2010 年武汉市环境状况公报》.

1.2　研究方法

1.2.1　因子分析法

因子分析是处理多变量数据的一种统计分析方法，能够有效地消除指标之间多重共线性的影响。其基本思想是以最少的信息丢失把众多的原始变量浓缩成少数的几个相互独立的综合因子变量，用它们来概括和解释具有错综复杂关系的大量的观测事实，从而建立起最简洁、最基本的概念系统，揭示出事物之间最本质的联系，然后以此为依据进行下面的分析。本文选用因子分析中的主成分分析法，构建城市发展综合指数。

因子分析的主要步骤为：①变量选择和相关矩阵的计算；②因子的提取；③累积方差贡献率的确定；④确定因子的数量；一般按照特征值大于 1 以及累积贡献率（即主成分解释的方差占总体方差的比例）大于 85% 的原则提取主成分因子；⑤对主成分因子的经济意义作解释，一般由权重较大的几个指标的综合意义来确定；⑥确定各因子得分并计算综合得分。在具体使用因子分析时，步骤②和③相互决定，很难分开的。

1.2.2　回归分析法

回归分析是最灵活和最常用的统计方法之一，它用于分析一个因变量与一个或多个自变量间的关系。回归分析主要用于研究因果关系，如因变量 Y 和自变量 X，它们的因果关系可以表示为 $Y=f(X)$，反映 X 对 Y 的影响。本文用城市综合发展指数分别与"三废"进行回归分析。

回归分析的主要步骤为：①建模，根据观察值的散点图判断因变量和自变量之间是否有一定关系；②估计回归函数，确定回归直线或曲线的走向，使其尽可能拟合观察点分布；③检验回归函数，回归系数，检验显著水平。

2　综合城市发展水平的测定

2.1　指标体系的构建

城市发展是一个复杂的动态变化过程，影响因素较多，它不仅体现了一个地区人口性质的变化，还体现出该地区的经济发展水平、产业结构以及人民的生活质量。本文从城市化的多个角度出发，采用复合指标法衡量城市发展水平。根据可操作性、针对性、层次性和系统性等评价原则，综合其他学者的研究成果[8-12, 16]，我们认为一个地区的城市发展水平主要由本地区的人口因素、经济水平、产业结构、生活水平、基础设施建设等方面综合反映。因此，本文从上述 5 个方面，选取 12 个相关指标进行分析，构建武汉市城市发展评价体系。其中，人口因素对应的指标：X_1——年末总人口数、X_2——非农业人口占总人口比重；经济水平对应的指标为：X_3——武汉市人均 GDP、X_4——国民生产总值；产业结构对应的指标为：X_5——第二产业占 GDP 的比重、X_6——第三产业占 GDP 的比重、X_7——重工业比重、X_8——万元工业总产值能源消费量；生活水平的指标为：X_9——居民人均消费支出、X_{10}——城镇居民可人均可支配收入；基础设施建设的指标为：X_{11}——人均道路面积、X_{12}——人均住房面积。

2.2　武汉市城市发展参数

运用 SPSS17.0 软件对武汉市 1989—2008 年的相关统计数据进行无量纲化处理。为了确保该指标体系的科学性，首先对各指标因子进行相关性统计分析，由相关系数矩阵可以看出，12 个指标变量之间存在很强的相关关系（即存在共线性），可以解释为上述指标在反映研究信息时有一定的重叠，所以可以用因子分析法对 12 个指标进行降维处理。KMO 和 Bartlett 球度检验结果：KMO=0.813，Bartlett 检验近似卡方为 680.553，df=66，Sig.=0.000。上述结果显示该组变量适合进行因子分析，而且分析效果较好，上述每个指标的抽取比例均在 81.6%以上。

通过分析，得到各个主成分因子的特征根、贡献率和累积贡献率及经正交旋转后的旋转平方和载入（表 1）。由表 1 可知，提取的前 2 项主成分因子的累积贡献率已高达 95.454%，按照累积贡献率大于 85%，特征值大于 1 的原则，只需求出第一、第二主成分 Z_1、Z_2 即可。前 2 个因子变量综合蕴涵了原始数据 12 个评价指标所表达的足够信息。特别是第一主成分因子的特征值为 10.101，该因子的解释力度达到 84.171%。

表 1　解释的总方差

成分序号	初始特征值			提取平方和载入			旋转平方和载入		
	合计	方差的%	累积%	合计	方差的%	累积%	合计	方差的%	累积%
1	10.101	84.171	84.171	10.101	84.171	84.171	6.683	55.688	55.688
2	1.354	11.283	95.454	1.354	11.283	95.454	4.772	39.766	95.454

提取方法：主成分分析。

表 2　因子载荷矩阵及旋转因子载荷矩阵

	因子载荷		旋转因子载荷	
	Z_1	Z_2	Z_1	Z_2
X_1	0.998	−0.026	0.762	0.644
X_2	0.978	0.132	0.846	0.508
X_3	0.976	0.148	0.854	0.495
X_4	0.967	0.192	0.875	0.455
X_5	−0.674	0.702	−0.087	−0.969
X_6	0.856	−0.487	0.364	0.915
X_7	0.615	0.661	0.893	−0.132
X_8	−0.950	0.250	−0.585	−0.789
X_9	0.994	−0.002	0.775	0.623
X_{10}	0.986	0.122	0.845	0.521
X_{11}	0.918	0.181	0.830	0.432
X_{12}	0.995	0.003	0.779	0.620

提取方法：主成分分析法。已提取了 2 个主成分。
旋转法：具有 Kaiser 标准化的正交旋转法。旋转在 3 次迭代后收敛。

从表 2 可以看出，第一主成分因子分别对人口因素指标：X_1——年末总人口数，X_2——非农业人口占总人口比重；经济水平指标：X_3——武汉市人均 GDP，X_4——国民生产总值；产业结构指标：X_8——万元工业总产值能源消费量；生活水平指标：X_9——居民人均消费支出、X_{10}——城镇居民可人均可支配收入；基础设施建设指标：X_{11}——人均道路面积，X_{12}——人均住房面积等的载荷系数的绝对值均大于 0.9，说明该因子与上述各变量关系接近，第一主成分因子在一定程度上代表了城市发展的综合水平，因此 Z_1 命名为经济社会因子，也称城市发展因子。

为了对每个公因子寻找适当的解释，实施方差极大值正交旋转，得出旋转因子载荷矩阵（见表 2）。两个主成分因子的方差贡献率分别为 55.688%、39.766%，累积方差贡献率为 95.454%。从表 2 可以看出，第二个主成分因子对产业结构指标：X_5——第二产业占 GDP 的比重，X_6——第三产业占 GDP 的比重的载荷系数的绝对值大于 0.9，说明该因子与产业结构有较大的相关性，在一定程度上代表了城市产业结构水平。因此 Z_2 命名为产业结构因子，也称工业化因子。在表 1、表 2 基础上，可计算出 Z_1、Z_2 在各年份上的得分。再按照两个主成分的贡献率就可以得出综合主成分 Z 在各年份上的得分，即城市发展综合指数，结果见表 3。

表 3　城市发展各项因子的主成分得分

年份	因子得分		总得分
	Z_1	Z_2	Z
1989	−0.063 36	−2.428 24	−1.00
1990	−0.546 17	−1.517 45	−0.91
1991	−0.931 45	−0.622 28	−0.77
1992	−0.710 72	−0.747 55	−0.69
1993	−0.183 24	−1.153 74	−0.56
1994	−0.298 22	−0.838 75	−0.50
1995	−0.385 03	−0.448 6	−0.39
1996	−0.579 97	0.087 07	−0.29
1997	−0.536 93	0.217 34	−0.21
1998	−0.790 51	0.756 92	−0.14
1999	−0.865 63	0.999 06	−0.08
2000	−0.709 99	1.026 42	0.01
2001	−0.604 53	1.111 96	0.11
2002	−0.268 44	1.063 22	0.27
2003	−0.094 59	1.187 94	0.42
2004	0.192 46	1.060 83	0.53
2005	1.433 59	0.004 05	0.80
2006	1.697 42	−0.006 69	0.94
2007	1.877 68	0.175 32	1.12
2008	2.367 62	0.073 25	1.35

3　城市发展对城市环境的影响

3.1　相关分析

构建了城市发展综合指数之后，我们就城市发展水平对城市环境的影响进行分析。本文选取最能反映城市环境质量的废水排放总量，废气排放量，工业固体废弃物排放量，俗称"三废"作为环境指标，选取上面分析中的城市发展总得分，即城市发展综合指数作为城市发展指标。依据武汉市 1989—2008 年相关数据，运用 SPSS17.0，对城市发展综合指数和"三废"进行相关分析。结果显示：城市发展综合指数与废水排放总量，废气排放总量，工业固体废弃物的相关系数分别为–0.830，0.971，0.879，而且 Sig=0.000 所选取的环境指标均在 0.01 水平时与城市发展综合指数存在极显著相关关系。因此，建立城市发展综合指数与"三废"环境指标之间的计量模型具有一定的解释意义。

3.2 模型建构及结果分析

借助 SPSS17.0 软件系统分别进行多种曲线回归模拟，结果发现三次回归曲线较能全面反映城市发展综合指数与"三废"排放量之间关系，以城市发展综合指数为自变量（X），以典型环境"三废"为因变量（Y），分别建立曲线模型，趋势见图 2。

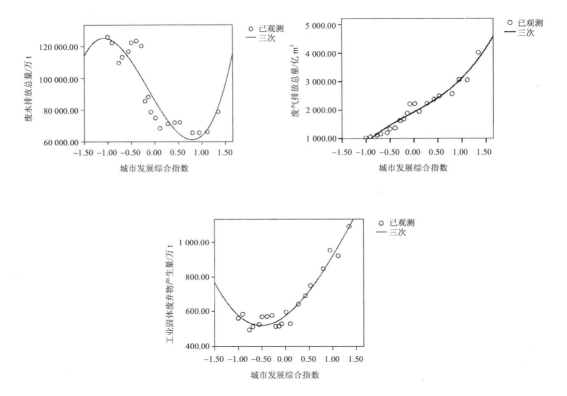

图 2 城市发展综合指数与"三废"排放总量的三次回归曲线

3.2.1 城市发展综合指数与废水排放总量

城市发展综合指数与废水排放总量三次多项式曲线模型检验效果：R^2=0.845，表明模型有较高的拟合优度，而且 F=29.012，Sig=0.000，小于 0.01，说明城市发展综合指数对与废水排放量的影响是显著的[①]。趋势模型为如下：

$$Y = 19\,649.729X^3 + 8\,514.082X^2 - 50\,185.313X + 85\,877.745$$

---

① 由于 1989 年和 1990 年废水排放总量数据缺失，笔者用 SPSS17.0 进行趋势替代处理。

由此模型可以看出，近 20 年来，武汉市城市化水平与废水排放量呈现"N"形关系。第一阶段，从 1989 年开始，废水排放总量比较高，且随着城市发展水平的提高继续上升。这一阶段反映了环境与经济增长初级阶段之间的一般关系。第二阶段，城市发展达到一定水平后，废水排放量随着城市发展水平提高而降低，城市发展综合指数为 0.8 时（2005 年左右），废水排放总量最低。这是由于城市化进程中，工业化程度提高，产业结构升级和节能减排技术提高引起的。第三阶段，城市发展水平再提高到一定阶段后，废水排放量又会随着城市发展水平的提高而增加。这一阶段的上升主要是由生活废水排放量的增加引起的（见图 1）。随着城市非农人口的增加，城市生活污水排放量大增，从 2001 年开始超过了工业废水排放量。一方面，城市非农人口受教育程度越来越高，对卫生条件要求可能越来越高，如会提高洗澡、洗涤用水量，从而增加生活污水的排放；另一方面，城市非农人口的居住条件差，居住分散，使得生活污水排放分散，处理程度低。在这一阶段，产业结构升级的空间有限，工业节能减排技术的边际贡献率不大，工业废水排放减少的速度远不及生活污水增加的速度，所以总废水量呈上升趋势。所以，今后要降低废水排放总量必须降低生活污水排放量。

3.2.2　城市发展综合指数与废气排放总量

城市发展综合指数与废气排放总量三次多项式曲线模型检验效果：$R^2=0.955$，表明模型有较高的拟合优度，而且 $F=113.069$，Sig=0.000，小于 0.01，说明城市发展综合指数对与废气排放量的影响是显著的。趋势模型为如下：

$$Y = 218.79X^3 + 55.491X^2 + 907.661X + 1\,931.270$$

由此模型可以看出，随着城市发展水平的提高，废气排放总量是逐渐增加，其曲线处于环境库兹涅茨曲线左侧，转折点还没有出现。武汉是工业城市，以煤为主的能源结构是造成城市空气污染的主要因素。煤炭燃烧排放的二氧化硫、氮氧化物、烟尘等给城市空气带来严重的污染。据统计，2010 年，武汉市工业废气排放总量 4 720.80 亿 m^3（标），较上年增加 420.93 亿 m^3（标）。不过，其中二氧化硫排放总量 9.28 万 t，较上年下降 22.75%。

3.2.3　城市发展综合指数与工业固体废弃物

城市发展综合指数与工业固体废弃物三次多项式曲线模型检验效果：$R^2=0.958$，表明模型有较高的拟合优度，而且 $F=121.444$，Sig=0.000，小于 0.01，说明城市发展综合指数对与工业固体废弃物的影响是显著的。趋势模型为如下：

$$Y = -31.260X^3 + 174.898X^2 + 203.793X + 575.397$$

由此模型可以看出，其曲线特征呈正"U"形，随着城市发展水平的提高，工业固体废弃物排放量先下降，后上升。在城市发展综合指数为 -0.5 左右（即 1995 年前后），工业固体废弃物排放量最低，之后开始上升。随着城市化进程的加快，工业固体废弃物的产生量还会保持高速增长。城市固体废弃物产生量大，增长速度快，但对固体废物的处置能力不强，处置标准不高。2010 年，武汉市工业固体废物产生量 1 324.84 万 t，比上年增加 109.55 万 t。城市发展进程中，固体废弃物的排放量下降不会自动发生，必须采取经济政策措施使拐点早日到来。

4 讨论与结论

综合上述分析可知，利用数学模型将城市发展和城市环境之间内在的关系定量化是切实可行的，本文通过一系列的实证材料，运用因子分析法，构建了城市发展综合指数，代表综合城市发展水平，并利用回归方法，建立了城市发展综合指数与环境指标的回归模型，上述模型达到了寻求城市发展和城市环境关系的目的。就武汉市来说，揭示了如下关系：

（1）近 20 年来，武汉市城市发展水平随着时间逐渐提高。武汉市属于重工业城市，城市环境污染总量取决于城市工业经济规模，产出结构以及单位产出造成的环境污染。分析表明，随着工业生产规模的扩大，排放的废弃物增多，但工业生产中经济结构的调整和技术水平的提高，可以减少废物的产生和排放。

（2）从趋势上看，武汉市"三废"污染物随城市发展进程的变化并不是呈倒"U"形，不符合环境库兹涅茨假说。武汉市的发展尚未达到较高的水平，仍处于工业化增长阶段。武汉市大气污染与固体废弃物污染近 10 年来随城市发展的加快而加重。而水环境污染虽然出现类似 EKC 的拐点，但最近由于生活废水的增加又呈上升趋势。

（3）武汉市城市发展水平和城市环境之间有很大的相关性，近年来城市发展水平越高，城市环境越糟糕。然而，城市发展与城市环境之间不属于简单的形式逻辑关系，彼此包含许多方面和许多因素，因此两者之间相互作用也很复杂，本文的模型也存在一定不足之处，还需不断完善。

根据以上分析，我们对城市发展中提高城市环境质量提出如下建议：

（1）调整产业结构和生产布局。城市农业、工业、服务业渐次增长以及城市产业布局对城市环境有重要影响。通过结构调整，综合开发，有效配置资源，可以最大限度地减少污染物的排放。应该限制污染较重的产业在城区内发展，将污染较重的工业企业实施搬迁，大力发展具有高产出、高就业、低消耗和低污染等特点的第三产业。加快城市高技术产业的发展，为治理污染提供最先进的技术路线和工艺方法，使经济发展模式从粗放型增长向集约型增长转变。

（2）提高全社会环保意识，加快基础设施建设。"三废"的减排有赖于全社会环境意识的提高，应尽量少使用污染比较大的原材料，对废物进行再生利用。加快城市污水处理厂和垃圾无害化处理场等环境基础设施的建设，控制面污染源，积极治理污染源。通过增加市政环境工程建设的投入，实现环境污染集中处理。

（3）加大环保执法力度，保障环境友好。政府应加强对废水、废气以及固体废弃物排放标准的检查，加大对排放超标者的惩罚力度，改善环境监督机制，等等。对特定科技创新的环境后果进行评价，通过财政资助形式推动研究开发。奖励从事环境友好型的新技术研究开发的科研组织、公司或个人，对有助于技术进步的项目给予相应的减免税收政策，引导企业转变末端治理模式，推进清洁生产技术，促进城市经济发展由外延型向内涵型转变。

参考文献

[1] Grossman G M，Krueger A B. Environmental Impacts of the North American Free Trade Agreement[M]. Princeton，NT：Woodrow Wilson School，1992.

[2] Arrow K，Bolin B，Costanza R. Economic growth，carrying capacity and the environment[J]. Science，pp. 510-520，April 28，1995.

[3] Kavzoglu，Taskin. Determination of environmental degradation due to urbanization and industrialization in Gebze[J]. Turkey Environmental Engineering Science，pp. 429-438，April 1，2008.

[4] Barbera E，Currò C，Valenti G. A hyperbolic model for the effects of urbanization on air pollution[J]. Applied Mathematical Modelling，pp. 2192-2202，August，2010.

[5] Seto Karen C，Sánchez-Rodríguez，Roberto，et al. The new geography of contemporary urbanization and the environment[J]. Annual Review of Environment and Resources，pp. 167-194，November 21，2010.

[6] [德]克劳斯·巴克豪斯，本德·埃里克森，伍尔夫·普林克，等. 多元统计分析方法——用 SPSS 工具[M]. 上海：格致出版社，上海人民出版社，2009.

[7] 武汉市统计局，武汉统计年鉴（1990—2009）[M]. 北京：中国统计出版社，1990—2009.

[8] 张耕田. 关于建立城市化水平指标体系的探讨[J]. 城市问题，1998（1）：6-9.

[9] 李振福. 城市化水平综合测度模型研究[J]. 北方交通大学学报（社会科学版），2003（3）：64-66.

[10] 丁刚，赵萍萍. 基于 PDL 模型的城市化水平预测[J]. 统计研究，2005（3）：45-48.

[11] 刘志刚. 城市化水平测定的方法与实证分析[J]. 国土与自然资源研究，2006（2）：32-37.

[12] 张思锋，廖园园. 基于层次分析法的西安城市化水平测度[J]. 西安交通大学学报（社会科学版），2006（3）：41-45.

[13] 凌亢，王浣尘，刘涛. 城市经济发展与环境污染关系的统计研究——以南京市为例[J]. 统计研究，2001（10）：46-51.

[14] 胡明秀，胡辉，王立兵. 武汉市工业"三废"污染状况计量模型研究——基于环境库兹涅茨曲线（EKC）特征[J]. 长江流域资源与环境，2005（7）：470-474.

[15] 于峰，齐建国，田晓林. 经济发展对环境质量影响的实证分析——基于 1999—2004 年间各省市的面板数据[J]. 中国工业经济，2006（8）：36-44.

[16] 党国峰，鱼腾飞. 兰州市城市化水平与城市居民用水关系研究[J]. 干旱区资源与环境，2007（12）：42-46.

[17] 桂小丹，李慧明. 环境库兹涅茨曲线实证研究进展[J]. 中国人口·资源与环境，2010（3）：5-8.

城市居民交通方式选择及其对能源与环境的影响

Urban Residents' Choice of Transportation Modes and Its Impact on Energy and Environment

张飞飞　刘蓓蓓　毕军①　陈锦

（南京大学环境学院　210046）

[摘　要]　交通能源消费在总能源消费的比重越来越大，不同的交通方式能源消耗和污染物排放存在差异。本研究通过调查南京居民首选交通方式，并通过多项 Logit 模型（multinomial logit model），探究影响居民首选交通方式的因素，为城市交通政策的制定提供科学依据，并根据估计结果分析不同政策带来的交通方式改变的节能减排效应。结果显示：道路状况、家庭人口、教育程度及是否有老人等因素对于方式选择结果影响不大。离目的地的距离对出行方式选择有显著影响，短距离倾向于使用步行与自行车。学生、年轻人和低收入人群倾向于使用电动车；有私家车的人倾向于使用私家车；年轻人更倾向于选择地铁；女性比男性更倾向于使用地铁和公交等公共交通；有小孩的人更倾向于不使用公交车。这些发现可能会对城市交通政策的制定带来启示。

[关键词]　首选交通方式　多项 Logit 模型　节能减排效应

Abstract　Transportation energy consumption is growing rapidly these years which accounts for a large proportion of the total energy consumption and bring out air pollution and GHG emission. This study investigated the residents' preferring transport modes of Nanjing city to explore the factors which influence the residents' choice of transportation modes by using multinomial Logit model. The results will provide scientific basis for urban transportation policy and estimate the potential of energy saving and emission reduction with the change of the transportation modes. The result shows that the factors (the road conditions, household size, education level, and whether there is any old) don't influence the choice of transportation modes. The distance has significant influence on the transportation modes, and residents tend to use bicycle or walking when it is near. Students, young people and low-income people tend to use the electric bike. Residents tend to use private cars when they own a car. The young tend to choose subway；Female seems more likely to take the public traffic than male. Residents with children prefer not to take the bus. These findings may imply the policy maker of the transportation department.

Keywords　First transportation means，Multinomial logit model，Energy conservation and emission reduction effect

①　通信作者：毕军，南京大学环境学院．E-mail：Jbi@nju.edu.cn。
作者简介：张飞飞，南京大学环境学院硕士研究生，研究方向：能源与环境。手机：13851602054；办公室电话：025-89680537；传真：025-89680537；E-mail：tpnju0509@163.com；通信地址：南京市栖霞区仙林大道 163 号，南京大学仙林校区 6 幢 519。

　　城市是交通运输网络的重要节点。随着我国城市化水平的提高和居民出行要求数量和质量的增加，城市本身的机动交通活动将更加频繁，由此引起的能源消费增加、污染和温室气体排放问题需要进行研究和探讨[1]。

　　2007 年，交通部门 CO_2 排放占全世界总 CO_2 排放的 23%[2]。2005 年中国各类交通运输工具能源消费占全部能源消费总量的 16.3%[3]。2008 年，中国的汽车保有量约为 6 300 万辆，预计到 2050 年将达到 5.5 亿～7.3 亿辆，比美国 2050 年的汽车保有量高 38%～83%。目前，南京市私家车有 361 008 辆，公交车 6 081 辆（天然气燃料的 1 763 辆），出租车 10 364 辆，地铁运营车数 120 辆[4]。

　　分运输方式来看，2002 年，美国各种道路运输工具消费的能源占整个交通运输能耗的 81.2%，其中轻型机动车（包括小汽车、两轴四轮的轻型卡车、摩托车）能耗占整个交通运输能耗的 61.4%，公共汽车（包括通勤、城际、学校班车）能耗占 0.7%，中型/重型卡车能耗占 19.1%。非道路运输工具能耗只占交通运输能耗的 18.8%，其中航空（包括通用航空、国内、国际航空）能耗占整个交通运输能耗的 8.4%，水上运输（包括货运、休闲）能耗占 4.5%，管道能耗占 3.5%，轨道交通能耗占 2.4%。而中国因为统计口径不同，没有分运输方式的能源消耗统计[3]。不同运输方式的能源消耗和 CO_2 排放有很大差别，从运输结构来看，私人轿车、公共汽车、轨道交通的运输效率比为 1∶2∶6，能耗比为 9∶2∶1 [1]。因此很有必要在调查居民交通选择的基础上，预测不同政策引起的交通方式改变所带来的能源消耗变化和 CO_2 减排。

　　出行者对于交通方式的选择不但与交通方式的服务水平有关，还与出行者的个人属性以及出行特性有关。一般认为，影响城市居民出行方式选择的因素可分为出行者特性、出行特性和交通工具特性（主要用出行时间来体现）3 个方面[5]。居民出行特性通常包括出行目的和出行距离两个方面。出行者特性可分为两类：①出行者个人特性，如年龄、性别、有无驾照等；②出行者家庭特性，如家庭收入、车辆的拥有情况等。交通设施的服务质量主要体现在出行费用、出行时间、舒适性、便利性、安全性等几个方面。Susana Mourato 等认为社会经济特征（social-economic characteristics）对交通能源选择有直接影响[6]。本研究因为前期设计时考虑不周，未将交通工具特性考虑在内，所以本文框架内只考虑出行特性和出行者特性两个方面。

　　出行者在出行前一般会在潜意识下，根据以上全部或部分因素衡量一下选择哪种方式出行。根据最大效用理论，认为出行者总是选择对出行者个人效用最大的出行方式，也就是出行者最满意的方式出行。

　　本文所研究的交通方式（城市内部）主要包括公交、地铁、私家车、出租车、电动车、步行和自行车 7 种。对于这 7 种方式，按照所服务的对象不同和是否有能源消耗可分为公共交通、私人交通、非机动交通 3 种。私家车、出租车由于是针对个体的服务方式，具备不需要等待、不需要衔接、能够提供门到门服务的特点，但人均占用的道路资源多，在本研究中被看作私人交通方式；公共交通具备大容量、批量运送乘客的性质，针对的对象是群体，人均占用道路资源少，公共交通包括多种交通方式，而公交和地铁承担了公共交通中绝大部分的客运量，自行车和步行是适合于短距离出行的非机动出行方式，具有低碳环保，但出行距离较短的特点。电动车作为私人交通工具，在中国的城市交通中也发挥了重要的作用。

1 南京市民出行方式调查

为获取南京市居民出行方式选择特性的数据，分析各变量对于方式选择的影响，掌握出行者对于各种交通方式的选择偏好，本研究在 2010 年 10 月以出行者行为（Revealed Preference，RP）调查的方法在南京市各轨道交通站点周边居民小区进行问卷调查，调查内容包括出行者特性（出行者的性别、年龄、职业、收入、是否有私家车）及出行特性（是否有小孩老人一同出行、出行距离等）。调查人员都提前进行了培训，共收到有效问卷 227 份。

出行者对于交通方式的选择不但与交通方式的服务水平有关，还与出行者的个人属性以及出行特性有关，非集计模型可以较好地考虑以上因素，为交通需求预测提供更为容易描述交通行为的解决方法。基于非集计模型，建立同时考虑多种方式的交通选择模型中，有多项 Logit（multinomial logit，MNL）模型和基于分层 Logit（nested logit，NL）模型等选择。在多数情况下，MNL 模型较传统的集计模型在预测精度上有了显著提高[7]。

麦克法登的开创性贡献是他在 1974 年以随机效用假设为前提提出的 Logit 离散选择模型[8]。多项 Logit 模型即 MNL 模型（Multinomial Logit Model）是非集计模型中最常用的模型之一。由于 MNL 模型具有数学形式简洁，物理意义容易理解的特点，加上具有选择概率在[0，1]之间，各选择分支的选择概率总和为 1 等合理性，近年来被广泛应用于交通等学术领域的模拟预测中。

MNL 的构建思路

非集计模型的理论基础是随机效应理论中的效应最大化假说。基于随机效用理论的 MNL 模型认为个体将选择给自己带来最大效用的出行模式（选择分支）。

若令 U_{in} 为个人 n 选择分支 i 时的效用，C_n 为与个人 n 对应的选择分支集合，则当 $U_{in} > U_{jn}$，任意的 $j \neq i \in C_n$ 时，个人 n 将选择 i。

根据以随机效用理论为基础的离散选择模型，U_{in} 可以表示为

$$U_{in} = V_{in} + \varepsilon_{in} \tag{1}$$

式中：V_{in}——可以观测的要素向量 X_{in}（包括个人 n 的社会经济特性向量、选择分支 i 的特性值向量等）的效用；

ε_{in}——不可观测要素向量 X_{in} 以及个人特有的不可观测的喜好导致的效用的概率变动项。

$$V_{in} = \sum_{k=1}^{k} \theta_k X_{kin} \tag{2}$$

式中：X_{kin}——个人 n 的选择分支 i 的第 k 个变量值；

θ_k——待定系数。

MNL 模型是在假设效用的变动项 ε_{in} 和确定项 V_{in} 相互独立，而且 ε_{in} 服从 Gumbel 分布的前提下推导出来的，具体表达式为：

$$P_{in} = \frac{\exp(V_{in})}{\sum_{j \in C_n} \exp(V_{jn})} \tag{3}$$

式中：P_{in}——个人 n 选择第 i 个交通方式的概率；

j——交通方式；

C_n——第 n 个人选择交通方式的集合。

表 1 是 MNL 模型涉及的参数表。交通方式（作为被解释变量）分为 5 类：步行与自行车=1，电动车=2，私家车与出租车=3，公交车=4，地铁=5。

表 1　MNL 模型参数表

影响因素类别	属性	影响因素	变量名称
出行者特性	个人属性	性别 年龄 教育程度 收入 学生	男性=1，女性=0 年龄 本科及以上=1，其他=0 月收入>3 000 =1，否则=0 学生=1，非学生=0
	家庭属性	有无私家车 是否有小孩 是否有老人	有=1，无=0 是=1，否=0 是=1，否=0
出行特性		出行距离 道路特征	出行距离（km） 不拥堵=1，拥堵=2，非常拥堵=3

2　出行结果和分析

2.1　交通方式选择分析

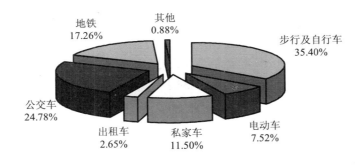

图 1　不同交通方式的比例

从图 1 可以看出目前南京居民公共交通出行（地铁和公交车）占较大的比例共 42.04%，其中地铁占 17.26%，公交车占 24.78%；出租车和私家车共占 15.04%，步行和自行车占的比例最高，有 35.40%，电动车比例较小 7.52%。与其他城市相比，南京的公共交通发展较好，因此公共交通出行比例较高。

本文的调查结果与 2010 年南京交通发展年报中南京主城区居民出行方式结构有一点差异，根据年报主城区居民出行方式结构为：步行 25.43%，自行车（包括电动自行车）37.61%，私家车 6.89%，公共交通（含地铁）21.86%，出租车 2.58%，摩托车 1.13%，单位车 4.01%，其他 0.49%。这些可能与采样量，采样范围等有关，本研究的采样人群年轻人比例较高。

距离的限制对交通方式的选择有重要的影响和制约。根据前人的研究成果，将距离分为近距离（＜5 km），中距离（5～10 km），较长距离（10～20 km），长距离（＞20 km），以考察距离对于交通方式选择的影响（图2）。

交通方式随距离的变化

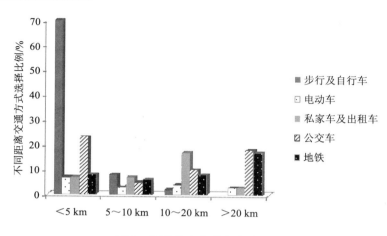

图2　不同距离交通方式选择

　　短距离步行和自行车占的比例最高，在 5 km 以内，主要的交通工具是步行及自行车等非机动交通方式，占 61%，排在第二位的是公交车占 20%。5～10 km，各种交通方式占的比例差别不大，步行及自行车占 27.6%，私家车及出租车占 24.14%，地铁占 20.7%，电动车占 10.43%，可以看出步行及自行车还是局限在短距离内。10～20 km 中长距离，私家车及出租车等私人交通工具占的比例较大（41.46%），其次是公交（24.39%）和地铁（19.51%）。超长距离（＞20 km）主要交通方式是公共交通（85%），其中公交车占 43.9%，地铁占 41.5%。这些初步分析也验证了距离对于出行方式的选择有重要影响。步行及自行车主要集中在短距离（＜5 km），中长距离（10～20 km）选择私人交通工具较大，长距离（＞20 km）主要选择地铁和公交等公共交通。

2.2　出行者特性分析

　　表 2 给出了要回归的各变量的均值和方差。在被调查的人群中，21.2%有私家车，道路拥堵状况均值为 2.24，说明道路拥堵不太严重。男性占 48.7%，77.4%的被调查者有本科或以上学历，56.2%的人是在校学生，40.3%的人月均收入大于 3 000 元，50.4%有小孩，73.9%有老人，平均出行距离 10.3 km，家庭平均人口 3.7，被调查者的平均年龄是 27.2 岁。

表 2　各变量的均值和方差

被调查类型	均值	标准差	95%置信区间	
私家车	0.212	0.027 3	0.159	0.266
道路状况	2.24	0.050 4	2.14	2.34
男性	0.487	0.033	0.421	0.552
教育程度	0.774	0.027 9	0.719	0.829
学生	0.562	0.033 1	0.497	0.627
收入	0.403	0.032 7	0.338	0.467

被调查类型	均值	标准差	95%置信区间	
是否有小孩	0.504	0.033 3	0.439	0.570
是否有老人	0.739	0.029	0.681	0.797
距离	10.3	0.963	8.403	12.20
年龄	27.2	0.792	25.60	28.725
家庭人口	3.70	0.068	3.569	3.838

2.3　居民交通方式选择影响因子分析

借助 Stata11 软件，交通出行方式作为被解释变量，年龄、性别、是否有私家车等作为解释变量，使用 Multinomial logistic regression 得到的回归结果（表3），表里面的数字代表估计系数，括号里的代表标准差。以步行及自行车为基准。星号代表显著性，符号代表影响因素对选择某一种交通出行方式是正向影响还是负向影响。log likelihood = –240.610 07，Pseudo $R^2 = 0.288$。

表 3　MNL 模型结果

解释变量	电动车	私家车及出租车	公交车	地铁
私家车	0.887 （0.793）	2.53*** （0.645）	–0.173 （0.732）	0.835 （0.675）
道路状况	–0.261 （0.404）	–0.256 （0.386）	0.305 （0.331）	0.139 （0.353）
男性	–0.145 （0.616）	–0.092 5 （0.563）	–0.900* （0.479）	–0.796* （0.516）
教育程度	–0.017 1 （0.733）	0.015 2 （0.716）	–0.586 （0.571）	0.161 （0.674）
学生	1.26* （0.729）	1.31* （0.682）	1.39*** （0.554）	0.910* （0.603）
收入	–1.33* （0.730）	0.223 （0.599）	–0.493 （0.518）	–0.472 （0.545）
是否有小孩	0.214 （0.671）	–0.447 （0.634）	–0.894* （0.513）	–0.257 （0.548）
是否有老人	0.517 （0.780）	0.055 7 （0.644）	0.474 （0.577）	0.395 （0.605）
距离	0.402*** （0.091 4）	0.406*** （0.090 4）	0.458*** （0.088 7）	0.460*** （0.088 8）
年龄	–0.047 8* （0.033 5）	–0.029 3 （0.028 9）	–0.031 5 （0.025 1）	–0.054 6* （0.031 7）
家庭人口	0.002 50 （0.326）	0.084 2 （0.286）	0.244 （0.245）	0.047 1 （0.266）
常数项	–2.02 （1.82）	–2.99* （1.62）	–2.88** （1.42）	–2.30* （1.56）

注：* 85%，** 95%，*** 99%。

讨论：学生及低收入群体倾向于使用电动车，距离远的也倾向于使用电动车，年轻人倾向于使用电动车。有私家车的人倾向于使用私家车，距离对是否使用私家车有显著影响，距离越远越倾向于使用私家车，这些都比较容易理解。但是学生倾向于使用出租车和私家车，这一点比较意外。女性比男性更倾向于乘坐地铁和公交车等公共交通。学生更倾向于乘坐公交车，年轻人更倾向于乘坐地铁。有小孩的人不倾向于乘坐公交车，这可能是基于安全等方面的考虑。

表4　MNL 模型边际效益（marginal effects after MNL regression）

解释变量	步行及出租车	电动车	私家车及出租车	公交车	地铁
私家车	−0.032 8	−0.012 3	0.397***	−0.310***	−0.041 6
	(0.024 1)	(0.063 2)	(0.102)	(0.083 3)	(0.091)
道路状况	−0.003 73	−0.042 2	−0.055 3	.0.084 9*	0.016 4
	(0.012 4)	(0.035 4)	(0.041 9)	(0.057 3)	(0.052 6)
男性	0.027 6	0.055 9	0.083 5	−0.112	−0.055 2
	(0.023 0)	(0.060 6)	(0.069 3)	(0.090 4)	(0.082 9)
教育程度	0.008 83	0.021 9	0.034 0	−0.160	0.095 0
	(0.019 0)	(0.065 8)	(0.081 3)	(0.116)	(0.099 0)
学生	−0.058 6*	0.013 2	0.025 4	0.088 6	−0.068 6
	(0.041 6)	(0.069 5)	(0.080 8)	(0.103)	(0.100)
收入	0.020 4	−0.102*	0.114*	−0.021 9	−0.010 7
	(0.023 2)	(0.061 7)	(0.082 0)	(0.100)	(0.089 8)
是否有小孩	0.020 8	0.082 7	0.002 26	−0.163*	0.057 4
	(0.020 8)	(0.065 9)	(0.077 2)	(0.097 6)	(0.090 0)
是否有老人	−0.017 9	0.018 7	−0.053 6	0.042 4	0.010 2
	(0.026 6)	(0.073 4)	(0.088 5)	(0.109)	(0.097 4)
距离	−0.019 3**	−0.002 42	−0.002 57	0.013 5***	0.010 8***
	(0.008 02)	(0.003 39)	(0.003 81)	(0.004 44)	(0.003 59)
年龄	0.001 75	−0.001 26	0.001 50	0.002 63	−0.004 62
	(0.001 33)	(0.003 32)	(0.003 62)	(0.004 98)	(0.005 38)
家庭人口	−0.005 50	−0.014 5	−0.005 97	0.047 1	−0.021 1
	(0.009 77)	(0.031 0)	(0.032 5)	(0.043 8)	(0.041 5)
y	0.045 6	0.123	0.164	0.380	0.287

注：* 85%，** 95%，*** 99%。

3　结果讨论

从世界范围来看，交通运输是温室气体排放的主要领域之一，同时交通需求也在不断增长。以欧盟为例，迄今为止，最大的交通排放源为小汽车，占欧盟交通总 CO_2 排放的近一半。交通运输业虽然不是国民经济各行业中能源消费最多的行业领域，但却成为能源消费特别是石油消费增长最快的行业领域。在交通运输的能源消耗构成中，道路交通工具所消耗的车用燃油（主要是汽油和柴油）是主体，约占整个交通运输行业能源消费总量的近70%（按当量计）。据测算，全国汽油消费量的 90%以上和柴油消费量的 50%左右被各种道路交通工具所消耗，而且随着机动车数量的快速增长，车内燃油消费量将会不断增加。

是否有私家车对居民选择私人交通工具和公交车都有显著的影响。使用私人交通工具作为出行方式的居民具有高收入，且拥有私家车这两个特征。如果控制私家车数量，或者实行停车收费等限制私家车的使用。会因此带来环境的改善和 CO_2 的减排。

截至 2009 年年底，南京市机动车保有量达到 107.6 万辆，新增机动车 13.4 万辆，增长 14.2%。其中私人汽车保有量 50.2 万辆，增长 30.4%，而私人小客车保有量为 36.1 万辆，增长率达 33.7%[9]。研究表明，小汽车出行比例平均每提高 1 个百分点，主城机动车道规模约需增加 200 车道公里。

城市轨道交通的能耗只相当于小汽车的 1/9，公交车的 1/2（宋敏华）。因此，轨道交通本身就具有重要的节能减排意义。主要交通方式的能源强度如表 5 所示，如果通过政策调节，使选择私家车的居民选择步行或者骑自行车，平均每乘次每千米节约液化石油气 0.142 L，相当于 0.426 kg 标煤（1 L 液化石油气相当于 3 kg 标煤）。

表 5 主要交通方式的能源强度[10]

交通方式	能源	能源强度 L/（乘次/km）
助动车	汽油	0.035
	液化石油气	0.021
出租车（私家车）	液化石油气	0.142
公交车	汽油	0.016
	柴油	0.014
轨道交通	电力	$0.176×10^6$ J/（乘次/km）

目前，中国交通运输业主要的能源载体为汽油（33%）、柴油（52%）、燃料油（8.7%）、煤油（5.6%）和电（1.7%）[11]，清洁能源的比例还太低，在城市交通中应该进行能源更新，使用生物质能作为汽车燃料替代传统汽油，公交车使用氢能源或者天然气为能源替代传统柴油。不但从技术上进行更新，也要调查哪些因素影响人们对新能源交通方式的偏好。

政策的引导、城市交通布局的改变，居民交通方式选择行为的改变都会带来城市交通量和交通结构的改变。这些变化同不断增加的能源消耗以及对于环境的负面影响息息相关，温室气体的排放和有毒的空气污染物不仅仅影响了微观与宏观气候，还影响了人们的健康。

4 结论

出行者特性及出行特性等会对居民出行方式的选择产生影响，本文通过问卷调查的方法，揭示了居民出行方式的偏好，并通过 MNL 模型，得到了影响居民选择不同交通方式的因素。并根据这些影响因素，提出相应的政策建议，并分析其带来的节能减排效益。

研究发现道路状况、家庭人口、教育程度及是否有老人等因素对于方式选择结果影响不大。距离，是否是学生，有无私家车，性别，是否有小孩等对南京市民交通方式的选择有显著影响。离目的地的距离对出行方式选择有显著影响，短距离倾向于使用步行与自行车。学生、年轻人和低收入人群倾向于使用电动车；有私家车的人倾向于使用私家车；年轻人更倾向于选择地铁；女性比男性更倾向于使用地铁和公交等公共交通；有小孩的人更倾向于不使用公交车。

本文的缺陷及不足：在调查中没有考虑到交通费用及出行目的和出行时间等会影响交通方式选择的因素。交通信息也会对居民的交通选择产生影响[12]，这些需要在以后的研究中加以考虑。

参考文献

[1] 张树伟，姜克隽，刘德顺. 城市客运交通的发展与能源消费[J]. 城市问题，2006，9：4.

[2] Zhang，Y.，et al.，Analyzing Chinese consumers' perception for biofuels implementation: The private vehicles owner's investigating in Nanjing. Renewable and Sustainable Energy Reviews，2011，15（5）：pp.2299-2309.

[3] 吴文化. 我国交通运输行业能源消费和排放与典型国家的比较[J]. 中国能源，2007，29.

[4] 南京市统计局. 南京市统计年鉴 2010. 2010，南京：南京出版社.

[5] 姚丽亚，孙立山，关宏志. 基于分层 Logit 模型的交通方式选择行为研究. 武汉理工大学学报（交通科学与工程版），2010，32（4）：3.

[6] O'Garra，T.，et al.，Is the public willing to pay for hydrogen buses？A comparative study of preferences in four cities. Energy Policy，2007，35（7）：pp.3630-3642.

[7] R，B.C.，Simulation estimation of mixed discrete choice models using randomized and scrambled Halton sequences. Transportation Research Part B：Policy and Practice，2003，37（9）：18.

[8] MCFADDEN，D.，The measurement of urban travel demand. Journal of Public Economics 1974，3：26.

[9] 南京市交通局. 南京交通发展年报 2010. 2010.

[10] 黄成，陈长虹，王冰妍. 城市交通出行方式对能源与环境的影响[J]. 公路交通科技，2005，22（11）：4.

[11] Dipl.-Wirtschaftsing，W.K.D.I.F.D.，中国交通：不同交通方式的能源消耗与排放 2008，海德堡能源与环境研究所中国国家发展和改革委员会综合运输研究所合作.

[12] 齐悦，袁振洲. 信息诱导对交通枢纽换乘方式选择影响的研究[J]. 交通标准化，2007，6（166）：4.

关于市场化改革对能源利用效率的影响的研究及其对中国的启示

Study on the Market-Oriented Reform's Affection on Energy Utilization Efficiency and Its Enlightenment to China

黄海茵[①] 张业圳[②]

（福建师范大学经济学院，福州 350007）

[摘　要] 中外学者的研究表明转型国家进行市场化改革能降低该国的能源强度，提高能源利用效率，部分实证分析表明这些转型国家的市场化改革，特别是能源部门私有化改革提高了这些国家能源利用效率，然而，这些转型国家市场化改革缺乏经济体制的支持又使得一些改革措施对提高能源利用效率的作用有限，特别是东欧及独联体国家的市场化改革的经验和教训值得我们在深化改革中加以借鉴。

[关键词] 市场化改革　能源利用效率　转型国家　启示

Abstract China and foreign scholars' study shows that transition country undertakes commercializing reform to reduce the intensity of energy, improve energy efficiency, some empirical analysis shows that these transition country commercializes reform, particularly in the energy sector privatization reform and improve the energy utilization efficiency in these countries, however, these transition country commercializes reform lacks economic system support, and also makes some reform measures to improve the efficiency of energy use, especially in Eastern Europe and the CIS market reform experience and lesson are worth us to draw lessons in deepening reform.

Keywords Market reform, Energy efficiency, Transition state, Enlightenment

　　20 世纪 90 年代以来，"华盛顿共识"提出的新自由主义模式成为当时许多深处危机的发展中国家迈向经济改革的标准化模式（Williamson，1993）。美国、俄罗斯与中东欧国家的大多数学者认为，俄罗斯前 10 年经济转轨的政策是失败的。在他们看来，导致俄前 10 年转轨失败的一个根本原因，就是俄政府所推行的从西方"引进的"、以新自由主义为理论渊源的激进转轨政策。对于中东欧国家，根据格·科勒德克的总结，硬性照搬新自由主

---

① 黄海茵，女，福建师范大学经济学院西方经济学专业 2011 级硕士研究生。

② 张业圳，男，福建师范大学经济学院副教授、博士，研究方向：经济理论实证分析。

义理论为中东欧地区各国和独联体国家制定经济政策服务，使这些国家付出了高昂的代价。自 1998 年以来，以斯蒂格利茨为代表的经济学家一直呼吁走出"华盛顿共识"和"超越华盛顿共识"。乔舒亚·库珀总结了中国改革开放和经济发展的经验，提出了"中国的渐进转型观"。中国等转型国家 20 多年的转型成就成为渐进转型的典范，供世界许多谋图转型的发展中国家学习。总的来说，不论是如俄罗斯的"休克疗法"还是如中国的渐进改革，许多转型的发展中国家采取了市场化改革方式，经济增长率有明显的上升，失业率下降，在受金融危机影响前，经济呈现出稳定增长的局面。

然而，日益严重的全球气候危机和能源供给安全问题使我们不得不重新审视经济发展问题，什么样的改革是有效的。20 世纪 90 年代末，发展中国家如 OECD 国家以及其他地区超过 70 个发展中国家都在能源部门开始了市场化改革进程（Bacon，1999；Steiner，2001；Jamasb 等，2005）。这种市场化改革是否真的提高了这些国家的经济发展水平，提高了能源利用效率都有待验证。

1 市场化改革对能源利用效率影响的研究

理论上说，市场作为一种资源配置方式和激励机制，不仅能优化能源配置，还能激励消费者减少浪费或者选择尽可能节能的生产、生活设备（Fan，2007）。学者们普遍认为，市场化改革采取了更多符合市场规律的政策，特别是更多向私人投资开放的政策能够大幅度提高能源利用效率（Anderson，1955）。当把能源作为一种生产要素投入时，市场具备有效应对能源成本变动的功能，即当能源价格上升时，生产者将通过寻求能源替代品来减少能源消费。不仅如此，这种功能还能促进能源节约与能源革新技术的发展（Jorgenson and Wilcoxen，1993；Popp，2002）。而且，科学合理的能源政策通常是通过引入竞争机制使得市场更加完善，对市场各种力量加以协调，通过采用更为灵活的市场机制把环境问题的外部性得以内部化（Joskow，2001）。因此，Meyers（1998）等学者认为经济体中以强化市场规律作用为目标的政策能提高能源利用效率。

然而，以市场化为目标的经济改革能获得成功，很大程度上依赖于市场制度的建设（Hogan，2001）。有利的制度环境（明确或不明确的，以及正式或非正式的游戏规则）和制度安排（治理结构）对深化市场化改革顺利进行并取得预期的效果是至关重要的（North，1971；Williamson，1996）。因此，各个国家现行的正式或非正式制度环境不同，相类似的经济改革措施在不同国家可能会有不同的结果。

2 市场化改革对能源利用效率影响的定量分析

目前，国内外对市场化改革措施和能源利用效率之间关系的定量分析的研究还相对较少。Seabright 等（1996）认为一些发展中国家推行公开的竞争市场机制，取消能源价格补贴，实施以市场为基础的能源保护计划，有效地提高了这些国家的能源利用效率。中国的经济增长迅速，通过推行有效的能源政策，有效地提高了能源使用效率。Sinton 和 Fridley（2000）研究表明，中国改革开放以来，实行以公有制为主体，多种所有制并存的所有制结构，中国的能源利用效率得到了很大提高。Fisher-Vanden（2003）也认为，在中国实行市场化改革，促进能源强度下降。同样，Fan 等（2007）通过估计中国在 1979—1992 年和 1993—2003 年能源自价格弹性的变化，以及能源和非能源替代品之间相关系数的变化，得出中国的市场化进程极大地促进了能源利用效率的提高。

另有一些学者利用面板数据模型研究了转型中国家的能源利用效率问题。Cornilie 和 Frankhause（2004）通过对能源数据进行差分，利用随机效应的面板数据模型对转型国家能源强度的变化进行研究，得出促使能源利用效率提高的两个主要因素是能源价格和企业在改组方面的进展。同样地，Markandya 等（2006）用双向固定效应模型研究了 12 个东欧和欧盟国家在能源强度的收敛关系。研究结果表明发达国家（欧盟 15 国）和转型国家东欧 12 国之间在能源强度方面具有一定的收敛关系，但是模型结果表明不同国家因国情差异能源强度的收敛速度不一样。

以上这些学者的研究成果均表明：转型的发展中国家，随着市场化改革的深入，能源强度会逐渐降低。然而，从这些实证研究中得到的结果仍然不具有很强的说服力，因为静态效应模型都有样本横截面数据多但时间跨度小的特征，在样本容量未达到总体容量时，个体固定效应模型的参数估计值是有偏的（Cameron and Trivedi，2009）。因此，在小样本下有必要对有偏的参数估计值进行修正。单一国家的某些特征数据可能无法观测，如文化、法律起源、地理位置及历史等，或者虽然有些特征可以观测而且不随时间变化，但其可能与各种经济改革措施相关，这不符合随机效应模型的假设。同样，在上述研究中使用的有限的交叉项表明，数据代表的只是一个有限样本，而并非一个随机样本。而且，由于经济改革的结果是滞后性的而非及时性的，静态模型也不是很理想。

3 独联体国家市场化改革对降低能源强度的作用

苏联解体后，原苏联的国家（即独联体国家）在 20 世纪 90 年代都开始实行由高度集中的计划经济体制到自由的市场经济体制转变，在经济各部门中引入竞争机制，广泛实行私有制，制定了与市场经济相适应的法律和政策，建立良好的公司治理结构和市场竞争规则，以加强市场功能，提高市场效率（EBRD，2000）。

这些国家经济发展的一个共同特征就是高能耗，能源利用效率低，这些转型国家 GDP 能源强度大约是经合组织国家（OECD）和美国的 4～8 倍（Gray，1995）。市场化改革前，这些国家采取中央计划的能源管理模式，由于缺乏有效市场信号，以及过度依赖能源密集型产业，造成能源使用效率不高，造成这些地区高能耗型产业集聚。同时，不合理的能源价格和能源工业的预算软约束导致这些转型国家能源过度开采使用。

欧洲复兴与开发银行 2008 年的研究表明俄罗斯、乌克兰、哈萨克斯坦和土库曼斯坦等独联体国家的 GDP 能源强度高达 0.6 以上，乌兹别克斯坦的能源强度甚至达到 1.2，完全是一种高能源强度的经济增长模式，这些国家要实现缩小与其他国家能源利用效率差距压力是比较大的。然而拉脱维亚、立陶宛和匈牙利等国家 2008 年的能源强度在 0.2 左右，以欧盟 15 国（EU-15），OECD 国家以及美国的能源强度相近，缩小能源利用效率差距的压力会小一些。

然而，Cornilie 和 Frankhauser（2004）的研究表明独联体国家单位 GDP 能耗仍然是西欧国家的 3 倍，但自改革以来，这些国家 GDP 能耗已呈现下降趋势，然因各国国情不一样变化幅度有所不同。欧洲复兴与开发银行（2008）报告显示：1994 年以来，独联体国家能耗已降低为改革以前能耗水平的 2/3。让人看到这些高能耗国家实现与美国、OECD 国家一样的能源利用效率的可能性。

独联体国家能源强度的变化给转型中的国家带来反思。①这些国家能源强度的变化让大家重新审视能源需求与经济结构变化的关系；②它引起了转型中国家开始思考和讨论GDP增速与能源使用总量增幅的关系；③它让转型中国家的政策制定者考虑缩减与发达国家能源利用效率差距的措施办法。另外我们知道，能源利用效率差异还存在于实际的能源使用量和理想的能源使用量无法一致上（Jaffe and Stavins，1994）。历史造成的后果可能使得独联体中的某些国家要降低能源强度任重道远。

综上所述，随着转型国家的改革和经济结构调整，能源强度总体下降，地区的平均能源强度也因改革措施影响而有所下降。然而，不同的市场所推动的经济改革对能源利用效率的影响是不一样的。特别是独联体国家在实行市场化改革中在提高能源利用率方面取得了不错的成绩，究竟市场化改革中哪些措施在降低能源强度，提高能源利用效率方面起着重要作用呢？

4 能降低能源强度的市场化改革措施

Nepal，Rabindra（2011）利用欧洲复兴与开发银行编制的一套转型指标对独联体国家各项改革措施对能源利用效率变化的影响进行了分析。欧洲复兴与开发银行编制的改革措施指标主要包括以下9个方面：①小规模私有化；②大规模私有化；③公司治理和企业重组；④放开价格；⑤贸易与外汇交易系统；⑥竞争政策；⑦银行改革与利率市场化；⑧债券市场和非银行金融机构；⑨基础设施，其中包括电力，铁路，电信，公路，工业用水和污水。这些指标数量范围为1到4+，其中1代表能源利用效率自计划经济实行改革以来并没有多大变化，4+代表能源利用效率已达到标准的工业化市场经济要求。

Nepal，Rabindra依据这9个指标构造了代表转型国家市场改革措施的6项指标，即：

☞ 私有化改革指数（PRI）：基于小规模私有化改革和大规模私有化改革的联合加权平均指数。

☞ 治理改革指数（GRI）：基于竞争政策，公司治理及企业重组改革的联合加权平均指数。

☞ 总体市场自由化指数（OMLI）：基于放开价格，贸易及外汇交易改革的联合加权平均指数。

☞ 其他基础设施改革指数（OINFRI）：基于工业用水，污水和电信评级改革指数的联合加权平均指数。

☞ 财政改革指数（FRI）：基于银行改革与利率市场化，以及债券市场和非银行金融机构改革的联合加权平均指数。

☞ 电力指数（EPI）：电力能源改革指数。

利用独联体和部分中欧国家1990—2010年的数据利用非平衡面板数据模型进行分析。面板数据模型方程可以设为 $y_{it} = \beta_0 + \rho y_{it-1} + X_{it}\beta + \alpha_i + \varepsilon_{it}$，其中"$\rho$"表示因变量的滞后值系数，"$X_{it}\beta$"为解释变量和系数矩阵的乘积，$X_{it} = \{PRI_{it}, OINFRI_{it}, GRI_{it}, FRI_{it}, OMLI_{it}, EPI_{it}\}$，能源强度 LEI_{it}（总的能源消费占GDP的比例）作为转型国家能源利用效率的度量指标，作为被解释变量 y_{it}。

模型的回归结果见表1：

表 1　经济改革对能源利用效率的影响

LSDVC 动态回归 （标准差（SE））	Arellano-Bond （AB）	Blundell-Bond （BB）
LEI. L1	0.925*** （0.025）	1.052*** （0.014）
GRI	0.011 （0.023）	0.008 （0.023）
OMLI	−0.006 （0.009）	−0.001 （0.009）
OINFRI	−0.010 （0.017）	−0.001 （0.018）
EPI	−0.005 （0.012）	0.003 （0.012）
FRI	0.010 （0.020）	0.016 （0.020）
PRI	−0.036*** （0.012）	−0.028*** （0.012）

注：*** 表示 1%的显著性水平；（　　）里的数字表示标准差。

从 Nepal，Rabindra 回归分析结果可以看到能源利用效率的滞后项和私有化改革指数对能源利用效率的作用是高度显著的。能源利用效率的滞后项对能源利用效率有显著影响，表明这些转型国家当年的能源利用效率与前一年的能源利用效率有关。私有化改革指数对能源利用效率的作用显著，表明私营企业的所有权转让，无论其规模大小，都能够显著影响能源利用效率，这个结果与私有化理论上能够提高经济效益和资源配置效率是一致的。在转型之前，国有企业在运营和技术上都是低效的。私有化在追求成本最小化以及利润最大化的过程中促进了资源的有效利用，而利润增加就能更广泛地使用节能技术。私有化改革中利润最大化的实现，也导致了能源价格的上涨，虽然电力仍然得到很高的补贴，这导致对价格敏感的消费者能更有效地利用资源。

但是，作为代表市场化改革进程的治理改革指数（GRI）、总体市场自由化指数（OMLI）和其他基础设施改革指数（OINFRI）等指标对能源利用效率的影响并不显著，这个结果与斯蒂格利茨在 1999 年所说的情况是一致的，即在转型时期，国家的法律和司法能力被限制导致经济改革实施机制很薄弱。决策者一开始没有认识到，转型国家经济中不同经济部门的改革与整个经济与法律制度紧密相关。

从模型实证结果看，电力改革指数（EPI）对能源利用效率的提高没有产生影响。事实上，独联体国家在电力改革方面是很不彻底的，这些国家的电价仍远远低于发电的成本价。特别是独联体大部分国家工业用电价格远低于其发电成本，这些国家的工业依靠国家补贴、减税甚至是拖欠能源款等预算软约束谋取利益。因此只有逐渐取消对居民和工业用电的补贴之后才能慢慢提高能源利用效率。

代表市场化改革的指标及代表能源部门改革的电力改革指数的作用不显著是不是意味着市场化改革在独联体国家中对提高能源利用效率没有作用呢。事实上，独联体国家和东欧的部分国家都是在苏联解体后，计划经济体系瓦解后才开始改革的，计划经济思想遗留下的思维导致这些国家实施市场经济改革存在有形或无形的障碍，这可能是导致市场化改革没能对提高能源利用效率产生显著影响的原因。白俄罗斯、土库曼斯坦和乌兹别克斯坦等独联体国家的改革受到较大来自旧势力的影响，而像波斯尼亚和塞黑，南斯拉夫和塔吉克斯坦这样的国家，由于内战和种族冲突经济改革都很缓慢。欧盟成员国的区域一体化促进了像拉脱维亚、斯洛伐克、斯洛文尼亚、保加利亚、罗马尼亚等国家的经济改革。由此看来，不能有效理解市场经济的作用，对市场化改革本身的曲解可能是各种市场化改革对提高能源利用效率没有显著影响的原因。

5 启示

改革开放以来，中国经济保持了年均近 10% 的增长速度，客观上也导致了能源消耗的快速增长，成为能源消耗世界第一大国。资源已经成了中国经济增长的"瓶颈"，因此节能工作一直是各项工作的一个重要议题，"十一五"期间，节能减排作为调整经济结构、转变经济发展方式、推动科学发展的重要抓手和突破口，取得了显著成效。"十二五"期间，随着工业化、城镇化进程加快和消费结构持续升级，节能减排仍然是调整经济结构加快转变经济增长方式的重要任务。而降低能源强度，提高能源使用效率能够有效地实现节能减排。同独联体国家一样，中国在 20 世纪经历了由计划经济向市场经济的转变，中国的经济体制在一定程度上和独联体国家有着相似之处，因此可以适当借鉴独联体国家在降低能源强度以及提高能源使用效率上的措施，同时结合中国自身的国情制定一系列举措，以期促进"十二五"期间节能减排目标的实现。

5.1 发挥深化改革对提高能源效率的作用

由前文对东欧及独联体国家的分析可见，深化改革有利于能源效率的提高。我国经历了计划经济向市场经济的转变，经济体制转型取得了一系列成就，进行深化改革、完善经济结构、促进经济增长方式转变，对能源效率的提高有着不可估量的影响。在中国，就西部大开发这个议题来说，占国土 71.4% 面积的西部地区蕴藏着丰富的自然资源，尤其是煤、石油、天然气等能源资源更是储量丰富，据相关统计，西部地区石油和天然气储量分别占全国的 41% 和 65%（胡健和焦兵，2007），然而西部地区的经济发展水平却是全国各地区中最滞后的，其资源优势并没有转化为经济优势，这一现象充分验证了发展经济学家刘易斯提出的丰富的自然资源并不是经济增长的充分条件这一论断。这就需要进行市场深化改革，扩大开放，以创新的思维和方法开发利用西部地区丰富的自然资源，降低其资源强度，提高资源利用效率，开拓出一条西部大开发的新路子。

5.2 推进能源私有化改革，提高能源效率

Nepal，Rabindra（2011）的实证分析指出，私有化改革指数对能源利用效率的作用是高度显著的。能源私有化改革进程中，能源的价格是最受众人瞩目的问题，国家能源专家咨询委员会副主任周大地也指出，在"十二五"期间，有很多相关的问题需要被认真讨论，首当其冲是能源价格改革的问题。在中国，能源企业基本国有，他们对国有能源资源的垄断以及政府的行政定价，使能源价格问题复杂化，导致能源企业不重视能源的使用效率，能源价格与能源供需不相符，追求自身的利润与提高能源效率的矛盾导致能源使用效率低下。因此，实行能源市场化，鼓励民营和外资参与能源行业，建立多元化市场主体竞争机制，通过透明有效、可操作的价格机制和能源行业成本监控而实现能源的价格改革，实行

市场化的能源定价机制，进而提高能源行业效率，是提高我国能源配置效率和使用效率的重要途径。

5.3 建立健全的法律和制度体系，保障提高能源效率的各项措施得以实施

从 Nepal，Rabindra 对独联体国家市场化改革历程对能源效率影响的分析中不难看出，转型国家经济中的经济改革与整个经济体的制度紧密相关。2006 年起草的《能源法》的核心是能源的问题要走向法制化。科学完善的节能体制机制是促进节能减排的关键环节，"十二五"期间，中国应当立足国情，把政府调控与市场机制有机结合起来，力求完善节能体制机制和法律、制度、政策体系，充分挖掘各方面节能潜力，全力完成预定的节能目标。国家应统筹经济发展与能源效率的关系；加强能源管理部门建设；建立有效的能耗统计、监测和节能评价考核体系；大力开展节能教育和培训等，以健全的市场体制保障提高能源效率的各项举措得以顺利实施，保证"十二五"期间循环经济顺利而高效的发展。

参考文献

[1] Anderson D. Energy Efficiency and the Economists: The Case for a Policy Based on Economic Principles，Annual Review of Energy and the Environment，1995，20（1）：495-511.

[2] Bacon R.W.，Besant-Jones J. Global electric Power Reform，Privatization and Liberalization of the Electric Power Industry in Developing Countries，Annual Review of Energy and Environment，2001（26）：331-359.

[3] Cornillie J.，Frankhauser S. The Energy Intensity of Transition Countries，Energy Economics，2004，26（3）：283-295.

[4] EBRD.（2001）. Energy in Transition，Transition Report 2001，European Bank for Reconstruction and Development，London.

[5] EBRD.（2008）. Securing Sustainable Energy in Transition Economies，Transition Report，European Bank for Reconstruction and Development，April，London.

[6] Fan Y.，H Liao.，Y-M Wei. Can Market Oriented Economic Reforms Contribute to Energy Efficiency Improvement? Evidence from China，Energy Policy，2007，35（4）：2287-2295.

[7] Fisher-Vanden，K. The Effects of Market Reforms on Structural Change: Implications for Energy Use and Carbon Emissions in China，The Energy Journal，2003，24（3）：27-62.

[8] Gray，D.（1995）. Reforming the Energy Sector in Transition Economies，World Bank Discussion Papers，No. 296，Washington，DC.

[9] Hirschhausen C.V，Waelde W.T. The End of Transition: An Institutional Interpretation of Energy Sector Reform in Eastern Europe and CIS，MOCT-MOST: Economic Policy in Transitional Economies，2001，11（1）：93-110.

[10] Hogan W. W.（2001）. Designing Market Institutions for Electric Network Systems: Reforming the Reforms in New Zealand and the US，Center for Business and Government，John F. Kennedy School of Government，Harvard University，Massachusetts，USA.

[11] Jaffe A.B.，Stavins R.N. The Energy-Efficiency Gap-What Does it Mean?，Energy Policy，1994，22（10）：804-810.

[12] Jaffe A.B.，Newell R.G.，Stavins R.N. Economics of Energy Efficiency，Encyclopedia of Energy，2004，

2：79-90.

[13] Jamasb，T.，Mota，R.，Newberry，D.，and Pollitt，M.（2004）. Electricity Sector reform in Developing Countries：A Survey of Empirical Evidence on Determinants and Performance，Cambridge Working Papers in Economics，CWPE 0439.

[14] Jorgenson，D.W.，and Wilcoxen，P.J. Energy Prices，Productivity and Economic Growth，Annual Review of Energy and the Environment，1993，18（1）：343-395.

[15] Markandya，A.，Pedroso-Galinato，S.，and Streimikiene，D. Energy intensity in transition economies：Is there convergence towards the EU average?，Energy Economics，2006，28（1）：121-145.

[16] Meyers，S.（1998）. Improving Energy Efficiency：Strategies for Supporting Sustained Market Evolution in Developing and Transition Countries，Report LBL-41460，Lawrence Berkeley Laboratory，Berkeley，CA.

[17] Nepal，Rabindra.（2011）. Energy effciency in transition：do market-oriented economic reforms matter? MPRA Paper No.33349.

[18] Nepal，R. and Jamasb，T.（2011）. Reforming the Power Sector in Transition：Do Institutions Matter? Cambridge Working Papers in Economics 1124，University of Cambridge，UK.

[19] North，D.C. Institutional Change and Economic Growth，The Journal of Economic History，Cambridge University Press，1971，31（1）：118-125，March.

[20] Popp，D. Induced Innovation and Energy Prices，American Economic Review，2002，92（1）：160-180.

[21] Schaffer，M. E. Do Firms in Transition Economies Have Soft Budget Constraints? A Reconsideration of Concepts and Evidence，Journal of Comparative Economics，1998，26（1）：80-103.

[22] Sen，A. and Jamasb，T.（2010）. The Economic Effects of Electricity Deregulation：An Empirical Analysis of Indian States，Cambridge Working Paper Economics 1005，University of Cambridge，UK（forthcoming in The Energy Journal）.

[23] Sinton，J.E. and Fridley，D.G. What Goes Up：Recent Trends in China's Energy Consumption，Energy Policy，2000，28（10）：671-687.

[24] Steiner，F. Industry Structure and Performance in the Electricity Supply Industry，OECD Economic Studies，2001，32（I）：143-182.

[25] Sutherland，R. J. Market Barriers to Energy-Efficiency Investments，The Energy Journal，1991，12（3）：15-34.

[26] Williamson，J. Development and the Washington Consensus，World Development，1994，21：1239-1336.

[27] Williamson，O.E. Transaction Cost Economics and the Carnegie Connection，Journal of Economic Behaviour & Organization，1996，31（2），November：149-155.

[28] [波]W·科勒德克. 从休克到治疗——后社会主义转轨的政治经济[M]. 上海：上海远东出版社，2003.

[29] [波]W·科勒德克. 从休克失败到后华盛顿共识[J]. 经济社会体制比较，1999（2）.

[30] 斯蒂格利茨，等. 从华盛顿共识到北京共识[N]. 21世纪经济报道，2005-03-28.

[31] 曾炼冰. 节能新机制在市场经济中逐步发展[J]. 中国科技投资，2010（8）.

[32] 魏后凯. 以市场为主体，推进新能源产业大发展[J]. 绿叶，2010（8）.

[33] 段晶品. 特色技术: 实践节能的密码——访北京华通兴远节能技术有限公司副总经理李信成[J]. 节能, 2010 (5).

[34] 杨继生. 国内外能源相对价格与中国的能源效率[J]. 新华文摘, 2009.

基于 PSR 模型的土地利用系统健康评价及障碍因子诊断[①]

Health Evaluation on Land Use System Based on the PSR model and Diagnosis of Its Obstacle Indicators

郑华伟　张　锐　刘友兆

（南京农业大学公共管理学院，南京　210095）

[摘　要]　土地利用系统健康评价及障碍因子诊断是土地资源可持续利用的重要基础。在界定土地利用系统健康内涵的基础上，构建了基于 PSR 模型的评价指标体系，采用熵值法和障碍度模型，对四川省土地利用系统健康进行了评价。研究结果表明：①2000—2008 年四川省土地利用系统健康水平总体不断提高，综合指数从 0.394 5 增加到 0.557 3，健康等级经历了"不健康-临界状态"的演变历程；②压力指数总体上呈现下降趋势，状态指数和响应指数总体上呈现上升趋势；③长远来看，系统压力是影响土地利用系统健康的首要因素，2000—2008 年系统压力和系统状态的障碍度分别以年均 8.81% 和 0.97% 的速度增加，而系统响应的障碍度以年均 7.66% 的速度下降；④影响土地利用系统健康的主要障碍因子包括固定资产投资年增长率、人均耕地面积、土地垦殖率、水土流失程度、地均 GDP 等。为了促进土地利用系统健康水平不断提高，需要进一步转变经济发展方式，加强土地利用监督管理，加大环境治理力度，有效控制水土流失程度。

[关键词]　土地利用系统　熵值法　健康诊断　PSR 模型　四川省

Abstract　Health evaluation on land use system and diagnosis of its obstacle indicators would be greatly helpful for sustainable land use. On the basis of defining the meaning of health on land use system, the evaluation index system was constructed based on the PSR model, then an empirical analysis was conducted in Sichuan province by entropy method and obstacle degree model. The results showed that：（1）the health degree of land use system had been gradually improved from 2 000 to 2008, with the index increasing from 0.394 5 to 0.557 3. The degree of land use system generally experienced two stages, i.e., unhealthy and critical state. （2）The pressure index overall showed a downward trend, while status index and response index a rise trend. （3）In the long run, the system pressure was found to be the major factor affecting health on land use system. The obstacle degree of system pressure and

① 基金项目：国家社科基金项目（07XJY021）；江苏省研究生培养创新工程项目（CXZZ11_0690）。

作者简介：郑华伟，男，江苏淮安人，博士研究生，研究方向：土地可持续利用与土地资源评价。通信地址：江苏省南京市卫岗南京农业大学公共管理学院（土管 2009 级博士），邮编：210095。E-mail：huaweizheng2008@163.com，电话：13913930501。

system status increase by an annual average of 8.81% and 0.97%, respectively, but the obstacle degree of system response decreases by an annual average of 7.66%. (4) the growth rate for fixed asset investment, per capita arable land, land reclamation rate, extent of soil erosion and per capita GDP were verified to be the key obstacle for further improvement of health on land use system. The health on land use system was continuously improved by further transformation of economic development mode, strengthening supervision and management for land utilization, increasing the intensity of environmental governance, effectively controlling soil erosion, and so on.

Keywords Land use system, Entropy method, Health diagnosis, PSR model, Sichuan province

随着人地矛盾的日益突出，特别是社会经济可持续发展战略实施以来，如何实现土地资源的永续利用已成为人们普遍关注的热点问题，土地利用系统健康是随之兴起的重点研究内容之一[1]。我国人多地少，土地资源退化较为普遍，开展土地利用系统健康研究，为土地资源可持续利用提供理论基础和实践指导，是我国土地资源管理的一项紧迫任务[1-2]。

目前关于土地利用系统健康的研究主要集中在土地利用系统健康内涵、土地利用系统健康评价、土地利用系统健康影响因素以及土地利用系统健康调控等几个方面[2-9]。总体来看，土地利用系统健康评价研究尚属起步阶段，定性分析多、定量研究少；评价指标多集中于资源与环境状况，很少综合考虑人类活动、社会经济等对系统健康评价的作用；评价指标权重的确定多采用德尔菲法、层次分析法等，此类方法虽因研究较为成熟而被广泛应用，但评价指标权重的赋予多带有人为因素，常常因选取专家的不同而差异较大，使分析结果趋于不稳定。PSR 模型综合考虑社会、经济、资源与环境，突出了人地关系；熵值法根据评价指标的固有信息确定指标的权重，可以克服一些主观赋值法所带来的结果不稳定的现象。PSR 模型和熵值法虽已广泛地应用于各种评价问题中，但在土地利用系统健康评价中却鲜有报道。为此，笔者在界定土地利用系统健康内涵的基础上，构建了基于 PSR 模型的土地利用系统健康评价指标体系，利用熵值法对土地利用系统健康评价进行实证研究，分析土地利用系统健康的障碍因素，为土地利用系统实施可持续性管理和合理利用提供依据。

1 区域概况与数据来源

四川省地处长江上游，位于我国中西部的接合部，东与重庆市接壤，南与云南、贵州省相连，西邻西藏自治区，北接青海、甘肃、陕西省。辖区东西长约 1 075 km，南北宽约 921 km，辖区面积 48.5 万 km²，为我国第五大省区，现辖 18 个地级市和 3 个自治州。四川省资源丰富，光热条件好，是我国重要的农业经济区和粮食主产区，承担着国家粮食安全的重任。然而随着经济社会的发展，建设用地规模持续扩张，耕地资源数量锐减，土地生态功能减弱，水土流失严重，土壤污染加剧，土地利用系统健康状况亟待改善[10]。

土地利用系统健康评价指标数据主要来源于《四川统计年鉴（2001—2009）》《四川农村统计年鉴（2001—2009）》《中国统计年鉴（2001—2009）》《中国农村统计年鉴（2001—

2009)》《中国农业年鉴（2001—2009）》和四川省土地利用变更调查数据。

2 研究方法

2.1 指标体系构建

土地利用系统健康是以人类社会的可持续发展为目的，促进经济、社会和生态三者之间和谐统一，其内涵可以概括为：①土地利用系统自身是否健康，即其自身结构是否合理，功能是否得到正常发挥；②土地利用系统对人类是否健康，即土地利用系统所产生的综合效益是否满足人类的需要[6-8]。土地利用系统健康评价是以整个土地利用系统为评价对象，对特定时刻、特定区域的自然生态要素和社会经济要素进行的综合诊断评价；它本质上是一种诊断评价，目的是诊断由人类活动与自然因素引起的系统破坏与退化程度，以便发出预警，为管理者提供决策[6]。

"压力—状态—响应"（PSR）概念模型是由联合国 OECD 和 UNEP 提出的[11-12]，该模型以因果关系为基础，即人类活动对环境施加一定的压力；环境改变了其原有的性质或自然资源的数量（状态）；人类社会采取一定的措施对这些变化作出反应，以恢复环境质量或防止环境退化[13-15]；它突出了环境受到的压力和环境退化之间的因果关系，压力、状态、响应 3 个环节相互制约、相互影响，正是决策和制定对策措施的全过程[8, 13]。因此，笔者借鉴 PSR 概念模型作为土地利用系统健康评价指标体系的基本框架（图 1）：人口增长、社会经济发展给土地利用系统带来巨大的压力（P）；人类不断开发资源，通过社会经济活动向土地利用系统排放污染，改变了土地利用系统结构与功能状态（S）；压力之下，土地利用系统在原有状态基础上做出反应，同时反馈于社会经济的发展过程；人类对土地利用系统的反馈进一步做出响应（R），进行政策调整、环境保护等，改善土地利用系统状态，使之保持良好的结构与功能，进而实现可持续发展[15-16]。

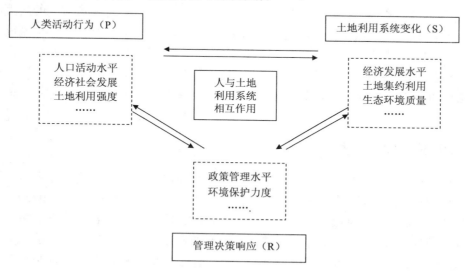

图 1 土地利用系统健康评价的 PSR 模型框架

从土地利用系统健康评价指标体系的基本框架出发，遵循指标选取的科学性、系统性、可比性和可获取性等原则，在参考相关文献的基础上[6-9]，构建了 4 个层次的土地利用系统健康评价指标体系（表1）。系统压力用人口活动水平、社会经济发展压力和土地利用强度来表征，系统状态通过社会经济发展水平、土地集约利用情况与生态环境质量来反映，系统响应包括政策管理水平与环境保护力度。

表1 土地利用系统健康评价指标体系及其标准值

准则层	因素层	指标层	评价函数	标准值	
				健康值	病态值
系统压力	人口活动水平	x_1 人口密度/（人/km²）	总人口除以土地总面积	150	800
		x_2 人口自然增长率/‰	—	3	25
	社会经济发展压力	x_3 城市化水平/%	非农业人口除以总人口	70	10
		x_4 GDP年增长率/%	当年GDP除以前一年GDP减1	6	24
		x_5 固定资产投资增长率/%	当年固定资产投资除以前一年固定资产投资减少1	5	30
	土地利用强度	x_6 土地垦殖率/%	耕地面积除以土地总面积	30	10
		x_7 土地利用率/%	农用地和建设用地之和除以土地总面积	95	65
		x_8 建设用地比例/%	建设用地规模除以土地总面积	3	18
系统状态	社会经济发展水平	x_9 人均GDP/（元/人）	GDP除以总人口	20 000	5 000
		x_{10} 城镇居民人均可支配收入/（元/人）	—	16 000	4 000
		x_{11} 农民人均纯收入/（元/人）	—	6 000	1 500
	土地集约利用状况	x_{12} 地均GDP/（万元/hm²）	GDP除以土地总面积	15	1
		x_{13} 人均耕地面积/（hm²/人）	耕地面积除以总人口	0.100	0.053
		x_{14} 人均建设用地/（m²/人）	建设用地面积除以总人口	150	210
	生态环境质量	x_{15} 森林覆盖率/%	森林面积除以土地总面积	40	10
		x_{16} 水土流失程度/%	水土流失面积除以土地总面积	15	60
系统响应	政策管理水平	x_{17} 土地市场配置程度/%	土地一级市场配置程度与土地二级市场配置程度加权求和[17]	65	15
	环境保护力度	x_{18} 水土流失治理率/%	水土流失治理面积除以水土流失面积	60	10
		x_{19} 工业废水排放达标率/%	达标工业废水排放量除以工业废水总排放量	95	50
		x_{20} 城市生活污水处理率/%	生活污水处理量除以生活污水排放量	80	35
		x_{21} 工业固体废物综合利用率/%	工业固体废物综合利用量除以工业固体废物产生量	85	45
		x_{22} 教育投资强度/%	教育投资量除以财政支出总量	35	5

2.2 评价模型建立

2.2.1 标准化处理

为了统一各评价指标的单位与量纲，本文采用极差法[16, 18]对数据标准化处理，具体计算公式如下：

$$正向作用指标：X'_{ij} = (X_{ij} - \min X_j)/(\max X_j - \min X_j) \tag{1}$$

$$负向作用指标：X'_{ij} = (\max X_j - X_{ij})/(\max X_j - \min X_j) \tag{2}$$

式（1）、式（2）中，X_{ij} 和 X'_{ij} 分别为第 i 年第 j 项指标的原始值和标准化值，$\max X_j$ 和 $\min X_j$ 分别为第 j 项指标的标准最大值和标准最小值。标准值（健康值、病态值）的确定主要参考国家、地方、行业及国际相关标准，研究区域本底背景值，全国平均水平等。

2.2.2 指标权重的确定

土地利用系统健康评价是一个多指标定量综合评价的过程，指标权重确定具有举足轻重的地位，将直接关系到土地利用系统健康评价结果的准确性[18]。为了避免人为因素的影响，使指标权重确定更加具有科学性，本研究采用客观赋权法中的熵值法来确定指标权重：熵值法根据评价指标变异程度的大小来确定指标权重，指标变异程度越大，信息熵越少，该指标权重值就越大，反之越小[18-19]。在熵值法的计算过程中，运用了对数和熵的概念，根据相应的约束规则，负值和极值不能直接参与运算，应对其进行一定的变换，即应该对熵值法进行一些必要的改进；改进的办法主要有两种：功效系数法和标准化变换法，本研究采用标准化变换法对熵值法进行改进[19]。改进的熵值法确定指标权重主要步骤包括评价指标标准化处理、坐标平移、评价指标熵值计算、评价指标差异性系数测算、指标权重确定（表2）；用改进的熵值法确定评价指标权重不需要加入主观信息，是一种完全意义的客观赋权法，同时有利于缩小极端值对综合评价的影响，比传统方法更加有效、可靠[19]。

表2 土地利用系统健康评价指标权重

目标层	准则层	权重	指标层	权重
土地利用系统健康	系统压力	0.358 8	x_1	0.121 1
			x_2	0.115 9
			x_3	0.129 7
			x_4	0.129 2
			x_5	0.128 8
			x_6	0.120 5
			x_7	0.129 7
			x_8	0.125 1
	系统状态	0.355 9	x_9	0.118 0
			x_{10}	0.117 6
			x_{11}	0.118 4
			x_{12}	0.118 7
			x_{13}	0.124 7
			x_{14}	0.147 2
			x_{15}	0.125 0
			x_{16}	0.130 4

目标层	准则层	权重	指标层	权重
土地利用系统健康	系统响应	0.285 3	x_{17}	0.154 0
			x_{18}	0.165 5
			x_{19}	0.187 4
			x_{20}	0.163 4
			x_{21}	0.179 4
			x_{22}	0.150 3

2.2.3　计算综合指数

土地利用系统健康评价的单项指标只能从某一侧面反映土地利用系统的健康状况，只有根据相应的权重，将各评价指标标准化值逐层合成综合指数，才能反映土地利用系统健康整体状况，具体采用如下加权函数法合成土地利用系统健康综合指数[16, 18]：

$$F = \sum_{i=1}^{3} w_i \times (\sum_{j=1}^{n} X'_{ij} \times w_{ij}) \tag{3}$$

式中：F——土地利用系统健康综合指数；

$\qquad w_i$——第 i 子系统权重；

$\qquad w_{ij}$——第 i 子系统第 j 项指标权重；

$\qquad n$——第 i 子系统所包含的指标数。

F 越接近 1，表示土地利用系统健康状况越好。在借鉴国内外生态系统健康等级划分的基础上，将土地利用系统健康级别分为：病态、不健康、临界状态、亚健康和健康 5 个等级（表 3）。

表 3　土地利用系统健康分级标准

综合指数	0.8～1.0	0.6～0.8	0.4～0.6	0.2～0.4	0～0.2
等　级	健　康	亚健康	临界状态	不健康	病　态

2.3　障碍因素诊断

为有效提高土地利用系统健康水平，有必要对单项指标和分类指标的障碍作用大小进行评估，寻找出阻碍土地利用系统健康的主要障碍因素[18]。障碍因素计算采用因子贡献度、指标偏离度和障碍度 3 个指标来进行分析诊断，因子贡献度（V_j）表示单项因素对总目标的影响程度，即单因素对总目标的权重（$w_i \times w_{ij}$），指标偏离度（x_{ij}）表示单项指标与土地利用系统健康目标之间的差距，设为单项指标标准化值与 100% 之差；障碍度（Y_i，y_i）分别表示第 i 年分类指标和单项指标对土地利用系统健康的影响，是土地利用系统健康障碍诊断的目标和结果，计算公式如下[18, 20-21]：

$$x_{ij} = 1 - X'_{ij} \tag{4}$$

$$y_i = x_{ij} \times V_j / \sum_{j=1}^{22} (x_{ij} \times V_j) \times 100\% , \quad Y_i = \sum y_i \tag{5}$$

3 结果分析

根据前文提供的研究方法，得到四川省土地利用系统健康的综合评价结果以及分类指标评价结果（图2）。

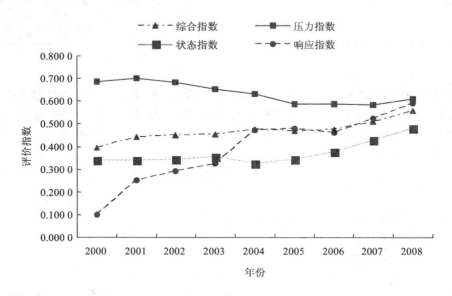

图2 四川省土地利用系统健康评价结果

3.1 综合评价结果

对 2000—2008 年土地利用系统健康综合指数变化走势分析表明，四川省土地利用系统健康综合指数总体处于改善上升趋势，土地利用系统健康状况将会得到进一步改善。四川省土地利用系统健康综合指数由 2000 年的 0.394 5 上升到 2008 年的 0.557 3，土地利用系统健康不断好转，年均增长率达到 5.16%，表明土地利用系统健康水平不断提高。根据土地利用系统健康分级标准（表 3），土地利用系统健康等级由"不健康"转变为"临界状态"，研究发现：四川省经济持续发展，不断加强生态环境保护建设，加大了对废水、废气污染的控制力度，加强了对水土流失的治理，促进了土地利用系统健康状况改善。

3.2 分类指标对比

（1）压力指数。2000—2008 年压力指数总体上呈现下降趋势，从 2000 年的 0.686 3 下降到 2008 年的 0.609 0，表明土地利用系统压力现状有所恶化（负向指标，数值越小，生态压力相对越大）[22]，人类对土地利用系统的干扰有所强化。根据曲线的形状可以将压力指数的变化分为 3 个阶段：第一阶段是 2000—2001 年压力指数缓慢上升，增长率为 2.12%；第二阶段是 2001—2007 年压力指数处于下降趋势，2001—2005 年下降幅度较大，年均递减率为 4.90%，2005—2007 年下降幅度较小，仅达到 0.36%；第三阶段是 2007—2008 年迅速上升，增长率为 4.66%。

（2）状态指数。除 2004 年以外，其他年份的状态指数均高于 2000 年的水平，状态指数逐渐增大，发展水平迅速提高。2008 年状态指数是 2000 年的 1.42 倍，年均增长率为

5.20%。由图 2 可知，2000—2003 年状态指数增长幅度较小，年均增长率仅达到 1.45%，2004—2008 年状态指数上升速度增快，年均增长率为 11.95%。

（3）响应指数。除 2006 年以外，其他年份的响应指数均逐年增大，发展水平迅速提高。2008 年响应指数是 2000 年的 6.00 倍，年均增长率为 62.52%。由图 2 可知，2000—2005 年响应指数增长幅度较大，年均增长率为 77.13%，它的提高有利于土地利用系统健康状况的改善；2006—2008 年响应指数增长幅度较小，年均增长率仅为 14.12%。

3.3 障碍因素诊断

（1）主要障碍因素。根据土地利用系统健康障碍因素诊断计算方法，对 2000 年和 2008 年四川省土地利用系统健康障碍度进行计算（表 4）。2000 年阻碍土地利用系统健康状况改善的障碍因素主要集中在系统响应、系统状态方面，包括有工业固体废物综合利用率、生活污水治理率、工业废水排放达标率、地均 GDP、水土流失治理率等；而 2008 年阻碍土地利用系统健康状况改善的障碍因素主要集中在系统压力、系统状态方面，包括有固定资产投资年增长率、土地垦殖率、地均 GDP、水土流失程度、城市化水平等。从单项指标变化趋势上看，2000—2008 年固定资产投资年增长率、人均耕地面积、土地垦殖率、水土流失程度等指标障碍度上升幅度较大。研究发现，虽然四川省一直致力于水土流失的综合治理，但由于易水土流失区域较大，且存在反复的现象，目前水土流失程度仍较大，还需加大治理力度，有效保护土地资源。随着经济社会的发展，四川省固定资产投资增长速度明显提升、国内生产总值持续增长，但这种高速增长是以资源高消耗为代价的，建设用地规模不断扩大，耕地面积持续减少，土地集约利用水平较低，地均 GDP 仅为 2.6 万元/hm²，与发达地区相比差距较大。

表 4 2000 年和 2008 年四川省土地利用系统健康障碍度因素排序

年份	位序	1	2	3	4	5	6	7	8
2000	障碍因素	x_{21}	x_{20}	x_{12}	x_{19}	x_9	x_{18}	x_3	x_{11}
	障碍度/%	10.39	9.96	7.07	6.97	6.96	6.63	6.58	6.33
2008	障碍因素	x_5	x_6	x_{12}	x_{16}	x_3	x_{18}	x_{22}	x_{13}
	障碍度/%	10.37	8.65	8.45	8.31	7.93	7.68	7.26	7.08

（2）分类指标的障碍度。在单项指标障碍度计算的基础上，进一步计算土地利用系统健康的分类指标障碍度（图 3）。从整体来看，系统压力和系统状态的障碍度呈上升趋势，而系统响应的障碍度在波动中呈下降态势。从 3 个指标障碍度的数值看，2001 年之前系统响应障碍度最大，其次是系统状态、系统压力；从 2001 年开始，系统状态障碍度最大，其次是系统响应、系统压力；2007 年以后系统压力障碍度超过系统响应，位居第二位。可见，提高土地利用系统健康水平必须从系统状态、系统压力入手，同时注重加强系统响应。从各分类指标障碍度年变化率来看，2000—2008 年系统压力和系统状态的障碍度分别以年均 8.81% 和 0.97% 的速度增加，系统响应的障碍度以年均 7.66% 的速度下降。显然，从长远来看，系统压力会成为影响土地利用系统健康的首要因素。

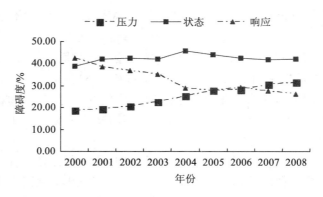

图 3   2000—2008 年各分类指标障碍度

4   结论与讨论

（1）通过对 2000—2008 年四川省土地利用系统健康评价的实证分析表明，PSR 模型从社会经济与资源环境有机统一的观点出发，将资源环境、人类活动、社会经济等联系起来并考虑它们之间的相互作用，改变现有研究主要关注资源环境的状况，能更准确地反映土地利用系统健康的各要素之间的关系；熵值法根据评价指标间的离散程度，用信息熵来确定指标的权重，不仅可以克服一些主观赋值法所带来的结果不稳定的现象，在一定程度上改善和提高了综合评价的质量，而且还可以判断土地利用系统健康的时间变化趋势；基于 PSR 模型的评价指标体系与熵值法能够实现对土地利用系统健康的综合评价。

（2）研究结果表明，2000 年以来四川省土地利用系统健康水平总体不断提高，2008 年土地利用系统健康综合指数是 2000 年的 1.41 倍，且等级由 2000 年的"不健康"转变为 2008 年的"临界状态"；压力指数总体上呈现下降趋势，状态指数和响应指数总体上呈现上升趋势；从准则层指标障碍度来看，系统压力和系统状态对土地利用系统健康影响较大，2000—2008 年系统压力和系统状态的障碍度分别以年均 8.81% 和 0.97% 的速度增加；从指标层因子的障碍度来看，影响土地利用系统健康的主要障碍因子包括固定资产投资年增长率、人均耕地面积、土地垦殖率、水土流失程度、地均 GDP 等。

（3）进一步转变经济发展方式，推动经济结构战略性调整，有效促进科技进步与创新，优化产业升级布局，降低经济增长对土地资源的过度消耗；加强土地利用监督管理，提高土地资源市场化配置程度，形成节约集约用地的"倒逼机制"，有效增加土地利用集约度，提升土地资源对经济发展的保障能力；继续增加环境保护投入，加大环境治理力度，有效控制水土流失程度，进而持续改善土地利用系统健康状况。

（4）由于土地利用系统健康评价指标体系的构建涉及众多的学科，同时此类研究尚不多，尽管本文建立了基于 PSR 模型的土地利用系统健康评价指标体系，但拘于可借鉴资料和指标数据可获取性的局限，土地利用系统健康评价指标体系仍需进一步的充实、完善。

参考文献

[1]   陈美球，刘桃菊. 土地健康与土地资源可持续利用[J]. 中国人口·资源与环境，2003，13（4）：64-67.

[2]   陈美球，吴次芳. 土地健康研究进展[J]. 江西农业大学学报（自然科学版），2002，24（3）：324-329.

[3] Leopold A.Wilderness as a land laboratory[J]. Living Wilderness，1941，（7）：3.

[4] Doran J W，Parkin T B. Soil health and sustainability[J]. Advances in Agronomy，1996，56：52-55.

[5] Yotti Kingsley J，Townsend M，Phillips R，et al. "If the land is healthy…it makes the people healthy": The relationship between caring for Country and health for the Yorta Yorta Nation，Boonwurrung and Bangerang Tribes[J]. Health and Place，2009，15：291-299.

[6] 蔡为民，唐华俊，陈佑启，等. 土地利用系统健康评价的框架与指标选择[J]. 中国人口·资源与环境，2004，14（1）：31-35.

[7] 贺翔. 上海市土地利用系统健康评价研究[D]. 武汉：华中农业大学，2007.

[8] 郭杰，吴斌. 土地利用系统健康评价[J]. 中国土地科学，2011，25（4）：71-77.

[9] 李强，赵烨，严金明. 城市化驱动机制下的农用地健康评价[J]. 农业工程学报，2010，26（9）：301-307.

[10] 四川省统计局. 四川统计年鉴[M]. 北京：中国统计出版社，2009.

[11] FAO Proceedings. Land Quality Indicators and Their Use in Sustainable Agriculture and Rural Development[R].Proceedings of the Workshop organized by the land and Water Development Division FAO Agriculture Department，1997（2）：5.

[12] Rainer WALZ，Development of Environmental Indicator Systems：Experiences from Germany[J]. Environmental Management，2000，25（6）：613-623.

[13] 颜利，王金坑，黄浩. 基于 PSR 框架模型的东溪流域生态系统健康评价[J]. 资源科学，2008，30（1）：107-113.

[14] 麦少芝，徐颂军，潘颖君. PSR 模型在湿地生态系统健康评价中的应用[J]. 热带地理，2005，25（4）：317-321.

[15] 仇蕾. 基于免疫机理的流域生态系统健康诊断预警研究[D]. 南京：河海大学，2006.

[16] 高珊，黄贤金. 基于 PSR 框架的 1953—2008 年中国生态建设成效评价[J]. 自然资源学报，2010，25（2）：341-350.

[17] 唐鹏，李建强，肖君. 土地市场化程度的地区差异分析[J]. 资源与产业，2010，12（6）：161-166.

[18] 邓楚雄，谢炳庚，吴永兴，等. 上海都市农业生态安全定量综合评价[J]. 地理研究，2011，30（4）：645-654.

[19] 陶晓燕，章仁俊，徐辉，等. 基于改进熵值法的城市可持续发展能力的评价[J]. 干旱区资源与环境，2006，20（5）：38-41.

[20] 吴开亚. 巢湖流域农业循环经济发展的综合评价[J]. 中国人口·资源与环境，2008，18（1）：94-98.

[21] 鲁春阳，文枫，杨庆媛，等. 基于改进 TOPSIS 法的城市土地利用绩效评价及障碍因子诊断[J]. 资源科学，2011，33（3）：535-541.

[22] 张军以，苏维词，张凤太. 基于 PSR 模型的三峡库区生态经济区土地生态安全评价[J]. 中国环境科学，2011，31（6）：1039-1044.

空间环境经济学与环境经济地理学之比较及其启示

Comparison between Spatial Environmental Economics and Environmental Economic Geography and Their Enlightenments

曾伟军①

（广西大学商学院，南宁　530004）

[摘　要]　随着经济的增长，环境经济问题的研究在理论与实际应用中都受到广泛关注，各学科学者从不同角度对其进行了大量的研究和阐述。然而，环境、经济与地理空间的相互关系问题却一直缺乏系统深入研究。正因为如此，空间环境经济学与环境经济地理学才逐渐兴起，并试图进行创新性探索研究，以解决理论和政策建议的需要。笔者通过提供新兴研究领域概况，旨在吸引和鼓励更多读者形成自己的疑问、观点和见解，参与到新一轮环境经济问题研究浪潮中来。本文在分析地理空间因素、环境与经济的相互影响、作用机制，回顾空间环境经济学与环境经济地理学发展历程及相关理论概念的基础上，总结两分支学科的异同和对学科未来研究前景、研究方向的启示。研究表明空间环境经济学与环境经济地理学，重要性都不容忽视，虽其许多研究领域交叉渗透，但理论基础与分析方法有所差别，优势各异。

[关键词]　环境经济学　经济地理学　地理空间　环境问题　溢出　集聚

Abstract　With rapid development of the economy，environmental and economic issues have widely received concerns in the academic study and practical applications. The scholars in different subjects have extensively studied and illustrated these problems from their own angles. However，environmental and economic problems in the geographical space were always being lack of further systematical study. As such，for meeting the need of theoretical study and policy recommendations，Spatial Environmental Economics and Environmental Economic Geography emerged，and searched for innovative work. By offering a survey on the new research areas，I aim to attract and encourage more readers to develop their own questions，opinions and views and take part in this new research round of environmental economic issues. This article analyses the interactions between geographical space，environment and economy，reviews the development of Spatial Environmental Economics and Environmental Economic Geography and the basic concepts the two subjects，and finally summarizes the differences and future research work of them. Research shows that both Spatial Environmental Economics and Environmental Economic

---

① 作者简介：曾伟军，广西大学商学院，区域经济学专业研究生。通信地址：广西南宁市大学路 100 号，邮编：530004，联系电话：18776886360，E-mail：584343241@qq.com。

Geography are important and many of the research work are interfaced. Though there are differences in their basic theories and analytical methods, advantage differentials each other.

Keywords Environmental economics, Geographical economics, Geographical space, Environmental problem, Spillovers, Agglomerations

环境问题是当前人类社会面临的最为严峻的问题，也是人们最为关注的问题之一。关于环境问题，不同学科的学者从各自学科角度对其进行了大量的研究和论述。环境问题就是人类对环境资源的过度索取利用，就是在满足人类各种欲望需求的活动过程中产生的。这些人类活动的过程，从经济学角度看，涉及了用于满足人类各种需求的生产、流通和消费等一系列经济活动。随着经济的增长，环境问题日益凸显。

环境资源指围绕中心事物的外部空间、条件和状况，是在一定的时空范围内，可供人类利用的表现为各种相对独立的静态物质和能量。通常所称的环境就是指人类外部的自然环境。环境资源能为人类提供多种服务功能，主要体现在：为人类的生存与发展提供基本的物资资料；为人类活动提供必要的空间；吸纳人类活动所产生和排放的各种废弃物、污染物（滕丽，2010）。

环境系统需要从地理空间角度界定，因此环境问题具有空间维度。有关自然环境的许多经济模型都需要明确地引入空间关系。按照 Arrow 等所讨论的地理空间概念，空间可以视为一个点集，或者一个网格系统。在地理空间的每一点上，可以定义单个或多个活动的发生。空间点的关联（溢出）就有可能涉及环境现象（污染转移或扩散）、交通运输、经济和人口变动（贸易、集聚和移民）抑或政治过程（谈判）。在某些特征上具有同质性的一系列空间点，或和其他空间点相比某些点更为紧密的相互关联，就可以将这些空间点聚合定义为一个区域。环境区域就是按照某种环境介质或环境特性，将空间点聚合而进行划分的区域，因此环境区域是相关联的，具有整体性，一个地区的环境失调会影响其他地区的环境、经济，甚至政治。

经济活动是在地理空间（环境区域）之中存在和进行的，同时地理空间也通过经济活动区位的选择与竞争而发生作用，地理空间是有限的，因此限制了经济的活动范围。尽管现代科学技术尤其是交通与通信技术的发展扩大了经济活动的空间，但地理空间的有限性并没有改变。同时，经济活动的空间特征，产生了围绕经济活动的区位竞争，也会对环境产生重大影响。经济区域就是人类经济活动所造就的、围绕经济中心而客观存在的、具有特定地域构成要素并且不可无限分割的经济社会综合体（李小建，2006）。由于地区原本的自然环境、地理位置和经济基础等等条件的差异，通过经济利益驱动，经济活动不断累积循环，最终经济集聚。因此依据产业结构、人均收入等经济指标，我们也可定义经济区域。或者，经济区域也可以按照商品交换和要素流通所反映的经济交流的密切程度来界定。经济区域之间的联系和相互作用，对各地区的经济和环境都会产生重大影响。区域内外诸因素共同作用，造成了区域环境与经济的趋同或趋异和"污染天堂"等现象。

特定地理空间上的潜在污染排放量与该地区的生产总值和人口总量基本成正比，即生产和消费的产品越多，环境污染程度往往越严重。当然，潜在污染排放量与地区生产总值的这种关系受到多种因素的影响，因为人们可以通过多方面的努力减少污染物的排放量。

通常情况下，影响地区环境绩效的因素主要有以下几点：①即通常强调的所谓外部性（或者溢出），包括环境外部性、技术外溢、知识外溢，等等。外部性可以分为空间外部性和时间外部性。空间上的外部性是指某项活动在一定地理空间上对其周围的行为主体造成额外的收益或损失。空间上的外部性一般表现为现实影响。时间上的外部性指目前某项活动对未来时期可能造成额外收益或损失。时间上的外部性一般表现为未来影响。但是，由于某项活动受地理空间因素（如距离等）的影响，其扩散与累积需要时间，受影响的地区或个人需考虑存量变量经过一段时间后的变化，这种时空外部性交织加剧了问题解决的复杂性和困难程度。外部性（溢出）的存在，导致活动主体的收益或成本扭曲，进而促成不恰当、不合理的行动选择激励，降低了资源要素的配置效率。②知识技术水平及生产应用。人类发展科技是为了认识自然、改造自然，以造福人类。生产技术的提高促进经济的发展，满足人们的物质和精神需求，同时无节制地加大对环境资源的索取，并且向自然界排放废弃物，这似乎形成恶性循环。但是我们必须看到经济发展是人类社会发展的必然趋势，高科技可以提高资源要素的利用效率，能在减少污染物排放的同时，用更少的资源生产出更多的产品。因此技术跟上经济的发展，自然资源与环境也会得到一定的保护，有利于维护环境的稳定。③制度安排。制度通过提供与行为有关的信息来塑造人们的行为，是现代社会最主要的控制工具。合理的制度安排降低交易成本的同时为人们的环境与经济行为提供了适当的约束、激励及正确的引导，将外部性内部化，进而提高制度效率（制度本身的运行效率和制度影响下的社会经济活动效率）。④集聚。集聚是特定地域特定时间内经济活动、人口等快速集中的现象。蔺雪芹（2008）、闫逢柱（2011）、Xepapadeas 和 Rauscher（2009）等的研究初步表明，集聚对环境的影响有：①集聚的规模效应会增加集聚区域的经济总量和污染排放总量，集聚也可能导致交通拥堵，使地区环境问题趋于严重；另外集聚的发展也有可能会降低环境污染，即集聚具有环境正外部性效应，因为集聚的发展会降低运输成本、提高相互作用经济效率、诱发技术创新、技术扩散与竞争效应；②集聚引致资源要素的大规模跨区域配置，这种跨区域的资源要素流动，会将集聚的环境负效应扩散到外部地区（空间效应），造成全局性的环境问题；③环境治理方面，集聚将有利于统一与规模化管理，可能降低宏观区域污染排放总量和人均量。环保标准的高低直接影响企业的区位选择、劳动力供给和城市的规模化发展。另一方面，收入水平的提高和环境质量的降低催生了人们的环保理念，这将迫使政府提高环保标准，加强环境管制的力度。综上所述，外部性影响人们治理环境和减少污染排放的行动动力，技术水平是减少污染排放的能力，合理的制度安排是人们环境经济行为的约束机制和利益保障，集聚使以上活动的解决变得更为迫切和便利；同时这 4 个因素也是相互影响、相互促进的，如波特假说（Porter Hypothesis）、环境税"双重红利"（Double Dividend）、污染避难所（Pollution Haven）、逐底竞赛（Race to the Bottom）和资源诅咒（Natural Resource Curse）等，这在一些学者的研究中也能得到体现（张成，2011；朱平芳，2011；Zeng，D.，2009；Frankel & Carmen，2010；Costantini，2011 等）。

环境问题具有空间维度，因为环境介质由空间界定。地理空间某处的环境质量受污染物空间转移以及空间点通过经济机制产生的相互依赖关系的影响。经济活动要在一定的地理空间上存在和进行，而资源、要素和经济活动等在地理空间上的集中趋势和过程产生集聚经济，通过累积循环会进一步增强经济活动的空间集中程度。经济活动和相伴随的环境污染排放的地理集中，资源要素和环境污染物的流动，使得环境问题的解决更为复杂，也更为艰难。空间可持续是实现时间可持续（即可持续发展）的基础，然而在解决地理空间的环境经济问题上，我们仍然面临着很多挑战，需要学者继续深入研究。

本文正是遵循这样的想法，试图寻找挖掘一些解决地理空间上的环境与经济问题的方法途径，并引导感兴趣的读者进入该领域加以研究。笔者认为在目前学术研究中主要存在两分支学科理论，正积极探索着地理空间上的环境经济问题，即空间环境经济学和环境经济地理学。本文将在随后的第二部分和第三部分对其进行详加介绍与分析。第四部分通过比较两分支学科在理论基础、研究内容和研究方法等方面的区别与联系，总结学科研究前景和对今后研究方向的启示（第五部分）。

1　空间环境经济学研究

环境经济学是环境科学与经济学等学科交叉渗透形成的新兴学科。经济学家对环境问题的关注始于马尔萨斯，经过一批经济学家在 20 世纪中后期的不懈努力，环境经济学逐渐进入主流经济学家视野，70 年代左右成为一门成熟的学科。基于新古典经济学庇古外部性理论和公共物品问题的环境经济学，主要通过将价值评估引入成本效益分析等环境经济政策工具，为环境外部性内化、优化资源配置提供政策建议（Cropper，1992；Bowers，1997；沈小波，2008）。环境经济学家提出的许多环境政策工具，诸如排污权交易、环保税、排污收费、绿色信贷、生态保险、财政补贴、罚款和押金制度等，对各国环境政策产生了重大而深远的影响，对环境保护和实现可持续发展作出了突出贡献。然而，由于外部效应问题、没有定价的环境资产和空缺的市场、环境资源的公共物品、交易成本、产权问题、不完全信息和不确定性、短视行为、不可逆转性以及环境污染的转移扩散问题，阻碍了市场机制作用的发挥，市场对于环境资源的配置不能达到帕累托最优状态而导致市场失灵，由此还需要政府通过调控来解决市场缺陷问题（Aldy，2009；Stavins，2011）。同时环境经济学在解决实际问题时还面临一些挑战。尤其是，目前时空范畴的环境经济问题越来越多样化和复杂化，各种时空环境问题相互影响、彼此叠加，由此引发的各种利益冲突也日益尖锐。面对环境经济问题的时空特殊性，现有的环境经济学理论和控制手段在解决时空环境经济问题时存在一定的局限性，迫切需要从新的视角不断拓展环境经济学的研究领域。Siebert（1985）、Deacon and Gerking（1998）、Smith and Anselin（2001）和王凤（2009）等都认为需要从地理空间的角度重新审视环境经济学，以解决现实存在的复杂问题。Deacon 认为与地理空间相关的自然资源使用问题，尤其是土地利用问题更可能成为今后研究的重要议题。Gerking 认为空间和跨区域的环境问题和环境政策的研究是新的研究方向，是资源与环境经济学和区域与城市经济学交叉的关键问题。因为生产要素的流动性，环境污染和环境政策将导致居民和企业的迁移，改变区域间和国际收入要素、人口、商品和服务生产的分布格局。Smith 认为环境经济学家早已承认地理空间的重要性，无论是从运输系数，还是旅游成本模型等，都说明了地理空间因素对环境政策的重要影响，但考虑地理空间因素会使研究更为复杂。随着对地理空间异质性、环境与经济作用机制、区位影响等的认可，越来越多的学者把目光转移到空间问题的研究上来，加上地理信息系统和空间计量工具的发展，空间环境经济学的研究与发展才更加便利和可能，并取得了一些卓有成效的研究成果（Albers，2010）。Smith（2009）运用集合种群模型和经济与生态的模拟数据，讨论了涉及空间动态管理系统的关键政策和制度安排问题。Xepapadeas（2010）回顾生态学中图录机制的实质，即优化组织最优集聚时将产生最优诱导扩散的不稳定性。通过把最大化原则扩展到部分差异最优控制方程中，发现在一定条件下能设计最优化的控制方案，因而，最优分布参数控制系统的基本函数暗含价格数量系统的空间诱导最优形式。这些方法对研究资源利用和经济发展模式的空间构成问题会很有帮助。

空间环境经济学（Spatial Environmental Economics）最早见于 Siebert（1985），Siebert 对环境经济学在地理空间方面的研究做了比较全面的阐述。他认为空间环境经济学的研究内容主要包括空间里的经济、环境与政治的相互作用；污染扩散的空间经济模型（转移函数）；环境配置的空间模型；经济活动对环境空间配置的影响；空间环境经济政策的制定与绩效评估；不同制度安排在空间维度上对环境的影响等。之后一些学者在南北贸易（Copeland，1999 等）、森林、渔业生产（Smith，2009）、生物多样性和全球气候变化等问题上进行了富有成效的扩展研究。Bateman（2002，2003）、Batabyal（2010）认为可以使用 GIS 和空间数据分析处理自然资源和环境经济学的相关研究问题。Aldy（2009）鼓励探索边界和新地理区域问题，以便更好地理解人类活动对生物多样性的影响；扩展讨论了制度和政策设计的空间动态模型的含义——通过溢出对人口流动和分散的明显作用，认为优化政策需要说明空间动态外部性；设计空间动态模型能更好地解释生态和经济双重系统的动力机制，同时用于其他资源利用问题的分析，如陆地动物栖息地、管理渔业生产和管理外来物种入侵等。

国内也有一些学者在空间环境经济问题方面做了一些相关研究。沈小波（2008）认为经济活动和生态系统是在地理空间上展开的，经济过程和生态过程在地理空间上变化并相互影响，环境经济学在地理空间问题上应该加强研究，如非点源污染、土地使用、城市环境、交通运输与地理位置选择、跨国界污染及其防治、全球气候变暖、酸雨等与地理空间有关的环境问题。然而当前只有少数学者开展了一些零星的研究工作，对空间环境经济学的研究甚少。例如，国内还没有空间环境经济学这个名词概念（在笔者的了解范围内），虽然有学者提出流域环境经济学（冯慧娟，2010）和区域环境经济学（安虎森，2004；梁本凡，2010）的相关概念，但其阐述的学科性质、研究内容与方法都还比较局限。

正如前面所分析，由于地理空间上的环境经济问题的复杂性，相关问题的分析解决十分困难，因此一直以来研究难以取得突破性进展，没能把空间环境经济学的研究引领到研究主流。随着空间环境经济问题的凸显，地理差异性认识的加深和区位影响因素的逐渐认可，研究工具和研究方法的不断进步，空间环境经济学的研究才更为可能，发展也越来越迅速。希望通过这简短的论述，让读者形成自己在空间环境经济学方面的研究看法，进而参与该领域的研究。

2 环境经济地理学研究

经济地理学研究经济系统的空间组织结构，即沿袭传统经济学的一般均衡分析方法，在迪克西特—斯蒂格利茨垄断竞争、替代弹性效用函数和冰山运输成本基础上，通过描述经济活动集聚的向心力和分散经济活动的离心力，揭示经济活动的地理结构和空间分布如何在这两种力量的作用下形成集聚以及其基本的微观决定因素（Fujita，2005；Brakman，2009）。经济地理学研究取得重大进展也就是近 20 年的事。虽然经济地理学联系其传统研究领域，在文化、制度和政治方面做了较多扩展研究，但对环境方面的研究还是很少，即使环境本身与地理的关系十分密切，正如 Bridge（2008）所说，号召经济地理学家加强对环境问题的研究实在是一个天大的讽刺。更早之前，Hanink（1995）就提出了经济地理学关于环境问题的基本空间分析，讨论了环境价值评估的空间特征和环境收益、成本与距离的关系问题，并希望和鼓励经济地理学在环境方面做出努力，但似乎并没能引起足够的重视。经济地理学家对环境问题的忽视，源于人文地理和自然地理的相互割裂。Soyez（2008）认为个人研究的多样性和相互隔离，研究零散且难以接触到各自研究领域；同时环境问题在当今世界最有影响和普及使用的经济地理学教科书中都较少涉及，也是很重要的原因。然而，环境对于经济地理学至关重要，而且经济地理学家能在环境方面作出突出贡献——无论是在理论分析基础还是提供更好的政策建议方面。2010 年《经济地理学》杂志举办的研讨会认为，出于跨学科理论研究和政策建议的需要，环境问题的研究，特别是全球环境变化问题是经济地理学研究的 5 个新兴主题之一（Pollard，Benner 等，2011）。越来越多的经济地理学家希望参与到环境问题的研究上来，因为环境形势的恶化给经济地理学的未来研究提供了重要启示，同时学科研究存在的现实目的和意义也让更多的经济地理学家意识到应该注重研究环境问题。

Bridge（2008）认为环境经济地理学描述了一个结构宽松的基础研究活动，用于阐述经济组织与环境之间的互惠关系。它是时下的一个重要创新：使经济地理学家们的一些个人零散的研究从宽广走向一致的研究目标。Soyez（2008）认为环境经济地理学采用地理的方法研究自然和经济之间的关系，强调环境服务和和资源管理的模式和趋势。Pollard，Benner 等（2011）认为环境经济地理学是阐述关于社会经济、政治、技术驱动器和环境变化含义的重要创新分支，伴随长期积累的关于全球化、市场、企业、改革创新等方面的专业知识与区域发展中环境经济关系的理论新进展而出现，出于理论和现实的需要，环境经济地理学得到重视和发展。

环境经济地理学（Environmental Economic Geography，EEG）概念的创造性提出是在 2004 年的科隆大学会议上。虽然此前也有一些学者开展了一些研究，如 Hanink（1995），但正如 Bridge（2008）所说，这个时下创新名词的提出使经济地理学家们从个人零散、宽泛的研究走向一致的研究目标。在提出了环境经济地理学的概念的同时，学者们也开展了一系列开创性研究，并取得了丰硕的成果。首先很多学者试图将环境问题引入 Krugman（1991）核心边缘模型。Quaas 研究 Krugman 的核心边缘模型，并加入城市环境污染进行扩展分析。认为 Krugman 的模型只存在两种均衡：生产企业均匀分布和企业集聚在一个地区；但考虑当地环境污染的模型时，存在更为现实的均衡状态，即大部分企业在一个地区生产而其他的企业留在另一地区。集聚规模大小差距取决于环境污染的危害程度或者人们对环境的偏好程度。Rauscher（2005）认为要通过考虑内部市场结构，以经济地理学的模型框架说明环境问题，并在随后的研究中将环境因素放到改良的 Krugman 经济地理学模型中（2009），通过使用新经济地理学模型来分析工业区位的空间形式和环境污染的关系。文中假设生产要素和要素所有者自由流动，要素所有者不需要居住在要素使用的地方，在自由放任条件下，区位的追逐与逃逸成为可能：如要素所有者偏好环境，则被污染企业跟着屁股走，因为企业在地理空间上更希望接近市场。在最优环境规制条件下，区位空间形式可能有集中、分离、分散和一些其他中间形式。具体形式与污染程度和人们的偏好有关。

再者，环境政策的细微改变将导致区位形式的改变。Grazi 利用新经济地理两区域模型分析空间范畴可持续性的空间福利框架，包括集聚效应、区域间贸易、环境负外部性和不同土地利用类型，认为生态足迹方法与旨在最大化社会福利的方法并不相一致。Lange 基于新经济地理模型，研究当工人可以迁移时，当地环境污染如何影响经济活动的空间分布类型，表明集聚大小取决于当地污染的危害，同时也分析了集聚与贸易自由的关系。Kyriakopoulou 假设环境政策的成本随着污染排放集中而增加，同时生产要素不能流动作为离心力，知识溢出和交通运输的冰山成本作为向心力，用经济地理模型解释了经济活动的空间集中。另外也有学者从其他方面加以研究。Gibbs（2006）认为结合经济地理学优势和其他学科的理论见解，尤其是生态现代化和管制理论，是经济地理学在环境方面进行潜在创新性研究的绝好机会。Heidkamp（2008）提出整合经济与环境在可持续发展战略的经济决策过程中的理论分析框架。旨在通过案例研究，融合地理信息系统和环境价值评估方法于成本收益分析方法以更好地评估空间影响。Roger（2008）主张利用进化制度主义作为概念平台对环境经济地理学进行系统研究。认为环境经济地理学的任务是评估和描述区位如何形成和绿色技术-经济范式（green techno-economic paradigms）的重要作用，并勾勒和推动了集中于区域主题内的制度安排、重构资源利用方式和可持续发展价值链的研究议程。Brereton（2008）应用地理信息系统分析发现地方气候、环境和城市条件和个人主观效用有重要关联。Costantini（2011）认为国家环境成效的取得很大程度上依赖于不同区域的特征，如经济专业化、管制强度、公共部门和企业的创新能力。文章提供了内部创新、技术溢出、区域政策对不同地理空间的环境表现和分布不一的证据。特定部门聚集在限制地区，往往会采用相似的生产技术，区域技术溢出相对内部创新对改善环境更为有效。

国内目前还没有学者对环境经济地理学详加介绍，只是有些学者在文章中提及（倪外，2010；秦耀辰，2010；沈静，2011），而对环境经济地理学到底是什么，是怎么样的，却只字未提。也有一些学者运用 Krugman（1991）的经济地理模型对环境问题进行研究，如侯凤岐（2008）研究经济集聚对地方的经济增长、城市化发展和环境问题的影响作用；郭建万（2009）通过在新经济地理模型框架下纳入环境管制因素，分析了聚集经济以及环境管制下的外商投资的区位选择。另外蔺雪芹（2008）分析了城市群的产业集聚对生态环境影响；闫逢柱（2011）分析中国制造业集聚与环境污染之间的关系，发现短期内产业集聚的发展有利于降低环境污染，但长期内产业集聚发展与环境污染之间不具有必然的因果关系。

环境经济地理学的提出时间虽然不长，但是利用经济地理学的理论和方法研究环境问题，有着独特的学科研究基础，同时便于与其他学科融合，受到广泛关注，取得了巨大进展，发展异常迅速。当前很多研究考虑的是环境问题的自然构成，而不是环境与社会经济的结构关系。因此，经济地理学方法不能忽视，要以更加一致的方式集中作用这种环境结构于经济的影响来考察环境与经济的关系。结合相关研究，环境经济地理学的主要研究内容包括：

（1）环境如何影响经济决策的结构和干扰经济决策过程。例如，在哪里，何时，应该投资多少的决定。

（2）经济生产活动如何改变作为人们重要生活条件的环境。

（3）谁治理、用何种方法、在什么样的背景下、产生怎样的（环境/经济）地理效果。

（4）怎样形成一些关乎经济重组和生产条件的环境治理模式，并激发一些关心环境与经济的人们的兴趣。

（5）绿色消费者，生态企业，南北贸易关联，GIS 应用于 CBA 分析方法等方面的研究。

3 空间环境经济学和环境经济地理学的比较

简单地说，空间环境经济学是把地理空间因素纳入环境经济学的研究之中，用空间分析方法考虑环境经济问题；而环境经济地理学则是用经济地理学的理论和方法分析环境经济问题。因此无论是在研究理论基础上，还是在研究方法上，空间环境经济学与环境经济地理学都有着明显的差异，主要体现在以下几个方面：

（1）外部性和公共物品理论仍是空间环境经济学的理论基础，是分析环境经济问题的基点。空间环境经济学偏重环境经济的空间外部性，通过研究外部性对周边事物的影响，制定相应合理的制度安排，内化外部性带来的成本和收益的不一致，从而影响人们的环境经济行为以达到保护环境的目的。环境经济地理学基于经济地理学离心力和向心力的分析思路，侧重于各种环境经济行为对环境，尤其是经济的空间结构的影响，因此很多学者把环境问题引入 Krugman 经济地理模型分析考察。当然环境经济地理学的研究才刚刚开始，很多研究问题和方法都还有待进一步挖掘。

（2）正如前面所分析，环境经济学主要研究经济活动对环境影响的作用机理，寻求找到解决环境问题的方法。空间环境经济学基本秉承这一思想，主要研究经济与环境的空间相互作用以实现区域可持续发展。环境经济地理学主要研究环境污染、环境管制和其他因素共同作用对经济活动空间布局的影响。

（3）空间环境经济学研究经济对环境的影响时，往往只是考虑经济的静态分布和集中对环境的影响；研究环境对经济的影响时，考虑污染扩散对经济的单纯损害作用，而内在机理鲜有涉及。资源要素的流动会直接或间接地影响地区的环境与经济成效，这一点空间环境经济学的研究明显比环境经济地理学有所欠缺，主要原因是缺乏分析动态问题的理论基础。环境经济地理学运用经济地理模型分析环境与经济作用能达到一种动态的均衡。

因此，空间环境经济学的研究比较宏观，在宏观层面上通过制定制度政策，以影响企业、消费者等行为，最终达到促进经济发展的同时缓解环境问题；而环境经济地理学则通过描述环境与经济的微观作用机理，研究内部相互关联——环境对要素流动的作用，最终影响经济结构与布局。

4 结论与启示

两分支学科的研究目前尚处于初级阶段，很多理论和方法还不成熟，发展空间巨大，但同时也面临很多的困难与挑战。空间环境经济学研究最大困扰在于：①识别关键溢出或空间相互作用是一个重要挑战，尤其是对实证分析研究来说；②如何决定合适的空间分析尺度，结合不同尺度的问题时，在如何处理方面也很麻烦。溢出和空间尺度会相互作用——关键溢出在某地理空间存在，而另一空间范围可能就没有了。同时还有一些问题有待进一步研究，如地理空间如何影响环境福利设施，如保护区；地理空间如何影响人们利用自然资源的行为；评估环境保护和资源管理的收益；实证分析方法上的空间自相关问题的解决；等等。

环境经济地理学对地理空间上的环境经济问题做了一些宽泛零散的创新性研究，但联系环境经济地理学研究者的只是单纯希望应用经济地理学的理论和方法考虑环境问题。还面临很多问题，研究内容、方法仍需进一步寻求突破。因此，需要探索另一个环境经济地理学研究思路，即发展一个与众不同的跳出经济地理学与环境碰撞（尤其是通过核心边缘模型研究环境）的知识方案。该方案延展于环境对经济活动的影响评估之上，考察经济过程的环境组成，建立地理空间方程或模型，将环境内生于经济活动之中。环境经济地理学作为"研究经济活动区位、空间组织及其与地理环境相互关系的学科"，需要从协调人地关系的高度上去考虑区域空间经济的发展，在理论和实践上引入并重视对环境伦理道德的研究。

综上分析，空间环境经济学与环境经济地理学在理论和方法上都存在着一些差异。相关研究者也意识到这些问题（Rauscher，2005；Heidkamp，2008），取长补短，将来的研究可能会在理论和方法上更趋于融合。就目前学科发展情况，如前所述，结合当前学术研究热点，空间环境经济学更适于分析主体功能区划分、国际协定与环境合作等方面的问题；环境经济地理学在统筹城乡、低碳经济等研究领域做一些有益的探索。

参考文献

[1]　安虎森. 区域经济学通论[M]. 北京：经济科学出版社，2004.

[2]　冯慧娟，罗宏，吕连宏. 流域环境经济学：一个新的学科增长点[J]. 中国人口·资源与环境，2010，20（3）：24i-244.

[3]　郭建万，陶锋. 集聚经济、环境规制与外商直接投资区位选择——基于新经济地理学视角的分析[J]. 产业经济研究，2009，41（4）：29-37.

[4]　侯凤岐. 我国区域经济集聚的环境效应研究[J]. 西北农林科技大学学报，2008，8（3）：20-25.

[5]　李小建. 经济地理学[M]. 北京：高等教育出版社，2006.

[6]　梁本凡. 环境经济学高级教程[M]. 北京：中国社会科学出版社，2010.

[7]　蔺雪芹，方创琳. 城市群地区产业集聚的生态环境效应研究进展[J]. 地理科学进展，2008，27（3）：110-118.

[8]　倪外，曾刚. 国外低碳经济研究动向分析[J]. 经济地理，2010，30（8）：1240-1247.

[9]　秦耀辰，张丽君，鲁丰先. 国外低碳城市研究进展[J]. 地理科学进展，2010，29（12）：1459-1469.

[10]　沈静，魏成. 环境管制影响下的佛山市陶瓷产业集群发展模式研究[J]. 热带地理，2011，31（3）：304-309.

[11]　沈小波. 环境经济学的理论基础、政策工具及前景[J]. 厦门大学学报，2008，190（6）：19-25.

[12]　滕丽，王铮. 区域溢出[M]. 北京：科学出版社，2010.

[13]　王凤，李小红. 环境经济学研究新进展[J]. 经济学动态，2009，6：115-119.

[14]　闫逢柱，苏李，乔娟. 产业集聚发展与环境污染关系的考察——来自中国制造业的证据[J]. 科学学研究，2011，29（1）：79-83.

[15]　张成，陆旸，郭路，等. 环境规制强度和生产技术进步[J]. 经济研究，2011，2：113-124.

[16]　沈小波. 环境经济学的理论基础、政策工具及前景[J]. 厦门大学学报，2008，190（6）：19-25.

[17] 朱平芳，张征宇，姜国麟. FDI 与环境规制：基于地方分权视角的实证研究[J]. 经济研究，2011，6：133-145.

[18] Albers H.J.，et al. Introduction to spatial natural resource and environmental economics，Resource and Energy Economics，2010，32：93-97.

[19] Aldy J.，Krupnick A. Introduction to the frontiers of environmental and resource economics，Journal of Environmental Economics and Management，2009，57：1-4.

[20] Anselin L. Spatial Effects in Econometric Practice in Environmental and Resource Economics，American Journal of Agricultural Economics，2001，83（3）：705-710.

[21] Arrow K.J.，Intriligator M.D. Handbook of Regional and Urban Economics，Elsevier.

[22] Batabyal A.A.，Nijkamp P. Introduction to Research Tools in Natural Resource and Environmental Economics，2010.

[23] Bateman I.J.，et al. Applying Geographical Information Systems（GIS）to Environmental and Resource Economics，Environmental and Resource Economics，2002，22：219-269.

[24] Bateman I.J.，et al. Applied Environmental Economics：A GIS Approach to Cost-Benefit Analysis，Cambridge University Press，2003.

[25] Bowers J. A Critique of the Neo-classical Theory of Environmental Economics，The Business School，University of Leeds，1997.

[26] Brakman S.，Garretsen H.，Charles M. The New Introduction to Geographical Economics，Cambridge University Press，2009.

[27] Brereton F.，Clinch J.P.，Ferreira S. Happiness，geography and the environment，Ecological Economics，2008，65：386-396.

[28] Bridge G. Environmental economic geography：A sympathetic critique，Geoforum，2008，39：76-81.

[29] Carmen E.，Robert I. Environmental innovation and environmental performance，Journal of Environmental Economics and Management，2010，59：27-42.

[30] Copeland B.R.，Taylor M.S. Trade，spatial separation，and the environment，Journal of International Economics，1999，47：137-168.

[31] Costantini V.，et al. Environmental Performance，Innovation and Regional Spillovers，Working paper，2011.

[32] Cropper M.L.，Oates，W.E. Environmental Economics：A Survey，Journal of Economic Literature，1992，30（2）：675-740.

[33] Deacon R.T.，et al. Research Trends and Opportunities in Environmental and Natural Resource Economics，Environmental and Resource Economics，1998，11：383-397.

[34] Frankel J. The Natural Resource Curse：A Survey，Working Paper，2010.

[35] Fujita M.，Mori，T. Frontiers of the New Economic Geography，Discussion Paper，2005.

[36] Gerking S.，List J. Spatial economic aspects of the environment and environmental policy，Discussion Paper，1998.

[37] Gibbs D. Prospects for an Environmental Economic Geography：Linking Ecological Modernization and Regulationist Approaches，Economic Geography，2006，82（2）：193-215.

[38] Grazi F.，et al. Spatial welfare economics versus ecological footprint：modeling agglomeration，externalities

and trade，Environmental and Resource Economics，2007，38：135-153.

[39] Hanink D.M. The economic geography in environmental issues：a spatial analytic approach，Progress in Human Geography，1995，19（3）：372-387.

[40] Heidkamp C.P. A theoretical framework for a 'spatially conscious' economic analysis of environmental issues，Geoforum，2008，39：62-75.

[41] Krugman P.R. Increasing returning and economic geography，Journal of Political Economy，1991，483-499.

[42] Kyriakopoulou E.，Xepapadeas A. Environmental Policy，Spatial Spillovers and the Emergence of Economic Agglomeration，Working Paper，2009.

[43] Lange A.，Quaas M.F. Economic Geography and the Effect of Environmental Pollution on Agglomeration，Economic Analysis & Policy，2007，7（1）.

[44] Pollard，Benner et al. Emerging Themes in Economic Geography：Outcomes of the Economic Geography 2010 Workshop，2011.

[45] Quaas M.F.，Lange A. Economic Geography and Urban Environmental Pollution，Discussion Paper，2004.

[46] Rauscher M. International Trade，Foreign Investment，and the Environment，Handbook of Environmental Economics，2005.

[47] Rauscher M. Concentration，Separation，and Dispersion：Economic Geography and the Environment，Working Paper，2009.

[48] Hayter R. Environmental Economic Geography，Geography Compass，2008，2（3）：831-850.

[49] Siebert H. Spatial Aspects of Environmental Economics，Handbook of Natural Resource and Energy Economics，1985.

[50] Smith K. Spatial Delineation and Environmental Economics：Discussion，American Journal of Agricultural Economics，2001，83（3）：711-713.

[51] Smith M.D.，Sanchirico J.N.，Wilen. J.E The economics of spatial-dynamic processes：Applications to renewable resources，Journal of Environmental Economics and Management，2010，57：104-121.

[52] Soyez D. Facets of an emerging Environmental Economic Geography（EEG），Geoforum，2008，39：17-19.

[53] Stavins R.N. The Problem of the Commons：Still Unsettled after 100 Years，American Economic Review，2011，101：81-108.

[54] Xepapadeas A. The spatial dimension in environmental and resource economics，Environment and Development Economics，2010，15：747-758.

[55] Zeng D.，Zhao L. Pollution havens and industrial agglomeration，Journal of Environmental Economics and Management，2009，58：141-153.

产业生态化理论研究进展与实践述评

The Introduction of the Trends of Theories and Practices of Industrial Ecology

胡 雷* 余 鸿

（南开大学循环经济研究中心，天津 300071）

[摘 要] 产业生态化理论产生于 20 世纪 90 年代，是以可持续发展为目标的产业发展战略，源于产业生态理论与产业生态学，是对"产业生态"相关理论的实践应用。产业生态化理论自产生以来，无论是在发达国家还是发展中国家都被广泛应用，无论是在理论方面还是在实践方面都取得了巨大进展。本文以环境—经济大系统为视角，探讨近年来产业生态化的内涵与目标变化，同时注意到符合产业经济规律是产业生态化实践的重要条件。另外，本文结合当前我国主体功能分区的目标，简要述评我国产业生态化实践路径。

[关键词] 产业代谢 产业生态系统 产业生态化 主体功能区

Abstract The theory of industrial ecology, which is an industry development strategy that mainly targetting sustainable development, is derived from the theory of industrial ecosystem. After the proposal of the theory of industrial ecology, there are great progress for the theory of that, even in the aspect of the practices. So in this paper, we will introduce the trends of the research of industrial ecology. Then, we will point out what should we do if we what advance the industrial ecology in china.

Keywords Industrial metabolism, Industrial ecosystem, Industrial ecology, Main function region

生产作为联系自然与人类活动的主要手段，在古典经济学中，不仅普遍把物质财富的生产作为经济分析的起点，而且往往把土地代表的自然资源看做是在其中起决定或主导作用的生产要素来对待。正因为如此，事实上，人们对于环境问题的认识和解决途径也是从人与自然之间的物质变换开始的。

"物质变换"的德文是 Stoffwechel。在德语中，Stoff 的含义是物质、质料、素材等；Wechsel 的意思是交换、变换。这一概念最早由化学家希格瓦特（G.C.Sigwart）在 1815 年提出的，到马克思生活的时代已经广泛流行于生理学、化学、农学等自然科学领域。其主要含义不是一般的物质与物质的交换，而是动植物为了维持生命而进行的物质代谢和生命

---

* 作者简介：胡雷，男，湖北武汉人，南开大学循环经济研究中心博士研究生，研究方向：产业生态化、产业经济学、区域经济学；联系地址：天津市南开区卫津路 94 号南开大学蒙民伟楼 421 室；邮编：300071；电话：135 1293 2566，E-mail：hooray1023@yahoo.com.cn。

循环。马克思在《资本论》和《经济学批判大纲》（1857—1858 年经济学手稿）等著作中，曾超越自然科学的范畴，多次使用这一概念来说明人类劳动、生产和商品交换等社会问题。但是，他本人却没有对这一概念做过严格的规定。目前大多数学者倾向于认为后者：即"物质代谢"才是马克思意思的真实表达，并把人与自然之间的物质代谢看做是研究和理解马克思环境保护思想最重要的概念。由于当时环境问题还没有充分表现出来，马克思的洞见很长时期并没有引起人们的重视。随着工业化革命和经济规模的快速推进，它们所引发的生态危机和环境问题在 20 世纪 50 年代开始大规模显露出来。事实上，人们对于生态环境问题的认识和以产业生态化为目标的解决之道，正是从经济过程的自然形式，即人与自然之间的物质变换开始的。所以，从物质变换的角度来看待和理解现代产业系统与自然生态系统之间的依存、互动关系，以及由这种关系所产生的经济发展与环境保护之间的矛盾和冲突，成为自 60 年代环境运动以来，生态经济和产业生态化理论关注的基本内容。产业生态化理论和实践的探索就是在这一背景下产生和发展起来的。产业生态化的实质或者说其根本目标，就是要建立一个能够促进和实现经济系统与自然生态系统之间物质、能量和谐流动的产业体系。

1　产业生态化理论来源与发展

1.1　产业生态化理论的溯源

一般认为罗伯特·弗罗什和尼古拉斯·盖洛普在 1989 年发表的《制造业的战略》一文中提出的产业生态系统（Industrial Ecosystem）概念，看做是以产业生态学为代表的产业生态化理论的开端。如果追根溯源的话，作为现代生态经济思想的一个重要组成部分，产业生态学和产业生态化理论还有两个更早的思想来源：一个就是以肯尼斯·博尔丁 1966 年所提出的"宇宙飞船经济"理论为代表的生态经济思想；另一个是尤金·奥德姆和霍华德·奥德姆兄弟所创立的系统生态学理论及其生态系统演化的思想。

博尔丁认为：对于生活于物质上封闭、能量来源上有限的地球系统中的经济系统而言，未来人类经济系统必然在物质流动、利用方式上类似于宇宙飞船的状态。也就是说，未来人类经济系统的可持续性取决于能否在永久的、自我维持的基础上成功地组织和管理地球宇宙飞船上的物质流动，并像自然生态系统那样，在外来能量（太阳能）的推动下，以循环的方式实现系统内有限物质的无限利用。

尤金·奥德姆和霍华德·奥德姆兄弟所创立的系统生态学，在 20 世纪六七十年代的环境保护运动中发挥了极大的影响力。在尤金·奥德姆看来，所有的生态系统都有一个"发展战略"，这一战略的目标就是达到一个健康有序的状态，即他所说的"体内平衡"。为此，他用"成熟生态系统"来描述生态系统演替的这一阶段。

1.2　产业生态化理论的形成和发展

从代谢角度出发，1988 年罗伯特·埃尔斯首次提出"产业代谢"概念。埃尔斯认为，经济系统并不是孤立的，而是一个嵌入生态大系统的开放子系统，它通过物质流、能量流与自然生态系统连接起来，以开采自地球的高质量的物质为开端，最后把这些物质以退化的形式返回到自然界中。产业是经济活动的主体，产业经济活动的物质与能量转换过程处于自然生态系统物质与能量的总交换过程中。埃尔斯（1994）定义产业代谢为：在一个稳定的状态下，使原料和能量通过劳动转化为最终产品和废物的一系列物质过程的统一。

受埃尔斯产业代谢理论的启发，1989 年罗伯特·弗罗什和尼古拉斯·盖洛普等在《科学美国人》发表了"制造业的战略"一文，首次提出"产业生态系统"的概念，他认为促进人与自然环境协调发展的出路在于将传统的产业活动模式转变为产业生态系统，即加强对废弃物循环回收利用、资源节约和替代等活动的激励，建立一体化的生产方式。

1993 年盖达尔和艾伦比等提出了产业生态系统演化的三级理论，在上亿年的进化过程中，自然界的物质和能量的流动与转化过程大致经历了从线性流动、不完全循环和完全循环 3 个阶段的进化历程，才成为今天比较完善和稳定的自然生态系统。产业系统的出现要晚得多，它既是自然生态系统演化的产物，又与自然生态系统在演化性质上和对物质、能量的利用方式上具有本质的不同。

表 1.1　自然生态系统与产业系统的演化性质及物质、能量利用方式的比较

系统	演化性质	物质与能量利用方式
自然生态系统	演化过程是在一种无意识状态下进行的，经过了漫长的从无序到有序的自组织、自适应等过程	以太阳能为唯一的能量来源，推动物质在系统内的封闭性循环流动，这是自然生态系统在保持系统稳定的前提下能够不断演化和发展的基础
产业系统	系统是人类有意识地适应和改造环境，不断满足自身需要的产物，人们可以根据需要不断地对它们进行完善和调整	以煤、石油、天然气等可耗竭性的化石能为系统运行的外部能量来源，形成以资源开发和产品生产为主导的"高开发-低利用-高排放"的开放性系统，这是产业系统难以长期存在的隐忧所在

1.3　产业生态化理论的发展方向

产业系统作为有目的的人类活动，其在行为方式和运行的动力方面与自然生态系统都有着本质上的区别，如果忽视这种区别而仅仅专注于技术上的可行性，则很难有效地实现产业系统从目前物质流动的线性模式向循环流动模式的转变。也就是说，我们应该从自然和社会两方面来看待和研究产业生态系统的构建问题：一方面要明确地承认产业系统作为人类社会的一个组成部分，是自然生态系统演化的产物，产业乃至整个经济系统的发展不仅要符合经济规律而且还要遵循自然规律；另一方面也要看到，产业系统与生态系统在性质上和对物质、能量的利用方式上具有本质的不同，它在运行动力上则主要受社会经济规律的支配。目前国外对于产业生态化研究已经从单纯的理念、技术路径的探讨，逐步转入从理念、技术、社会、文化、经济、制度、组织和管理等多个方面的综合研究。格雷德尔和阿伦比在其最新版的《产业生态学》一书中指出：产业生态学作为处理产业与环境相互关系的方法、原则。具有技术科学和社会科学双重特征。

1.4　产业生态化是对"产业生态"相关理论的应用

20 世纪 90 年代以来，产业生态化发展在世界发达国家渐成潮流，贯穿于宏观层次国家产业发展战略的选择、管理立法，中观层次区域产业园区的建设、布局以及微观层面企业生产的技术改造和清洁生产实践。产业生态化是以可持续发展为目标的产业发展战略，是对"产业生态"相关理论的实践应用，对产业生态化研究形成的认识有：①产业生态化是一种新型的产业发展模式（虞震，2007）；②产业生态化是基于生态经济学原理，经营和管理传统产业（袁增伟，2006；程春生，2007）；③产业生态化是将产业活动过程纳入自然生态大系统的运行过程；④将产业生态化过程看做是经济与环境相协调的产业生态体

系的创新过程，实现形式是生态产业园；⑤产业生态系统中产业结构的调整与升级本身就是产业生态化实现的一种方式（高全成，2006）。

2 对中国产业生态化发展的思考

产业生态化是一个循序渐进、逐步完善、动态化的发展过程，既不能搞技术理想主义，也不能急功近利。尤其要认识到由于发展阶段和具体国情上的差异，我国的产业生态化道路应体现出自身特点和阶段性目标的要求，不能不切实际地同发达国家的指标相比较。

（1）由于发展阶段的不同，我国的产业生态化路径不能盲目借鉴和吸收国外理论与实践经验。中国现代经济发展的基本性质是：在总体上循着世界工业化的路径持续推进，同时，又有一系列非常独特的特点：中国的现代产业发展特别是工业发展是以低价格资源支持了产业生产的大规模扩张，与此同时，持续的高速经济发展对资源和环境形成了很大的压力，但由于巨大的人口规模，使得中国的产业经济发展必须经过特殊的漫长工业化过程。所以我们在推进产业生态化的过程中不能以发达国家的指标来规划我国的产业生态化进化路径。

（2）产业生态化要协调好经济发展与环境保护的关系。产业生态化是针对经济发展与环境保护之间的矛盾而提出的，它代表的是经济发展与环境保护双赢解决途径，因此，如何实现社会经济又好又快地发展是当前产业生态化理论研究和实践的主要内容。

（3）推进形成主体功能区，是协调产业发展与区域资源环境关系的重要手段。因此促进我国产业生态化建设是推进形成主体功能区的重要出发点，同时主体功能区的建设也有利于我国产业生态化的实践。因此在我国主体功能区的建设过程中必须立足我国经济社会和区域资源环境情况的实际，遵循市场经济和产业发展规律，按照构建主体功能区的要求，积极推进产业生态化的理论创新和实践创新。

参考文献

[1] 韩立新. 马克思的物质代谢概念与环境保护思想[J]. 哲学研究，2002（2）.

[2] 马克思. 资本论（第一卷）[M]. 北京：人民出版社，1975.

[3] 蕾切尔·卡逊. 寂静的春天[M]. 吕瑞兰，李长生译. 长春：吉林人民出版社，1997.

[4] 巴里·康芒纳. 封闭的循环——自然、人和技术[M]. 侯文蕙译. 长春：吉林人民出版社，2000.

[5] 高国力. 我国主体功能区划分理论与实践的初步思考[J]. 宏观经济管理，2006（10）：43-46.

[6] Boulding K.E.The economics of the coming spaceship earth[A].K.E.Boulding，H. Jarrett.Environment Quality in a Growing Economy[C].Baltimore：Johns Hopkins University Press，1966.

[7] Odum E.P.The strategy of ecosystem development[J].Science，1969，164（3877）.

[8] Ayres R.U. Industrial metabolism[A]. J.H. Ausubel，H.E.Slavonic. Technology and Environment[C]. Washington，DC：National Academy Press，1989.

[9] Frosch R.A.，N.Gallopoulos. Strategies for manufacturing[J]. Scientific American，1989，261（3）.

四川省工业经济系统的效率研究
——环境与经济协调发展理论的应用

Efficiency of Sichuan Industrial Economic System：The Applications of Environment-economy Coordinate Development Theory

吕晓彤* 刘源月 刘新民 杨浩 陈明扬 马玉洁

（四川省环境保护科学研究院，成都 610041）

[摘 要] 为配合四川省新型工业化的推进,掌握工业经济系统发展与物质消费和环境压力的关系是合理调控工业经济系统的关键。运用环境与经济协调发展理论,以生态效率、环境压力弹性系数为指标,分析了 2007 年、2009 年四川省工业经济系统主要物质消费（能源/资源及用水）和主要污染物排放的生态效率水平,以及经济发展与环境压力的耦合状态。研究表明：①四川省工业资源/能源消费随经济的高速增长整体上升,资源型行业的总产值占工业全行业总产值的比值下降,工业发展的资源依赖程度减轻。②区域与行业的生态效率水平变化不均衡,过半数地区的工业能源/资源利用效率下降,但有 16 个地区的用水利用效率提高。工业全行业的能源/资源及用水利用效率整体提高,过半数行业的主要污染物排放的环境效率上升。③工业总产值变化带来的环境压力不同,全省单位工业总产值能源消费的环境压力增加,与经济增长呈"复钩"状态,而主要资源与用水消费的环境压力不同程度地减轻,与经济增长"脱钩"。产值增加的资源型行业的单位总产值能源消费降低,与经济增长"脱钩",但主要资源与用水消费增加,与经济增长"扩张性复钩"。工业总产值下降行业的环境压力与经济增长多呈不利的"复钩"或"紧缩性脱钩"关系。总体上,因主要污染物排放产生的环境压力减轻,与经济增长"脱钩"。

[关键词] 工业经济系统 环境-经济形势 环境压力 协同发展 四川省

Abstract To cooperate the promotion of constructing the new-style industrialization of Sichuan Province，grasping the relationship of Sichuan industrial economic system with mass consumption and environmental stress is essential to adjust and regulate the industrial economy system properly. The ecological efficiency of the consumption of major mass, including energy，nature resource，water using，and the discharge of major pollutants were analyzed with the indices of eco-efficiency and elastic coefficients of environmental stress by applying environment-economy coordinate development theory

* 作者简介：吕晓彤，四川省环境保护科学研究院环境经济政策研究所所长，主要从事环境经济政策和大气污染传输数值模拟研究。联系地址：四川省成都市人民南路 4 段 18 号。电话和传真：028-85557591，15928091790。邮箱：lu-xiaotong@sohu.com。

in 2007 and 2009. Furthermore, the coupling relationship of economic growth with environmental stress was analyzed. The results showed: (1) The consumption of nature source/energy of industrial production in Sichuan rose with the rapid increasing of regional economy, but the ratio of resource-based industry gross output value to the whole industry dropped, which indicated that the resource-dependence was alleviated. (2) The unbalanced development of regional and industry eco-efficiency was significant. The utilization efficiency of industrial energy/nature resource decreased over half of regions, while the water using efficiency in 16 regions increased. The utilization efficiency of energy, nature resource and water using of the whole industry were overall enhanced. So did the environmental efficiency of major discharged pollutants in over half of industries. (3) Environment stress caused by the change of gross industrial output value was different. The environmental stress induced by the increasing consumption of energy per gross industrial output value coupled with the economic growth. But the stress induced by the consumption of the main resource and water using reduced in different degrees, which decoupled with the growth of economy. In terms of resource-based industries that gross output value increased, energy consumption per gross industrial output value decreased and coupled with economic growth. But the increasing main resources and water consumption coupled expansively with economic growth. In addition, the environmental stress of industries with reducing gross industrial output value coupled or decoupled tightly with economic growth. Overall, the environmental stress induced by the discharge of main pollutants was alleviated, which decoupled with the economic growth.

Keywords Industrial economic system, Environmental-economic situation, Environmental stress, Coordinated development, Sichuan Province

　　"十一五"期间，四川省国民经济持续快速发展，工业经济增长扮演了重要角色。据统计工业生产总值占全省国内生产总值的比例由 2007 年的 37.10%增长到 2009 年的 40.13%。随着四川省新型工业化的迅速推进，快速持续的经济增长不仅对环境资源造成巨大的需求压力，资源的过度消费和严重的环境污染更制约了经济规模的增长和经济结构的转型。如何使区域环境保护和工业发展相协调，并在工业发展和环境保护间实现良性互动？对这一问题的解答是实现四川省经济、社会和环境可持续发展的关键。

　　1990 年，Norgaard 即提出了协调发展理论，强调在资源环境承载力阈值内合理配置各种资源，最大限度地承载人类社会经济活动，以实现经济发展、社会进步与资源开发和环境保护的协调一致，实质是实现"最优污染水平"[1]。此后，国外学者还采用了一般均衡分析方法[2]或构建模型[3]分析人口、消费、生产等因子与环境间的关系，寻找污染控制的最优途径。国内学者则运用了可持续发展差别模型、系统动力学、多目标决策模型、自组织理论等方法[4-6]，建立相应的评价体系，对环境经济系统的协调度进行了实证研究[7-11]。

　　为掌握四川省工业经济发展与资源环境压力间的协调程度，以环境污染普查统计为基础，分地区、分行业系统地分析四川省工业系统主要物质的消费与污染物的排放，通过评价工业经济系统的生态效率，运用协调发展理论，采用环境压力弹性系数，从而为四川省资源相对短缺条件下保持工业经济的可持续发展战略和具体的实施方案供调控的措施建议以及定量的参考指标。

1 研究方法

研究根据《国民经济行业分类》（GB/T 4754—2002）确定工业系统中的各行业，共 3 个门类 39 个行业。由于四川省农业服务和文教体育用品制造两个行业的企业个数少、工业总产值低，并且物质消费、污染物排放量所占比例很小，核算时略去不计，因此统计行业为 37 个。研究数据主要来自污染源普查和统计年鉴。

1.1 物质消费与污染物排放计量

研究中所涉及的消费物质包括能源、主要资源和工业用水。能源包含原煤、洗精煤、石油、焦炭、天然气、电力、热力等一次能源，由实物消费量折算为标准煤消费量。主要资源为对工业经济活动影响较大的矿产资源，分为工业矿物和建筑材料两类①。在工业系统消费端占据很大比例的工业用水采用工业用水总量和重复用水量计算。

污染物指主要水体污染物和主要大气污染物。主要水体污染物排放量以化学需氧量（COD）、氨氮（NH_3-N）的排放量表示，主要大气污染物以二氧化硫（SO_2）、烟尘和工业粉尘的排放量表示。

1.2 生态效率

"生态效率"（Eco-efficiency，EE）体现的是生产方式对资源环境的影响及对资源利用最大化和环境影响最小化的追求。在对物质消费与污染物排放核算的基础上，参照"生态效率=产品或服务价值/生态或环境影响"，分地区、分行业计算生态效率。产品或服务价值用工业总产值表示，生态或环境影响用资源/能源消费量或污染物排放量表示。对投入到工业经济系统中用于生产消费的物质，其 EE 定义为能源或资源利用效率（Use Efficiency of Power/Resource，UEP/UER），因生产输出到环境中的污染物质的 EE 定义为环境效率（Environmental Efficiency，EE）。

1.3 弹性系数

结合工业总产值分析四川省工业发展对资源的依赖程度，参照文献[12]计算不同环境压力指标的弹性系数（Elastic Coefficient，EC），即 EC=$V_{环境压力}$/$V_{工业总产值增长}$，以揭示特征指标与经济增长间的"脱复钩"关系，由此探讨四川工业经济发展与环境压力的协同效应。$V_{环境压力}$表示各环境压力的年变化速度。$V_{工业总产值增长}$表示工业总产值的年变化速度。不同年份之间，用 ΔES 代表环境压力的年变化速度，ΔGIOV 代表工业总产值年均变化速度，EC（弹性系数）即为 ΔES/ΔGIOV。经济发展与环境压力呈现弱"脱钩"、扩张性"复钩"、强"复钩"、弱"复钩"、紧缩性"脱钩"、强"脱钩" 6 种关系[12]。

2 实证分析结果

2.1 物质消费及主要污染物排放状况

2.1.1 物质消费状况

2009 年四川省各地区的工业能源、主要资源和工业用水的消费量整体增加。工业能源

---

① 工业矿物包括金属矿物类（铁矿、钒钛矿、铅锌矿、镍矿、铝矿、其他）和非金属矿物类（磷矿、石灰岩、长石、页岩、花岗岩、其他）；建筑材料包括河沙、沙（砂）、沙（砂）石、黏土、其他。

消费总量比上海等工业发达地区高 24.3%，规模以上工业能源消费总量已占四川省全社会能源消费总量的 58.7%，其中高能耗工业能源消费总量占全社会的 40.8%。21 个市州中，成都市、攀枝花市、德阳市和乐山市的工业能源消费总量累计约占全省工业能源消费总量的 40%，成都市工业能源消费量最大。

主要资源消费集中在攀枝花市、凉山州和成都市。攀枝花市和凉山州工业的主要资源消费 2009 年大幅度增加，分别增加了 29% 和 48%。

成都市、内江市、广安市和泸州市的工业用水总量均超过了 5.00 亿 t，累计总量占全省工业用水总量的 59.98%，并且重复用水量也居全省前列。泸州市的工业用水总量增长近两倍，仅广元市、眉山市、达州市和雅安市的工业用水总量有所下降。

就行业而言，2009 年大多数行业的能源、主要资源和工业用水的消费量都增加。化学原料及化学制品制造业、非金属矿物制品业和黑色金属冶炼及压延加工业是主要的能源、主要资源和工业用水消费行业。

2.1.2 主要污染物排放分析

四川省污染物排放的区域特征明显。成都市、泸州市、德阳市、绵阳市和乐山市的工业 COD 和 $NH_3\text{-}N$ 的排放量较大。主要大气污染物 SO_2、烟尘、工业粉尘的排放则集中在成都市、攀枝花市、乐山市、达州市等地。

至 2009 年年末，大多数行业的主要污染物排放呈下降趋势。主要水体污染物 COD 的排放集中于造纸及纸制品业、农副食品加工业、饮料制造业和化学原料及化学制品制造业。上述 4 个行业也是 $NH_3\text{-}N$ 排放的主要贡献行业，化学原料及化学制品制造业 $NH_3\text{-}N$ 排放量最高，超过了 0.31 万 t。

主要大气污染物的排放行业有非金属矿物制品业、黑色金属冶炼及压延加工业和电力热力的生产和供应业。特别是非金属矿物制品业，是四川省工业 SO_2、烟尘、工业粉尘的最主要的贡献行业。

2.2 工业经济系统效率分析

2.2.1 物质利用效率

（1）分地区。2009 年四川省的工业能源、主要资源和工业用水效率整体得到提高。工业能源利用效率（UEP）由 1.64 万元/t 标煤提高到 2.04 万元/t 标煤，主要资源利用效率（UER）由 0.20 万元/t 提高到 0.26 万元/t，工业用水利用效率（Water Use Efficiency，WUE）从 0.010 万元/t 提高到 0.013 万元/t。

2009 年，成都市、自贡市和绵阳市的工业 UEP 有明显提高，大部分地区的 UEP 基本维持在一定的水平，而遂宁市和资阳市的工业 UEP 显著下降。尽管全省工业 UER 上升，但 UER 超过 1.00 万元/t 的地区仅 5 个，分别是成都市、自贡市、绵阳市、遂宁市和德阳市。各地区工业 WUE 偏低，仅南充市和资阳市的 WUE 超过了 0.060 万元/t，广安地区 WUE 最低。

（2）分行业。2009 年全省工业行业的 UEP 由 1.83 万元/t 标煤提高到 2.50 万元/t 标煤，WUE 由 0.010 万元/t 提高到 0.013 万元/t，而 UER 下降。有 20 个行业提高了 UEP，UEP 高的行业有烟草制品业、仪器仪表制造业、通信设备制造业、印刷业和交通运输设备制造业。15 个行业的 WUE 得到提高，其中医药制造业、食品制造业、通用设备制造业和通信设备制造业提高幅度超过 94.00%。石油和天然气开采业、纺织服装、鞋帽制造业和医药制造业 3 个行业的 UER 高，但近 2/3 行业的 UER 下降，其中下降比较明显的是烟草制品业。值得注意的是，黑色金属矿采选业的资源消费量最大，但其资源利用效率很低。

2.2.2 环境效率 EE

（1）分地区。2009 年，四川省废水①排放的 EE 由 359.17 万元/t 提高到 658.17 万元/t，工业废气排放的 EE 由 46.09 万元/t 提高至 82.87 万元/t。

工业废水排放 EE 高的地区有攀枝花市、成都市、自贡市、广元市和资阳市，不低于 400.00 万元/t。EE 低的地区有广安市、泸州市、雅安市、眉山市和南充市，最高不超过 166.00 万元/t。2009 年，17 个市州的废水排放的 EE 提高。

甘孜州、资阳市、成都市、德阳市和遂宁市的工业废气排放的 EE 高，广安市、广元市、内江市、巴中市和达州市的工业废气排放 EE 低于 25.00 万元/t。2009 年 16 个市州工业废气排放的 EE 提高，自贡市、成都市、广安市、巴中市和绵阳市的 EE 提高幅度超过 120.00%。

（2）分行业。四川省工业行业废水排放的 EE 普遍不高，EE 值大于 5 000 元/t 的有 8 个行业。EE 为 1 000～5 000 元/t 的行业有 12 个，小于 1 000 元/t 的行业有 15 个，造纸及纸制品业最小。2009 年，20 个行业的废水排放的 EE 提高，医药制造业、食品制造业、电力和热力的生产和供应业、通用设备制造业、皮革和羽毛制造业和交通运输设备制造业 6 个行业的 EE 提高幅度超过 100%，其中医药制造业提高了 758.36%。

因水的生产和供应业、仪器仪表制造业和塑料制品业废气排放量为零，因此纳入工业行业废气排放 EE 核算的行业共 34 个。2009 年，有 24 个行业的废气排放 EE 提高，9 个行业的大气排放 EE 提高幅度超过 100%，尤以服装和鞋帽制造业、医药制造业显著。

整体上，2009 年四川省废水排放的 EE 提高了 66.08%，达到 703.89 万元/t，废气排放的 EE 提高了 80.09%，达到 87.71 万元/t。

2.3 工业发展与环境压力的协同效应分析

2.3.1 资源依赖度

资源型企业是指直接从事不可再生矿产资源开采和加工的企业，主要分布在煤炭、石油、有色金属和黑色金属等资源性行业[13]。资源型企业工业总产值与全行业企业工业总产值的比值大小可以反映工业发展对资源依赖程度的大小，比值越大，表明资源型企业所占的比例越高，即工业发展对资源的依赖程度越大。通过对全省不可再生矿产资源生产加工企业进行统计，由图 1 可知，2007 年四川全省资源依赖型企业产出与工业系统总产出的比值为 0.22，2009 年为 0.16，工业发展对资源的依赖程度下降。此外，发现四川省资源依赖型企业分布有明显的区域特征。川西区域内的阿坝州、甘孜州、凉山州和雅安市工业总产值不高，但对资源的依赖程度高；川东区域内，广安市和达州市工业系统对资源的依赖程度较高，2009 年工业系统资源依赖程度进一步增大。川南区域的攀枝花市、内江市和泸州市的资源依赖程度也较高；成都市平原区域内的工业发展水平较高，对资源的依赖程度相对较低。

---

① 废水环境效率中的主要水体污染物排放量是 COD 与氨氮的排放总量，废气环境效率中的主要大气污染物排放量是 SO_2、烟尘和工业粉尘的排放量之和。

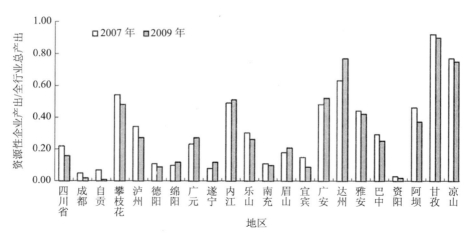

图 1　各地区工业发展的资源依赖程度

2.3.2　工业经济发展与环境压力的耦合状况

（1）分地区。2009 年，四川省 13 个地区实现工业产值增加，如成都市、绵阳市、自贡市、内江市等。其中，有 6 个市州的能源消费的环境压力增长，而单位经济产值的主要资源与工业用水消费的压力减轻，呈较理想的"脱钩"状态（图 2）。德阳市、南充市、达州市、资阳市、阿坝州、泸州市、乐山市等市州，工业经济的快速增长伴随着能源/资源消费的快速增加，二者处于"扩张性复钩"状态，若不加以控制，可能导致经济发展中的能源/资源短缺。

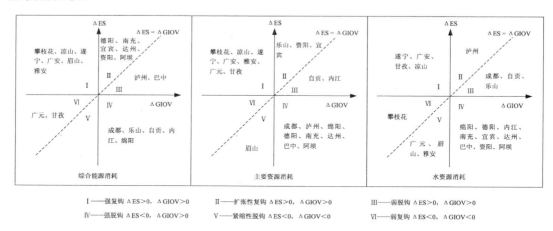

I——强复钩 △ES>0，△GIOV>0　　II——扩张性复钩 △ES>0，△GIOV>0　　III——弱脱钩 △ES>0，△GIOV>0
IV——强脱钩 △ES<0，△GIOV>0　　V——紧缩性脱钩 △ES<0，△GIOV<0　　VI——弱复钩 △ES<0，△GIOV<0

图 2　分地区工业发展与物质消费的环境压力的耦合

攀枝花市、遂宁市、广安市、眉山市、凉山州、雅安市、甘孜州等地区的工业系统消费了大量能源和资源，但工业产值未增加，单位经济产值的物质消费压力增大。攀枝花市尤其显著，能源/资源消费与工业经济发展呈"强复钩"的崩溃状态。

主要污染物排放与工业经济发展之间，成都市、泸州市、绵阳市、德阳市、乐山市、自贡等地区，经济增长不以污染物排放的增加为前提，呈良好的"脱钩"状态（图 3）。而攀枝花市、遂宁市、眉山市、广元市、雅安市和凉山州的工业经济与主要污染物排放呈"弱复钩"或"紧缩性脱钩",即污染物排放减量,但经济减速与环境压力减轻的速度有差别。此类状态持续或得不到有效改善,可能发展成主要污染物排放相对于经济发展"增加"的状况。

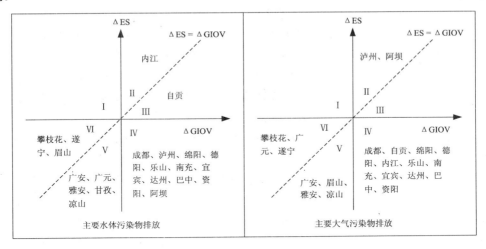

I——强复钩 ΔES>0，ΔGIOV>0   II——扩张性复钩 ΔES>0，ΔGIOV>0   III——弱脱钩 ΔES>0，ΔGIOV>0
IV——强脱钩 ΔES<0，ΔGIOV>0   V——紧缩性脱钩 ΔES<0，ΔGIOV<0   VI——弱复钩 ΔES<0，ΔGIOV<0

图3　分地区工业发展与主要污染物排放的环境压力的耦合

（2）分行业。纳入计算的37个行业中，18个行业的经济总产值下降。其中工艺品制造业、有色金属矿采选业、塑料制品业等行业的能源消费增加，非金属矿采选业、有色金属矿采选业的主要资源消费增加，而燃气生产和供应业、工艺品制造业、石油和天然气开采业、有色金属矿采选业的工业用水消费增加。这些行业的经济发展与资源/能源消费处于"强复钩"状态，不利于经济与资源/能源消费的协调发展。

煤炭开采和洗选业、石油天然气开采、化学原料及化学制品制造业、交通运输设备制造业和造纸业的主要水体污染物排放下降的速度快于行业经济下降速度，呈"紧缩性脱钩"状态。有色金属矿采选业、非金属矿采选业和印刷业的产值下降的速度快于主要污染物排放下降的速度，二者呈"弱复钩"状态。

皮革制品业和印刷业的经济减速，但主要大气污染物排放增加，经济发展与环境保护的双重压力巨大，尤其要注意的是有色金属矿采选业，其主要大气污染物排放减量，但产值显著负增长-20.02%，呈"强复钩"状态。煤炭开采业、石油天然气开采业、有色金属冶炼等主要污染物排放的压力相对于经济状况减轻，但工业产值的负增长不容乐观。

就全省的资源型行业而言，行业产值增加的黑色金属矿采选业、石油加工业、非金属矿物制品业和黑色金属冶炼及压延业的能源消费量降低，实现了与经济增长的脱钩；主要资源与工业用水消费的增量显著，以"扩张性复钩"状态为主。另外，主要污染物排放减量，"脱钩"状态明显。工业产值下降的行业中，有色金属矿采选业、有色金属冶炼业和非金属矿物采选业的经济增长与环境压力间呈"复钩"的不利状态，其他行业则多表现为"紧缩性脱钩"关系，经济下降速度慢于物质消费或排放减量的速度。

3 结论与建议

3.1 结论

四川省各市州工业系统的能源、主要资源及工业用水消费与区域经济发展状况相关，工业能源/资源消费随经济的高速增长整体呈上升趋势，工业发展的资源依赖程度有所下降。

全省工业系统各项生态效率指标整体上升，但区域和行业的效益指标变化不平衡。过半数地区的能源/资源利用效率下降，单位经济产值的能源消费及资源消费压力增加，但过半数地区的工业用水利用效率提高，单位经济产值的用水消费压力减轻。行业发展的物质利用效率与主要污染物排放的环境效率偏低。

工业经济产值变化所带来的环境压力不尽相同。整体上，区域经济发展与能源消费的环境压力多呈"复钩"状态，主要资源、工业用水消费和主要污染物排放的单位经济产值的环境压力有所减轻，"脱钩"明显。工业行业经济发展多与物质消费呈"复钩"关系。

3.2 建议

综合研究结果来看，实现环境-经济系统的协调持续发展应以发展为根本目标，考虑区域的资源环境特点，提高限制因素的利用效率，通过技术进步和经济结构的转变解决经济环境矛盾。

（1）大力发展循环经济，促进"两高一资"行业的技术进步，提高生态效率。进一步探寻涉及市州和行业生态效率下降的深层次原因。通过推进发展循环经济和生态工业园建设等区域发展手段，以及行业技术、工艺改造和更新，提高物质—产品之间的转化效率，提高资源利用效率，达到以尽可能少的物质投入得到尽可能优质优量经济产出的目的；通过提高废弃物的再利用和再资源化来延长资源的使用寿命，减少初始资源投入，从而最终减少物质的投入总量。根据各市州产业结构特征，提高相对高污染和高资源能源消费的产业资源生产率，降低其污染负荷，向生态化转型。

（2）进一步挖掘区域经济增长领域，实现经济增长与物质消耗和环境退化的"脱钩"。为减轻或避免资源/能源消耗与污染物排放和工业经济增长呈扩张性复钩关系，出现物质消耗边际收益降低的局面，建议各市州进一步挖掘经济增长的领域，加快传统工业的产业集中、改造升级和新兴产业，以及现代服务业的发展，降低区域经济发展对物质消费的依赖程度，实现经济增长与物质消费的"脱钩"。

（3）通过技术进步实现行业发展与物质消费及污染物排放的"脱钩"，淘汰难以改善的"强复钩"行业。全省工业行业中，工艺品制造业、有色金属矿采选业、塑料制品业、印刷业等行业经济增长与物质消耗和污染物排放之间，有较明显的"复钩"现象，建议以上行业首先进行技术、工艺改造或采取重组等措施，对于不能改变经济产值与物质消耗、污染物排放"强复钩"局面的行业，建议淘汰。

参考文献

[1] Norgaard R B. Economic indicators of resource scarcity：a critical essay[J]. Journal of Environment Economics and Management，1990：19-25.

[2] Baumol W J，Oates W E. The theory of environmental policy[M]. Cambridge：Cambridge University Press，1988.

[3] Ness G D. Population and the environment：framework for analysis[EB/OL]. 1994[2011-11-10]，http://pdf.usaid.gov/pdf_docs/PNABW658.pdf.

[4] 王长征，刘毅. 经济与环境协调研究进展[J]. 地理科学进展，2002，21（1）：58-65.

[5] 李春晖，杨勤业. 环境代际公平判别模型及其应用研究[J]. 地理科学进展，2000，19（3）：220-226.

[6] United Nations Department for Policy Coordination and Sustainable Development（UNDPCSD）. Indicators of sustainable development：framework and methodologies[EB/OL]. 2001[2011-11-08]，http://www.un.org/esa sustdev/csd/csd9_indi_bp3.pdf.

[7] 冯玉广，王华东. 区域人口—资源—环境—经济系统可持续发展定时研究[J]. 中国环境科学，1997（5）：402-405.

[8] 秦耀辰，赵秉栋. 河南省持续发展系统动力学模拟与调控[J]. 系统工程理论与实践，1997（7）：124-131.

[9] 吴跃明，郎东锋，张子珩，等. 环境-经济系统协调度模型及其指标体系[J]. 中国人口·资源与环境，1996（2）：47-50.

[10] 马金，王浣尘，陈明义，等. 区域产业投资与环保投资的协调优化模型及其试用[J]. 系统工程理论与实践，1999，7：47-50.

[11] 林逢春，王华东. 区域 PRED 系统的通用自组织演化模型[J]. 环境科学学报，1995（4）：488-496.

[12] 毕军，黄和平，袁增伟，等. 物质流分析与管理[M]. 北京：科学出版社，2009：141.

[13] 邓娟，李烨. 资源型企业产业链延伸影响因素分析[J]. 煤炭经济研究，2010，30（9）：18-20.

林权改革对生态环境影响的多维量表分析[*]

Multidimensional Scaling Analysis of the Ecological Environment Impact for Forest Property Rights Reform in China

张 颖

（北京林业大学经济管理学院，北京　100083）

[摘　要]　林权改革是促进林业发展的根本措施，林权改革是否对生态环境产生一定的影响？2011年7—8月，研究选择江西遂川，福建三明、永安，辽宁清原，北京怀柔等进行实地问卷调查，并对调查结果进行多维量表分析表明：林权改革对森林生态环境有明显的影响，尤其林改前后对林业的投入对森林生物多样性、森林水源涵养和水土保持有显著的影响。同时，农民（林农）对林权改革的态度、家庭年收入水平、教育程度和性别等对环境影响评价结果也有一定的影响。研究建议，林权改革涉及面广，并涉及国家生态环境安全和农民的长远利益，应该开展生态环境影响的评价研究，促进当地社会、经济和环境的协调、稳定、持续发展。

[关键词]　林权　改革　生态环境影响　协调发展　生态安全

Abstract　Forest property rights reform is a fundamental measure to promote the forestry development in China, is there some ecological environment impacts on it? These studies choose Jiangxi, Fujian, Liaoning, and Beijing carrying out on-site survey studies on July-August 2011. The research shows that: property rights reform on forest ecological environments have a significant impact, especially it has a significant impact on forest biodiversity, water conservation and soil conservation. Meanwhile, there are some assessment impacts by the attitudes of the farmers (forest farmers) for forest property rights reform, family income level, educational level and gender. The study suggests, due to forest property rights reform involves a wide range of farmers, and it related to national ecological safety and environmental long-term interests, environmental impact assessment study should be carried out and promote local social, economic and environmental coordination, stability and sustainable development in China.

Keywords　Forest property rights, Reform, Ecological environment impacts, Coordinated development, Ecological safety

* 基金资助：国家林业局林业公益性行业科研专项经费课题（200904003）；教育部人文社会科学研究规划基金项目（09YJA910001）。

作者简介：张颖，博士，北京林业大学经济管理学院教授、博士生导师，美国科罗拉多大学合聘教授，主要从事自然资源、环境资源的价值评价、核算与区域经济学的教学、科研活动。

林权是指森林、林木、林地的所有权和使用权，是森林资源财产权在法律上的具体体现。它是经济组织或单位对森林、林木和林地所享有的占有、使用、收益、处分的权利。2008 年 7 月，中共中央发布了通过全面推进林权改革的文件，在文件中指出："我国集体林权改革的总体目标是：到 2010 年，基本完成以农民家庭承包经营为主体，以明晰林地使用权和林木所有权，放活经营权，落实处置权，确保收益权为主要内容的改革任务。"此后，全国林权改革全面铺开，并在国有林区进入试点、推进阶段。林权制度改革是一项系统工程，不仅涉及经济、社会各个方面，还涉及生态环境的影响等。本文根据 2011 年7—8 月对江西遂川，福建三明、永安，辽宁清原和北京怀柔的调查，采用多维量表分析的方法分析林权改革对生态环境的影响，以便对有关管理决策提供依据。

1 研究现状

《中华人民共和国环境影响评价法》指出：国务院有关部门、设区的市级以上地方人民政府及其有关部门，对其组织编制的工业、农业、畜牧业、林业、能源、水利、交通、城市建设、旅游、自然资源开发的有关专项规划，应当在该专项规划草案上报审批前，组织进行环境影响评价，并向审批该专项规划的机关提出环境影响报告书[1]。林权改革涉及面广，也应进行生态环境影响评价，以促进社会、经济和环境的协调发展。发达国家在执行林业项目时，生态环境影响评价往往是必不可少的内容，如德国、法国、美国、加拿大等。一些发展中国家在开展森林经营项目时，也要求进行生态环境影响评价的研究，如喀麦隆、中非共和国、刚果（布）、刚果（金）、赤道几内亚和加蓬等，他们在制订雨林经营计划时，必须进行生态环境影响的评价。

无论是一般建设项目，还是林业项目的实施可能会对生态环境产生深远的影响。2010年，温家宝总理在《政府工作报告》中指出："15 亿亩林地确权到户，占全国集体林地面积的 60%，这是继土地家庭承包之后我国农村经营制度的又一重大变革"。因此，无论从《中华人民共和国环境影响评价法》的规定，还是从国外的发展经验及我国社会、经济和环境协调发展的角度来看，开展林权改革对生态环境影响的研究是十分必要的，也是保证林权改革顺利进行的工作的重要组成部分[2]。

2 研究方法与数据收集

2.1 研究方法

本研究采用实地问卷调查与多维量表分析的方法进行研究[3]。

实地问卷调查主要选择江西遂川，福建三明、永安，辽宁清原和北京怀柔进行现场调查，共发放问卷 1 300 份，回收问卷 1 005 份，问卷回收率为 77.3%；调查时间为 2011 年7—8 月。在问卷设计中，共涉及 9 个方面的问题，即分别为回答者的身份，家庭人口数，家庭年均收入，文化程度，性别，年龄，对林改的态度，林改前后对林业的投入，林改前后对环境的影响，具体包括对生物多样性，水土保持，净化空气，森林碳汇，森林旅游和水源涵养的影响。

另外，在调查研究中，由于考虑到农民（林农）对森林碳汇的理解程度，在问卷设计中使用森林蓄积代替森林碳汇。

由于调查问卷是多维量表形式，因此，分析方法主要采用多维量表分析的方法进行研究。

2.2 数据收集

在所选择的 4 个省市的有关乡镇村，采用随机问卷调查的方式收集数据。整理有关问卷，主要数据资料见表 1。

表 1 林权改革对环境影响调查问卷的主要数据资料

序号	调查地点	样本数	家庭年均收入				文化程度				
			≤10 000元	10 000～30 000 元	30 000～50 000 元	≥50 000元	小学及以下	初中	高中/中专	大专	本科以上
1	江西遂川	322	68	135	62	53	99	151	54	11	5
2	福建三明	269	108	92	46	23	119	95	39	13	3
3	北京怀柔	188	77	57	23	25	71	62	28	2	16
4	辽宁清原	500	307	85	43	65	151	254	70	22	3
	合计	1 279	560	369	174	166	440	562	191	48	27

续表 1

序号	调查地点	性别		平均年龄	家庭平均人数	对林改的态度		
		男	女			满意	不满意	其他
1	江西遂川	281	45	46	6	276	27	15
2	福建三明	147	122	48	5	210	33	26
3	北京怀柔	56	125	46	4	96	39	47
4	辽宁清原	449	51	44	4	395	17	88
	合计	933	343	184	19	977	116	176

续表 1

序号	调查地点	生物多样性					水土保持				
		下降	没变化	稍有增加	增加	增加很大	下降	没变化	稍有增加	增加	增加很大
1	江西遂川	11	106	165	27	11	17	86	160	41	12
2	福建三明	0	94	140	21	14	0	78	140	17	34
3	北京怀柔	37	94	42	6	3	39	55	47	35	6
4	辽宁清原	27	0	308	165	0	27	244	193	36	0
	合计	75	294	655	219	28	83	463	540	129	52

续表 1

序号	调查地点	净化空气					森林碳汇				
		下降	没变化	稍有增加	增加	增加很大	下降	没变化	稍有增加	增加	增加很大
1	江西遂川	11	94	152	49	13	18	113	117	56	14
2	福建三明	0	110	140	0	19	0	92	99	32	46
3	北京怀柔	82	37	43	12	7	53	50	57	15	5
4	辽宁清原	0	155	254	90	1	0	132	281	61	26
	合计	93	396	589	151	40	71	387	554	164	91

续表 1

序号	调查地点	森林旅游					水源涵养				
		下降	没变化	稍有增加	增加	增加很大	下降	没变化	稍有增加	增加	增加很大
1	江西遂川	4	209	66	29	10	14	75	152	66	14
2	福建三明	0	109	100	23	37	0	78	99	58	34
3	北京怀柔	21	36	67	36	22	10	83	48	32	9
4	辽宁清原	0	480	16	2	2	0	440	2	4	54
	合计	25	834	249	90	71	24	676	301	160	111

3 数据分析

3.1 环境影响差异的分析

针对表 1 的数据，采用多维量表分析法分析林权改革对生态环境的影响大小。

（1）对数据文件进行定义。①调查地点，变量 place，取值 1～4，分别代表江西，福建，北京和辽宁；②环境影响水平，变量 level，取值 1～6，分别代表对生物多样性（biodiversity），水土保持（S-conservation），净化空气（purification），森林碳汇（C-storage），森林旅游（travel）和水源涵养（W-conservation）的影响；③环境影响，变量 impact，取值 1～6，分别代表下降、没变化、稍有增加、增加和增加很大；④家庭年均收入，变量 income，取值 1～4，分别代表年均收入≤10 000 元、10 000～30 000 元、30 000～50 000 元、≥50 000 元；⑤文化程度，变量 education，取值 1～5，分别代表小学及以下、初中、高中/中专、大专、本科以上；⑥性别，变量 gender，取值 1～2，分别代表女性和男性；⑦年龄，变量 age；⑧家庭人口数，变量 family population；⑨对林改的态度，变量 attitude，取值 1～3，分别代表满意、不满意、其他；⑩身份，变量 status，取值 1～3，分别代表林农、农民和其他；⑪林改前后对林业的投入（资金），变量 investment，取值 1～3，分别代表没变化、有增加和增加很大。

（2）进行多维量表分析。采用社会科学统计软件包（Statistical Package for the Social Science，SPSS）计算的 Young's 压力系数见表 2。

表 2 压力系数计算表

迭代	压力系数	改进
1	0.029 6	
2	0.016 46	0.013 14
3	0.013 59	0.002 87
4	0.012 55	0.001 04
5	0.012 14	0.000 41

注：S-stress 改进小于 0.001。

由计算结果可以看出，在 5 次迭代时，S-stress 值降至 0.012 14，增进量为 0.000 41，小于 0.001 的迭代标准。因此，停止迭代。

进一步求得 Kruskal's 压力系数为 0.035 19，与表 2 求出的 Young's 压力系数 0.012 14 大致相同。求得的 RSQ 值为 0.996 91，接近于 1，即环境影响的应力系数很小且 RSQ 值很大，反映出模型具有很高的一致性。

同样，求得个体坐标值见表 3。

表 3 个体坐标值

刺激点	刺激名称	1	2
1	status	1.350 1	0.235 3
2	population	−3.659 8	0.955 9
3	income	0.201 6	0.458 3

刺激点	刺激名称	1	2
4	education	0.751 6	0.267 7
5	gender	1.586 7	0.048 9
6	age	−1.916 9	−0.806 8
7	attitude	1.626 6	0.259 9
8	investment	0.847 8	−0.068 4
9	biodiversity	−0.067 4	−0.161 6
10	S-conservation	−0.208 7	−0.162 3
11	purification	−0.224 7	−0.185 8
12	C-storage	−0.070 6	−0.449 6
13	travel	0.128 7	−0.336 7
14	W-conservation	−0.344 9	−0.054 7

（3）根据表 3 所求得的个体坐标值画出的二维坐标图见图 1。

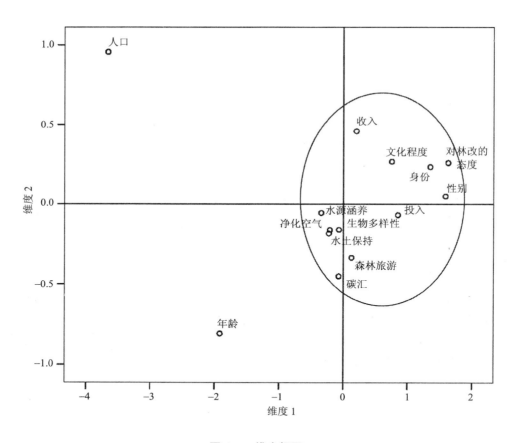

图 1　二维空间图

从图 1 可见，家庭年均收入，文化程度，性别，年龄，对林改的态度，身份和林改前后对林业的投入与生物多样性，水土保持，净化空气，森林碳汇，森林旅游和水源涵养有一定的关系，且处于同一区域，尤其是林改前后对林业的投入与森林生物多样性、森林水源涵养和水土保持的距离较近，说明林权改革对生态环境有一定的影响，各因素的影响程度不同，且林改前后对林业的投入对森林生物多样性、森林水源涵养和水土保持的影响显著，影响也较大。

3.2　对环境影响的一致性检验

进一步作线性拟合度的散点图（图2），横坐标距离为标准化后的原始数据，纵坐标为相异性距离。由图2看出，所有数据均在左下到右上的一条直线附近，没有太多偏离的情况，可见林权改革对生态环境影响数据与模型有非常高的一致性。

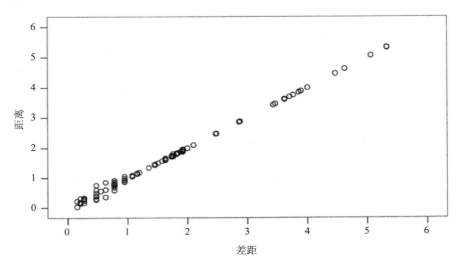

图2　线性拟合度的散点图

因此，由上面的分析可以看出：家庭年均收入，文化程度，性别，年龄，对林改的态度，身份和林改前后对林业的投入对生态环境均有一定的影响，且林改前后对林业的投入对森林生物多样性、森林水源涵养和水土保持的影响显著，影响较大，这与上面的评价结果是一致的。

4　结论

通过对我国林权改革对生态环境影响的调查和多维量表分析可以看出：

（1）林权制度改革能够对森林生态环境产生一定的影响，尤其在森林生物多样性，水土保持，净化空气，森林碳汇，森林旅游和森林水源涵养的影响中，林权改革对生物多样性、水土保持和森林水源涵养的影响最大，并具有统计学意义。因此，在林权改革中，应该把生物多样性保护，加强水土保持和森林水源涵养作为关键来抓，以促进林权改革对社会、经济和环境影响的协调、稳定和持续发展。

（2）在林权改革对生态环境影响评价中，农民（林农）林改前后对林业的投入对生态环境影响评价的结果有重要的影响。其中，对生物多样性、水土保持和森林水源涵养的影响最大。因此，加强对林业的投入，是林权改革成败与否的关键，也是改善生态环境的关键因素。

（3）生态环境影响评价是林权改革制度顺利实施必不可少的内容，它涉及项目的长期发展和国家的生态安全等，并不是可有可无的内容。从调查分析结果可以看出，无论是农民家庭年均收入，还是农民教育水平、性别和对林权改革的态度等，均对生态环境影响评价结果有一定的影响，说明林权改革制度的实施对生态环境影响评价是必需的。因此，在以后的类似项目实施中，也应建立完善的生态环境影响评价制度和体系，促进项目的长期、稳定发展。

5 讨论

林权制度改革作为促进我国林业发展的根本措施已实施一段时间了，但许多人仍认为类似项目无须开展环境影响的评价研究。多年来，我国《环境影响评价法》执行不力也与这种认识有一定的关系。通过对我国林权改革对生态环境影响评价的实地调查和多维量表分析研究可以看出，环境影响评价无论在任何一种项目建设中都是必需的，它对促进决策的科学性，保障社会、经济和环境的协调发展，加强生态安全意识等具有重要的意义和作用。

参考文献

[1] 新华社. 中华人民共和国环境影响评价法[EB/OL]. http://www.envir.gov.cn/info/2002/10/1029066.htm，2002-10-28.

[2] 张敏新，肖平，张红霄. "均山"：集体林权制度改革的现实选择[J]. 林业科学，2008，44（8）：131-136.

[3] 卢纹岱. SPSS for Windows 统计分析（第 2 版）[M]. 北京：电子工业出版社，2004：152-159.

基于总量控制的主要污染物总量指标预算管理体系初探

The Preliminary of Main Pollutants Gross Index Budget Management System Based on Total Amount Control

于鲁冀[1, 2]　章　显[2]　梁亦欣[2]　刘春晓[2]

（1. 郑州大学，郑州　450002;

2. 郑州大学环境政策规划评价研究中心，郑州　450002）

[摘　要]　本文以环境容量为基础，结合我国总量控制的刚性减排制度，为提高污染减排积极性，明确地区环境支持经济发展的总量指标，提出总量指标预算管理体系。同时阐述了总量预算指标的定义，分析了总量预算指标从哪里来。通过剖析环境容量、污染物现状排放量、污染物新增排放量与总量预算指标的函数关系，建立基于环境容量的总量指标预算分配模型以及年度预算演化模型。并对总量指标预算管理方法进行初步探讨。为污染减排提供政策激励机制，量化了环境保障经济社会发展的总量指标，促进环境和经济协调发展。

[关键词]　环境容量　总量预算　总量指标

Abstract　This paper proposed gross index budget management system and definite the gross index which supported the economic development, based on environmental capacity theory, combined with pollutants reduction institution of gross controlling in china. Then it was described what was the gross budget index and where was the gross budget index from. The gross index budget model based on environmental capacity was formed by analysis of functional relationship among environmental capacity, pollutants emission situation, pollutants emission newly added and gross budget index. Preliminary study on the method of gross budget index management was discussed. What studied in this paper offered the policy proactive system for pollutants reduction, quantified gross index for development and improved the harmonious development between environment and economy.

Keywords　Environmental capacity, Gross budget, Gross index

　　环境容量是在人类生存和自然生态系统不致受害的前提下，环境所能容纳的污染物的最大负荷量[1, 2]。美国 2003 年实施了基于区域污染物最大负荷量的"氮氧化物预算项目"，主要是为美国东部 20 个城市和哥伦比亚特区制定氮氧化物排放上限，给每个州都提供了具体预算，各州政府一般 3～5 年进行一次预算，该项目实施后效果显著，2004 年发电行业的氮氧化物排放量少于项目实施前 2000 年排放数量的一半[3]。

中国目前处于工业化快速发展的阶段，环境污染、资源消耗问题与经济发展矛盾突出。按照目前的环境状况，环境能够给予经济发展的纳污容量非常有限，还不能达到容量控制水平。但污染物总量控制的总量指导最终到容量约束是可以逐步实现的。

国家下达给各省的污染减排指标，是在上一个五年计划末污染物排放总量的基础上削减的比例。但每年随着 GDP 和城镇化率的增长，污染物排放量也增加，因此必须消化掉增量的基础上再削减存量，才能完成污染减排任务。本文试图将新增排放量作为预期经济发展指标，通过研究污染物新增排放量、总量指标预算量、污染物减排量和环境容量的关系，明确 5 年内全省能够拿出多少总量指标，每年各市能有多少总量指标，支持经济社会可持续健康发展。旨在控制污染物新增排放量、加大污染物存量的削减力度、改善环境质量，最终使污染物排放总量达到环境容量水平。

1 总量预算指标的来源

1.1 总量预算指标的概念界定

总量预算指标：是指为保障经济社会发展，可利用的主要污染物排放指标。

总量指标预算管理：是指政府或其环境保护行政主管部门在特定时期为满足经济社会发展需求和实现总量控制目标，对总量指标进行量化管理的行为。

1.2 总量预算指标的来源

总量指标预算体系的基础是污染减排，总量预算指标即从污染减排中来，从污染减排的增量中来。完不成污染减排任务，就没有经济发展的环境总量，也就没有总量预算指标。所以说，年度污染减排核算中的增量，是下一年度指标预算的基础，也是总量指标预算的决算。因此，研究对象是污染物排放的增量，是预期的新增总量。总量预算指标，不会反映在当年污染减排核算的实际增量中，它具有一定的滞后性，可能在 2～3 年才能显现出来（时间推移性质）。但是由于量化了预期的总量指标，控制了新增量，那么必将促进污染减排。

2 总量指标预算方法

2.1 分配原则与函数关系

"十二五"期间服务于社会经济发展的总量指标是与"十二五"预测新增量（$Q_{i新增}$）相关的函数，按照"容量（质量）指导、总量约束"原则建立各省辖市服务于社会经济发展的总量指标（$Q_{i供}$）分配模型，即环境容量参与分配、总量减排为刚性约束来建立分配模型。环境容量（C_i）与分配指标正相关：即环境容量越大，分配比例越高，反之越低。污染物现状排放量（E_i）与分配指标负相关：即现状排放量越大，分配比例越低，反之越高。函数表示为：

$$Q_{i供} = f\left(C_i \uparrow, E_i \downarrow\right) Q_{i新增}$$

进一步表达为：

$$Q_{i供} = \lambda \frac{C_i}{E_i} \times Q_{i新增}$$

式中：λ——参变常数或总量指标供需常数。

2.2 污染物总量指标预算分配模型

（1）预算分配函数。

$$Q_{i供（工业）} = \lambda \frac{C_{iw}}{E_{i2010}} \times Q_{i新增（工业）} \tag{1}$$

式中：Q_i 供（工业）——i 省辖市"十二五"期间可用于工业经济发展的水污染物总量指标预算值，t/a；

   λ——总量指标供需常数，依据"十一五"期间环评审批项目某污染物预测量（需求）与期间工业某污染物新增量实际发生量（供给）关系确定；

   C_i——i 省辖市某污染物的环境容量，t/a；

   E_{i2010}——i 省辖市 2010 年污染物排放总量，t/a；

   $Q_{i新增（工业）}$——i 省辖市"十二五"期间污染物工业新增量预测值，t/a。

（2）约束函数。各省辖市新增量减排约束——各省辖市可用于社会经济发展的污染物总量指标范围。

☞ 各省辖市可用于社会经济发展的污染物总量指标必须小于等于自身"十二五"期间新增量预测值，即：

$$Q_{i供} \leqslant Q_{i新增} \tag{2}$$

☞ 全省各省辖市可用于社会经济发展的污染物总量指标之和必须小于等于"十二五"期间依据省规划预测的污染物新增量预测值，即：

$$\sum_{i=1}^{n} Q_{i供} \leqslant Q_{i新增（全省）} \tag{3}$$

2.3 年度预算分配模型的建立

考虑实际污染物新增量较减排量的滞后性，并结合环境管理工作的实际情况，将年度总量指标预算分配公式可根据总预算分配模型演化为下式：

$$Q_{i（n年）供（工业）} = \lambda \frac{C_i}{E_{i（n-1年）}} \times Q_{i（n-1年）新增（工业）} \tag{4}$$

式中：λ——参变常数或总量指标供需常数；

   $Q_{i（n年）供}$——i 省辖市"十二五"期间当年度可用于社会经济发展的污染物总量指标预算值，t/a；

   C_i——i 省辖市某污染物的环境容量，t/a；

   $E_{i（n-1年）}$——i 省辖市上一年某污染物排放总量，t/a；

   $Q_{i（n-1年）新增}$——i 省辖市上一年某污染物新增量总量核算值，t/a。

3 总量指标预算管理方法

3.1 实行总量指标"收支两条线"管理制度

将污染减排量作为总量指标的"收入线"，将总量指标的供给作为总量指标管理的"支出线"，实行"收支两条线"管理制度。即根据上一年年度新增量减排和净减排目标的完成情况，省级环保部门根据预算分配模型每年向省辖市下达可供给社会经济发展的总量预算指标。所有新、改、扩建项目所需总量指标，都必须从年度总量预算指标中支出。

3.2　建立排污权交易制度

依据总量指标预算管理结果，可以明确各省辖市的可供社会经济发展的总量指标，在排污权交易制度设计中将此作为交易指标的总量，在交易指标管理过程中各省辖市年度交易指标不得大于预算总量，当某一地区预算指标不能满足发展需求时可在排污权交易的总体框架下申请区域交易，从而实现指标的高效利用，避免"公地的悲剧"[5]。与限制企业数量、关停企业等措施相比，产业结构调整和提高处理工艺是污染物减排的最佳措施[6]，建立排污权交易制度能够调动地方政府和企业的减排积极性。

3.3　建立总量预算指标环评前置机制

将预算指标作为环评审批的约束条件，建立环评审批需求总量与预算总量联动管理机制，当某一地区环评审批新增污染物排放量大于预算总量时，则暂停审批其工业项目，实现依据预算总量指标配置指导区域环评审批。

3.4　建立严格的总量指标核准和动态管理制度

建立预算指标收支状况信息申报平台，各省辖市每月通过平台向省级总量管理部门上报一次预算指标使用情况，包括每月使用量、汇总使用量、余额和使用去向汇总，实现预算指标在省环保主管部门统一监督下收支动态管理。对于没有预算指标的地区，原则上不再核准备案建设项目的总量。建立严格的总量动态管理体系，对于两年内未开工建设项目，由省环保厅收回指标，统一调剂使用。

4　研究展望

本文基于环境容量理论，结合我国总量控制的刚性减排体系，通过分析环境容量、污染物现状排放量、污染物新增排放量与总量预算指标的函数关系，建立了基于环境容量的总量指标预算分配模型以及年度预算演化模型。并对总量指标预算管理方法进行初步探讨。目前关于总量控制的研究较多，但关于总量指标预算管理体系的报道极少。美国2003年实施的氮氧化物预算项目是基于区域容量总量的基础上，精确到污染源的总量指标预算，没有体现消化新增量、存量减排与总量预算指标的关系，是静态的。而本文是在完成污染减排任务的基础上，对给予经济发展预期总量指标，预期总量指标是动态的，多减排的地区可以获得更多的总量指标，并随着减排目标和环境容量负荷状况变化而年际变化。

本文试图将总量预算指标量化，细化环境管理，并与环评审批相结合，把总量预算指标作为项目审批的前置条件，与污染减排相结合，调动各市污染减排积极性，与排污权交易相结合，实现环境资源的有偿利用。从而加大污染减排力度，高效利用环境总量，促进环境质量改善，促进产业结构调整，促进发展方式转变，响应绿色 GDP 新理念[6]。

总量指标预算管理体系研究还处于理论研究阶段，基于环境容量的总量指标预算分配方法的环境约束力较强，可能还不适应现阶段的环境管理。下一步将对总量指标预算分配方法开展实证研究，为总量指标预算管理体系的施行提供理论依据。

参考文献

[1]　周密，王华东，张义生. 环境容量[M]. 长春：东北师范大学出版社，1987.

[2]　中国大百科全书总编辑委员会《环境科学》编辑委员会. 中国大百科全书（环境科学卷）[M]. 北京：中国大百科全书出版社，1983.

[3]　Sam Napolitano，Gabrielle Stevens，Jeremy Schreifels，et al. The NO$_x$ Budget Trading Progranm：A Collaborative，Innovative Approach to Solving a Regional Air Pollution Problem[J]. The Electricity Journal，2007，9（20）：65-76.

[4]　Wang Chunmei，Sun Dezhi，Wang Zhen. The Analysis of Performance of Total Amount Reduction of Pollutants Emission Based on Logistic Regression Model[J]. Procedia Environmental Sciences，2010，2：1662-1668.

[5]　Hardin Garrett. The tragedy of the commons[J]. Science，1968，162（3859）：1243-1248.

[6]　刘青松. 循环经济资料新编[M]. 北京：中国环境科学出版社，2003.

基于不同视角的江西省资源环境基尼系数研究[*]

Research on Resource-Environment Gini Coefficient of Jiangxi Province Based on the Different Angle

黄和平

（江西财经大学鄱阳湖生态经济研究院，南昌　330032）

[摘　要]　如何衡量和评价资源消耗、污染物排放在各个城市或地区间的公平性与合理性，是一个世界性的难题。依据基尼系数的基本概念，从 GDP、人口和生态环境容量的角度出发，分别构建各地区污染物总量分配、资源消耗评价的基尼系数法，作为评价各地区污染物总量分配、资源消耗合理性、公平性的方法，为总量控制分配提供依据，可以为衡量经济的可持续发展提供参考。本研究以江西省 11 个地市作为评价对象，选取能源消耗、水资源消耗、COD 排放及二氧化硫排放等 4 个评价因子，构建了江西省资源环境基尼系数计算与评价方法。结果表明：不同的角度计算的基尼系数不尽相同，从绿色负担系数来看，在江西 11 个城市中，南昌、鹰潭、萍乡、景德镇、新余等经济发达城市是引起能源消耗、二氧化硫排放主要的不公平因子，是需要转变经济发展模式的城市，更需注重经济与环境的协调发展。

[关键词]　基尼系数　资源环境基尼系数　生态容量　绿色负担系数

Abstract　How to measure and evaluate the fairness and rationality of the resource consumption, pollutant emissions in the city or the region is a worldwide difficult problem. According to the Gene coefficient's basic concepts, from GDP, population and environment capacity perspective, they build the regional allocation of total amount of pollutants, the consumption of resources evaluation method of Gene coefficient as part of the evaluation of regional pollutant total amount allocation. This study takes n Jiangxi Province as the object of evaluation, choosing 4 evaluation factors including the energy consumption, water consumption, COD emissions and emissions of sulfur dioxide to Jiangxi resource environmental Gini coefficient calculation and evaluation methods. The results showed that：the Gene coefficient varies calculating by different angles. from green burden coefficient, among the 11 cities in Jiangxi, Nanchang, Yingtan, Pingxiang, Jingdezhen, Xinyu and other economically developed city are the cities which caused energy consumption, unfair factor of sulfur dioxide emissions, the cities which

[*]　资助项目：国家自然科学基金项目"基于 LUCC 的区域城市群物质代谢时空动态变化研究"（编号：40961041）、教育部人文社科基金项目"城市物质代谢的生态效率研究"（编号：08JC790048）和江西省教育厅科技项目"基于生态效率的江西省循环经济发展模式研究"（编号：GJJ10431）。
作者简介：黄和平，男，江西吉水人，博士后，副教授，硕士生导师，主要从事环境经济学、生态系统管理、循环经济与产业生态学等研究。电话：13979197862；E-mail：hphuang2004@163.com。

need to change the mode of economic development and　pay attention to the harmonious development of economy and environment.

Keywords　The Gene coefficient，Resources and environmental Gene coefficient，Ecological carrying capacity，Green burden coefficient

改革开放以来，中国工业化和城镇化发展速度不断加快，社会经济取得了举世瞩目成就；同时，资源耗竭的趋势、资源短缺的矛盾及环境污染的范围和程度都在加大和加重。如此现实境况促使学术界针对资源与环境问题的研究日益增多，并且已逐渐认识到，社会与经济的健康发展必须建立在生态环境持续能力之上，发展的目标不仅要满足人类生存与发展的各种需求，还要关注各种社会、经济活动的生态合理性，保护生态环境，使其为人类提供的各种服务功能或福利不致减少或丧失[1]。基于社会经济的快速发展与资源消耗、污染物排放的密切相关性，如何对资源消耗和污染物排放的公平性、合理性进行评价就成了一个难题[2]。而运用资源环境基尼系数，作为评价区域或城市资源消耗、污染物排放合理性、公平性，则可以为区域污染物总量控制和分配提供一定的依据。

江西省近年来社会经济快速发展，但在经济增长快速推进的同时，能源消耗也保持同步增长，COD、SO_2 等污染物排放迅速增加，其单位 GDP 的能源消耗和污染物排放量明显高于全国平均水平，资源环境绩效水平明显偏低[10]。但上述能源消耗和污染物排放在江西的空间差异性如何？它们之间的公平性和合理性是否得到适当的表达？这些都有待于学界探索和解决。本文拟借鉴经济学中测定收入分配差异程度的基尼系数指标来探讨上述问题，并从 GDP、人口和生态容量的角度分析基尼系数的科学性，以期为资源环境经济学领域及相关部门研究和决策提供方法参考依据。

1　基尼系数

1.1　概念的提出及其内涵

基尼系数是 1922 年意大利经济学家基尼（Gini）根据洛伦兹曲线提出的定量测定收入分配差异程度的指标，又称为洛伦兹系数[3]。其值介于 0～1，是反映社会分配不公平程度及一国国民收入分配差距的重要指标[4]。它对评估宏观经济形势，调整政策，调节社会关系，具有重要的决策参考价值。洛伦兹曲线是由美国统计学家 M. O. Lorenz 在 1907 年提出的。洛伦兹首先将一国（地区）总人口按人均收入由低到高排队，然后考虑收入最低的任意人口百分比所得到的收入百分比，最后将这样得到的人口累积百分比和收入累积百分比的对应关系描绘在图形上，即得到洛伦兹曲线。横轴表示人口（按人均收入由低到高分组）的累积百分比，纵轴表示收入的累积百分比。洛伦兹曲线的弯曲程度反映了收入分配的不平等程度[5]，洛伦兹曲线越向横轴凸出，与完全平等线之间的面积就越大，收入分配程度越不平等（图 1）。

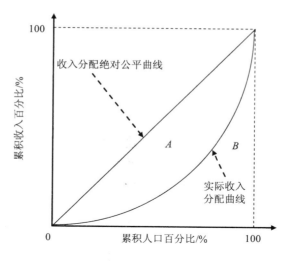

图 1　洛伦兹曲线

按照图 1，假设实际收入分配曲线和收入分配绝对平等曲线之间的面积为 A，实际收入分配曲线右下方面积为 B，并以 A 除以 $A+B$ 的商表示不平等的程度，这个数值被称为基尼系数，即基尼系数=$A/(A+B)$。基尼系数是反映收入分配公平性的判断指标，基尼系数为 0，表示收入分配完全平均，基尼系数为 1，表示绝对不平均。在这一区间，该数值越小，社会的收入分配就越趋于平均；反之则表明社会收入的差距正在不断扩大。按照国际惯例，通常把 0.4 作为收入分配贫富差距的"警戒线"。基尼系数在 0.2 以下，表示社会收入分配"高度平均"或"绝对平均"；0.2~0.3 表示"相对平均"；0.3~0.4 为"比较合理"；0.4~0.5 为"差距偏大"；0.5 以上为"高度不平均"[6]。基尼系数不是一个能够说明所有社会问题的概念，但在通过政策和法律界定公平与效率相互关系时，其警示意义绝不容忽视[7]。

1.2　计算方法

目前，经济学家已经掌握了多种计算基尼系数的方法，如几何法（Geometric approach），基尼平均差法（Gini's mean difference approach），协方差法（Covariance approach）和矩阵法（Matrix form approcah）。每一种方法都有它们各自的优点和适用范围，而且它们是相互统一和相互一致的[8, 9]。

如果收入的分布为离散型分布，那么洛伦兹曲线以下部分，即 B 区域的面积可以表示为：

$$B = \frac{1}{2}\sum_{i=0}^{n-1}(X_{i+1}-X_i)(Y_{i+1}+Y_i) \tag{1}$$

其中 X_i 是人口累积百分比，当收入 $Y=Y_i$ 的概率为 $f_i=1/n$，则 $X_i=i/n$；Y_i 是收入累积百分比，i 为第 i 个样本，且 $i=1, 2, \cdots, n$。所以基尼系数：

$$G = 1-2B = 1-\sum_{i=0}^{n-1}(X_{i+1}-X_i)(Y_{i+1}+Y_i) \tag{2}$$

如果收入分布是连续型的，则：

$$B = \int_0^1 f(x)\mathrm{d}x \qquad (3)$$

$$G = 1 - 2\int_0^1 f(x)\mathrm{d}x \qquad (4)$$

2 基尼系数的应用：资源环境基尼系数

资源环境基尼系数是基尼系数在资源环境领域的扩展，它可以用来评价国家或区域间资源消耗和污染物排放的公平性、合理性，对污染物排放总量控制及分配也具有较好的参考价值。但对于资源环境基尼系数的推算依据或出发点仍有争论，目前主要有基于 GDP、人口和生态容量 3 种方法，并以此推算绿色贡献系数或绿色负担系数，作为分辨外部公平性或不合理性的依据。

2.1 基于 GDP 的资源环境基尼系数研究

王金南等（2006）[7]通过对基尼系数内涵的扩展，提出了资源环境基尼系数的概念，计算了中国 2002 年水资源消耗、能源消耗、SO₂ 和 COD 排放的资源环境基尼系数，提出了以绿色贡献系数作为判断不公平因子的依据。张音波等（2008）[2]借鉴此方法构建资源环境基尼系数，选取广东省 2005 年能源消耗、COD 排放、SO₂ 排放和工业固体废物排放作为评价指标，评价广东省资源消耗和污染物排放的公平性、合理性，并以绿色贡献系数来判断资源消耗和污染物排放的不公平因子。目前资源环境基尼系数的求取大多采用梯形面积法[8]，其计算方法同式（2），式中的 X_i 为 GDP 等指标的累积百分比；Y_i 为污染物排放等指标的累积百分比；当 $i=1$，（X_{i-1}，Y_{i-1}）视为（0，0）。同时以绿色贡献系数作为评价外部单元间污染物排放（或资源消耗）公平性的指标[7]，绿色贡献系数（Green Contribution Coefficient，GCC）=经济贡献率/污染排放量比率（资源消耗比率）：

$$\mathrm{GCC} = \frac{G_i}{G} / \frac{E_i}{E} \qquad (5)$$

式中：G_i、E_i——i 地区 GDP 与污染物排放量或资源消耗量；

G、E——全国（或全省）GDP 与污染物排放量或资源消耗量。

以绿色贡献系数作为判断不公平因子的依据，GCC＜1，则表明污染排放的贡献率大于 GDP 的贡献率，公平性相对较差；若 GCC＞1，则表明污染物排放的贡献率小于 GDP 的贡献率，相对较公平，体现的是一种绿色发展的模式，并以此为依据，作为判断国家或区域资源环境基尼系数不公平因子的判断依据[7]。

根据以上王金南等[7]基于资源环境基尼系数的内涵，资源环境基尼系数反映的是国家或某区域资源消耗和污染排放分配的内部公平性，体现在一定的单元内部。如果其中的某个内部单元的经济贡献率低于其资源消耗或者污染排放量占全国总量的比例，则属于侵占了其他单元的分配公平性；相反，则是对其他单元公平性的贡献。这一数值体现的是控制单元之间的外部影响，称为外部公平性。

为便于比较，这里提出绿色负担系数（Green burden coefficient，GBC）作为判断不公平因子的依据。绿色负担系数是绿色贡献系数的倒数，其计算方法见式（6）。同理，当 $\mathrm{GBC}_G＞1$，则表明污染排放的贡献率大于 GDP 的贡献率，公平性相对较差；若 $\mathrm{GCC}_G＜1$，则表明污染物排放的贡献率小于 GDP 的贡献率，相对较公平，体现的是一种绿色发展的模式，并以此为依据，作为判断国家或区域资源环境基尼系数不公平因子的判断依据。

$$GBC_G = \frac{E_i}{E} / \frac{H_i}{H} \qquad (6)$$

式中各符号代表意义同式（5）。

2.2 基于人口的资源环境基尼系数研究

王琼（2008）[11]从基尼系数的经济学内涵出发，将基尼系数的概念和意义应用于环境分析中，并以全国 2006 年各地区的水污染物总量分配为例，应用基尼系数法分析了人口、国内生产总值、水资源量指标对水污染物总量分配的影响。吴悦颖等（2006）[12]以全国七大流域的水污染物总量分配过程为例，使用基尼系数法分析了人口、国内生产总值、水资源量、环境容量等指标对分配的影响，绘制各影响因素的洛伦兹曲线。这些文献都将人口作为考察影响污染物总量分配的一个重要影响指标。同理，借鉴上述方法，基于一定比例的人口需要分配相同比例的资源消耗或污染物排放，这种比例关系可称为绿色负担系数，公示拟定如下：

$$GBC_P = \frac{E_i}{E} / \frac{P_i}{P} \qquad (7)$$

式中：P_i、E_i——i 地区人口与污染物排放（产生）量或资源消耗量；

P、E——全国或全省人口与污染物排放（产生）总量或资源消耗总量。

同样，以绿色负担系数作为判断不公平因子的依据，GBC>1，则表明污染排放的贡献率大于人口的贡献率，公平性相对较差；若 GBC<1，则表明污染物排放的贡献率小于人口的贡献率，相对较公平，体现的是一种绿色发展的模式，并以此为依据，作为判断国家或区域资源环境基尼系数不公平因子的判断依据。

2.3 基于资源禀赋或生态容量的资源环境基尼系数研究

以上所介绍的方法都是从基尼系数的内涵，基于 GDP 或人口延伸出的资源环境基尼系数，是以"消耗相同比例的资源或排放相同比例的污染物需要贡献相同比例的 GDP 或承担相同比例的人口"为基本假设条件的，即"GDP 越高或人口越多，资源消耗或污染物排放就可以越多"，这种假设显然是违背生态学原理的。

为此，钟晓青等（2008）[9]以生态学的生态容量理论为依据，按照基尼系数的内涵，并把它引入资源消耗和污染排放（产生）与生态容量的公平性中，作出如下假设：基于排放一定比例的污染物（或消耗一定比例的资源），需要相同比例的生态容量来负担其对环境的负面影响——对污染物进行净化或进行生态降解（或通过废物—原料的循环连接），如果污染物水平超出生态系统的净化能力，则造成环境污染。区域的生态容量越大，则"降解或还原废物"的能力越大。

以上根据生态容量来评价"污染物排放"（或资源消耗）比例的分配权重，才是基于生态容量的资源环境基尼系数（Resource-environment Gini coefficient，G_{re}）。从基尼系数和资源环境基尼系数的内涵来看，两者基本一致[9]。资源环境基尼系数的等级划分标准同样可采用基尼系数的国际惯例。

生态容量是指某一环境或生态系统的结构与功能不受难以恢复的骚扰或损害，所能降解或还原的污染物的最大负荷量。它体现的是自然环境或生态系统具有的调节和自净能力，如果人类社会经济活动和污染物排放超出环境的生态自净能力，环境就会被污染，生态就会被破坏。

由于生态容量的准确计算和评估比较困难，而生态系统的自净作用（生态容量）主要是由生物量生产（第一性生产和第二性生产）、特种效益（涵养水源、保持水土、净化大气、减少污染等）和生态系统的整体维持功能三大部分组成。所以，可以用统计指标中常用的、容易操作的"森林、耕地和湿地"指标来替代生态容量的"比例变化"。

依据以上基于生态容量的资源环境基尼系数的内涵，以行政分区为基本单元，计算江西资源环境基尼系数。以全省各地级市的污染排放量（或资源消耗）占全省的累计比例作为纵坐标，以森林、耕地与湿地面积代替生态容量的累计比例作为横坐标，按照两者的比值进行排序，得到江西资源环境的洛伦兹曲线图，并根据基尼系数的计算方法，计算江西的资源环境基尼系数。

根据钟晓青等[9]资源环境基尼系数的内涵，资源环境基尼系数反映的是资源消耗和污染排放分配的内部公平性，体现在一定的单元内部。如果其中的某个内部单元的资源消耗或者污染排放量占全国或全省的比例高于其生态容量在全国或全省的占有率，则属于侵占了其他单元的分配公平性；相反，则是对其他单元公平性的贡献。这一数值体现的是控制单元之间的外部影响，称为外部公平性。这个基于消耗一定比例的资源或排放一定比例的污染物需要相同比例的生态容量来承担其有害影响，即生态系统需负担起资源消耗的恢复或污染物的降解与净化（或循环降解或还原）的作用，可称为绿色负担系数。计算公式也相应地作了修改，见式（8）。

$$\text{GBC}_R = \frac{E_i}{E} \bigg/ \frac{R_i}{R} \qquad (8)$$

式中：R_i、E_i——地区生态容量与污染物排放（产生）量或资源消耗量；

R、E——全省生态容量与污染物排放（产生）总量或资源消耗总量。

以绿色负担系数作为判断不公平因子的依据，$\text{GBC}_R > 1$，则表明污染物排放（产生）的比率大于生态容量的占有率，说明其生态环境的压力较大，表明该区域生态容量负担的污染物量大，公平性相对较差；若 $\text{GBC}_R < 1$，则表明污染排放比率小于生态容量的占有率，相对较公平，体现的是一种"绿色发展模式"。以此为依据，作为判断国家或区域资源环境基尼系数不公平因子的依据[9]。

3　江西资源环境基尼系数的计算与分析

本文拟从上述 3 种方法，以江西省 11 个地市作为评价对象，选取能源消耗、SO_2 排放及 COD 排放等 3 个评价因子，分别计算江西省 2009 年资源环境基尼系数及绿色负担系数。并对计算结果予以对比分析。相关数据均源自《江西统计年鉴2010》及有关部门资料。

3.1　基于 GDP 的资源环境基尼系数及绿色贡献系数推算

根据以上计算方法，选取能源消耗、水资源消耗、COD 排放、SO_2 排放四项指标，计算其基于 GDP 的资源环境基尼系数（图 2～图 5），结果表明，2009 年上述四项指标的资源环境基尼系数分别为 0.58、0.41、0.29、0.50。

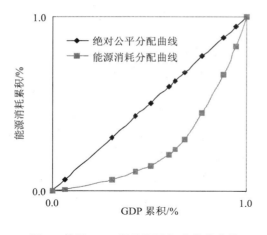

图 2　基于 GDP 的能源消耗洛伦兹曲线

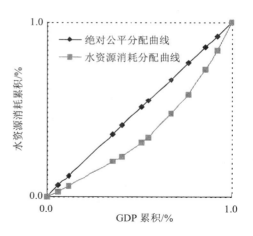

图 3　基于 GDP 的水资源消耗洛伦兹曲线

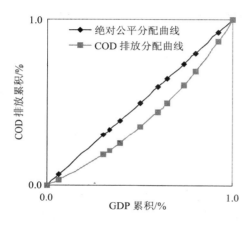

图 4　基于 GDP 的 COD 排放洛伦兹曲线

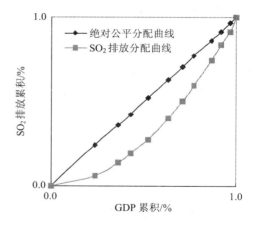

图 5　基于 GDP 的 SO_2 排放洛伦兹曲线

按照以上基于 GDP 的视角，2009 年江西省能源消耗、水资源消耗、COD 排放、SO_2 排放的基尼系数及绿色负担系数的结果分析如下：①能源消耗的基尼系数较大，为 0.58，处于高度不平均状态，说明省内各地市能源消耗很不公平。从绿色负担系数来看，萍乡、新余、九江、宜春、景德镇等地的能源消耗的绿色负担系数大于 1（图 6），说明这几个城市的能源消耗比率相对于 GDP 占有率较大，造成了江西省整体能源消耗分配的不公平，是引起不公平性的主要因子。以上城市需要提高能源的利用效率，提倡节约能源资源的消耗。②水资源消耗的基尼系数为 0.41，刚超过"警戒线"，表明其处于差距稍偏大的状态，说明省内各地市的水资源消耗稍不公平，引起不公平的主要因子是吉安、抚州、宜春、上饶、赣州等 5 个地市，其系数大于 1，因而需要提高水资源的利用效率，提倡节水型社会。③COD 排放的基尼系数为 0.29，表明其处于相对平均的状态，COD 排放在各地市间很公平。从绿色负担系数来看，也只是吉安、赣州、抚州 3 个地市的绿色负担系数超过 1，但均小于 2，说明这 3 个地市的环境治理仍有一定的潜力可挖。④SO_2 排放的基尼系数为 0.50，表明其达到高度不平均状态，说明省内各地市 SO_2 排放很不公平，主要表现在鹰潭、景德镇、萍乡、宜春、新余、吉安、九江 7 个地市的绿色负担系数大于 1，说明这几个城市的 SO_2 排放比率相对于 GDP 的占有率较大，造成了江西省整体 SO_2 排放分配的不公平，是引起不公平性的主要因子，需加大对大气污染排放治理的力度。

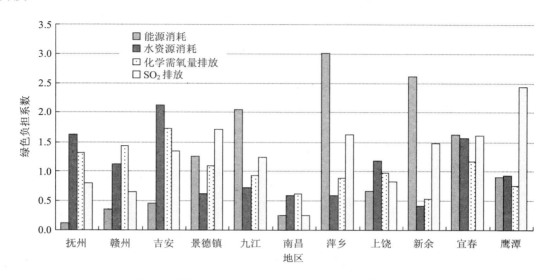

图 6 基于 GDP 的江西省各地市绿色负担系数分布

3.2 基于人口的资源环境基尼系数及绿色负担系数推算

同理，根据前述计算方法，选取能源消耗、水资源消耗、COD 排放、SO_2 排放等四项指标，计算其基于人口的资源环境基尼系数（图 7～图 10），结果表明，2009 年上述四项指标的资源环境基尼系数分别为 0.55、0.36、0.29、0.49。

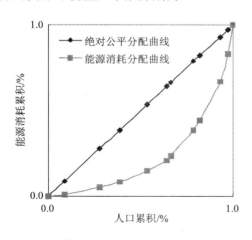

图 7 基于人口的能源消耗洛伦兹曲线

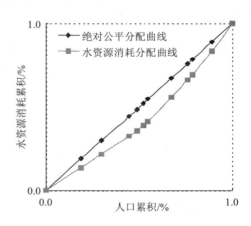

图 8 基于人口的水资源消耗洛伦兹曲线

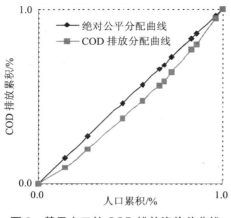

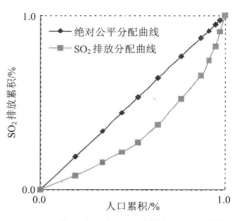

图 9　基于人口的 COD 排放洛伦兹曲线　　　图 10　基于人口的 SO_2 排放洛伦兹曲线

　　同样地，按照以上基于人口的视角，对 2009 年江西省能源消耗、水资源消耗、COD 排放、SO_2 排放的基尼系数及绿色负担系数的结果分析如下：①能源消耗的基尼系数较大，为 0.55，处于高度不平均状态，说明省内各地市能源消耗很不公平。从绿色负担系数来看，新余、萍乡、九江、景德镇、宜春、鹰潭等地的能源消耗的绿色负担系数大于 1（图 11），说明这几个城市的能源消耗比率相对于人口占有率较大，造成了江西省整体能源消耗分配的不公平，是引起不公平性的主要因子。②水资源消耗的基尼系数为 0.36，未超过"警戒线"，表明其处于差距比较合理的状态，说明省内各地市的水资源消耗比较公平，虽然吉安、南昌、抚州、宜春、鹰潭 5 个地市的系数大于 1，但均小于 2，因此，从人均水资源消耗的角度看，水资源利用效率还有提高的潜力。③COD 排放的基尼系数为 0.29，表明其处于相对平均的状态，COD 排放在各地市间很公平。从绿色负担系数来看，也只是吉安、赣州、抚州 3 个地市的绿色负担系数超过 1，但均小于 2，说明这 3 个地市的环境治理仍有一定的潜力可挖。④SO_2 排放的基尼系数为 0.50，表明其达到高度不平均状态，说明省内各地市 SO_2 排放很不公平，主要表现在鹰潭、景德镇、萍乡、宜春、新余、吉安、九江等 7 个地市的绿色负担系数大于 1，说明这几个城市的 SO_2 排放比率相对于人口的占有率大，造成了江西省整体 SO_2 排放分配的不公平，是引起不公平性的主要因子，需加大对大气污染排放治理的力度。

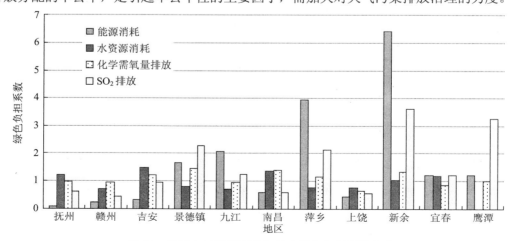

图 11　基于人口的江西省各地市绿色负担系数分布

3.3　基于生态容量的资源环境基尼系数及绿色负担系数推算

同理，根据前述计算方法，选取能源消耗、水资源消耗、COD 排放、SO₂ 排放等四项指标，计算其基于生态容量的资源环境基尼系数（图 12～图 15），结果表明，2009 年上述四项指标的资源环境基尼系数分别为 0.62、0.50、0.39、0.44。

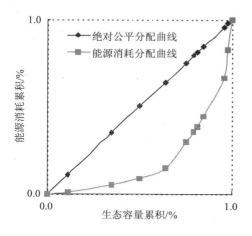

图 12　基于生态容量的能源消耗洛伦兹曲线

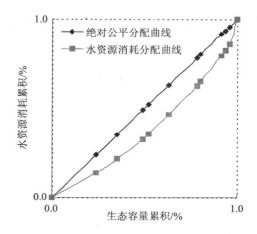

图 13　基于生态容量的水资源消耗洛伦兹曲线

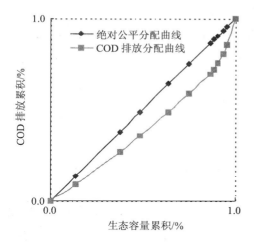

图 14　基于生态容量的 COD 排放洛伦兹曲线

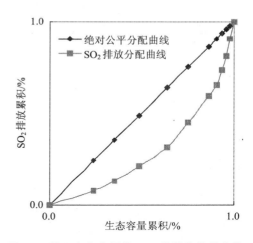

图 15　基于生态容量的 SO₂ 排放洛伦兹曲线

同样地，按照以上基于生态容量的视角，2009 年江西省能源消耗、水资源消耗、COD 排放、SO₂ 排放的基尼系数及绿色负担系数的结果分析如下：①能源消耗的基尼系数较大，为 0.62，处于高度不平均状态，说明省内各地市能源消耗很不公平。从绿色负担系数来看，萍乡、新余、九江、景德镇、鹰潭、宜春等地的能源消耗的绿色负担系数大于 1（图 16），尤其是萍乡和新余，其系数远远大于 1，说明这几个城市的能源消耗比率相对于生态容量的占有率较大，造成了江西省整体能源消耗分配的不公平，是引起不公平性的主要因子。②水资源消耗的基尼系数为 0.50，表明其处于"高度不平均"的状态，说明省内各地市的水资源消耗不公平，引起不公平的主要因子是南昌、萍乡、鹰潭、宜春、新余、吉安等 6 个地市，特别是以南昌为主要代表，需要提高水资源的利用效率，提倡节水型社会。③COD 排放的基尼系数为 0.39，表明其处于"比较合理"的状态，COD 排放在各地市间比较公平。从绿色负担系数来看，也只是南昌、萍乡、景德镇、新余、鹰潭 5 个地市的绿色负担系数超过 1，特别是南昌，说明这 3 个地市的环境治理仍有一定的潜力可挖。④SO$_2$ 排放的基尼系数为 0.44，表明其达到"差距偏大"的状态，说明省内各地市 SO$_2$ 排放较不公平，主要表现在新余、萍乡、鹰潭、景德镇、南昌、宜春、九江等 7 个地市的绿色负担系数大于 1，说明这几个城市的 SO$_2$ 排放比率相对于生态容量的占有率大，造成了江西省整体 SO$_2$ 排放分配的不公平，是引起不公平性的主要因子，需加大对大气污染排放治理的力度。

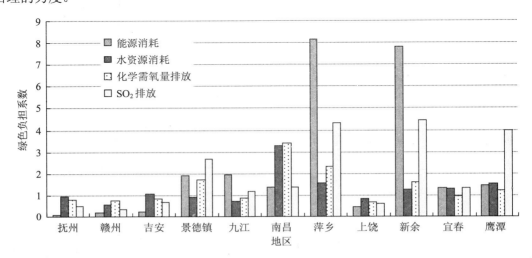

图 16　基于生态容量的江西省各地市绿色负担系数分布

4　结论

通过对江西资源环境基尼系数及其绿色负担系数的不同视角的计算可以看出，其结果不尽相同。

（1）从能源消耗的基尼系数和绿色负担系数的计算结果来看，不论是基于 GDP，还是人口，抑或是生态容量的角度，其基尼系数都远超"警戒线"，表明能源消耗在各区域间很不公平。而且从不同角度计算出来的绿色负担系数的结果来看，引起能源消耗区域间不公平的主要因子都是萍乡、新余、九江、景德镇等城市，表现出高度的一致性。

（2）从水资源的基尼系数和绿色负担系数的计算结果来看，不同的角度表现出不同的结果：从 GDP 的角度，基尼系数刚超过"警戒线"，从生态容量的角度，其基尼系数远超"警戒线"，从人口的角度，其基尼系数未超过"警戒线"。而从不同角度计算的绿色负担系数来看，引起水资源消耗的区域间不公平的主要因子也不相同。

（3）从 COD 排放的基尼系数和绿色负担系数的计算结果来看，表现出较好的一致性，都未超过"警戒线"，COD 排放在各地市间比较公平。但从绿色负担系数来看，引起 COD 排放区域间不公平的主要因子却不尽相同。

（4）从 SO$_2$ 排放的基尼系数和绿色负担系数的计算结果来看，也表现出较高的一致性，但都超过了"警戒线"，表明 SO$_2$ 排放在各区域间也不是很公平。而且从不同角度计算出来的绿色负担系数的结果来看，引起 SO$_2$ 排放区域间不公平的主要因子都是萍乡、新余、鹰潭、景德镇等工业化城市，表现出较高的一致性。

参考文献

[1]　He Aiping，Ren Baoping. Population，Resources and Environmental Economics[M]. Beijing：Science Press，2010.

[2]　Zhang Yinbo，Mai Zhiqin，Chen Xingeng，et al. Analysis of city resource-environment Gini coefficient in Guangdong Province[J]. ACTA ECOLOGICA SINICA，2008，28（2）：728-734.

[3]　Sun Tao，Zhang Hongwei，Wang Yuan，et al. The application of environmental Gini coefficient（EGC）in allocating wastewater discharge permit：The case study of watershed total mass control in Tianjin，China[J]. Resources，Conservation and Recycling，2010，54（9）：601-608.

[4]　Bosi S，Seegmuller T. Optimal cycles and social inequality：what do we learn from the Gini index？[J]. Research in Economics，2006，60（1）：35.

[5]　Barr N. The economics of the welfare state[M]. Stanford，USA：Stanford University Press，1998.

[6]　Penjani Kamanga，Paul Vedeld，Espen Sjaastad. Forest incomes and rural livelihoods in Chiradzulu District，Malawi[J]. Ecological Economics，2009，68（3）：613-624.

[7]　Wang J N，Lu Y T，Zhou J S，et al. Analysis of China resource-environment Gini coefficient based on GDP[J]. China Environmental Science，2006，26（1）：111-115.

[8]　Ye Liqi. Calculating Method of Gini coefficient[J]. China Statistics，2003，（4）：58-59.

[9]　Zhong Xiaoqing，Zhang Wanming，Li Mengmeng. Analysis of city resource-environment Gini coefficient based on ecological capability in Guangdong Province，China：discuss with Yin-Bo Zhang[J]. ACTA ECOLOGICA SINICA，2008，28（9）：4486-4493.

[10]　Huang Heping，Wu Shian，Zhi Yingbiao，et al. Dynamic Evaluations of Resources and Environmental Performance Based on Eco-efficiency：A Case Study of Jiangxi Province[J]. Resources Science，2010，32（5）：924-931.

[11]　Wang Qiong. Analysis of total pollutant load allocation for water bodies Gini coefficient based on equity[J]. Ecology and Environment，2008，17（5）：1796-1801.

[12]　Wu Yueying，Li Yunsheng，Liu Weijian. Study on Gini Coefficient Method of Total Pollutant Load Allocation for Water Bodies[J]. Research of Environmental Sciences，2006，19（2）：66-70.

[13]　何爱平，任保平. 人口、资源与环境经济学[M]. 北京：科学出版社，2010.

[14]　张音波，麦志勤，陈新庚，等. 广东省城市资源环境基尼系数[J]. 生态学报，2008，28（2）：728-734.

[15]　王金南，逯元堂，周劲松，等. 基于 GDP 的中国资源环境基尼系数分析[J]. 中国环境科学，2006，26（1）：111-115.

[16]　叶礼奇. 基尼系数计算方法[J]. 中国统计，2003（4）：58-59.

[17]　钟晓青，张万明，李萌萌. 基于生态容量的广东省资源环境基尼系数计算与分析——与张音波等商榷[J]. 生态学报，2008，28（9）：4486-4493.

[18]　黄和平，伍世安，智颖飙，等. 基于生态效率的资源环境绩效动态评估——以江西省为例[J]. 资源

科学，2010，32（5）：924-931.

[19] 王琼. 基于公平性的水污染物总量分配基尼系数分析[J]. 生态环境，2008，17（5）：1796-1801.

[20] 吴悦颖，李云生，刘伟江. 基于公平性的水污染物总量分配评估方法研究[J]. 环境科学研究，2006，19（2）：66-70.

第二篇
环保投融资和环境财政政策

◆ 协整分析在水污染防治投资预测中的应用
◆ 四川省行业绿色信贷指南制定实践探讨
◆ 我国环境经济政策的研究进展及其展望
◆ 浙江省发展低碳经济战略对策研究

协整分析在水污染防治投资预测中的应用[①]

Application of Cointegration Analysis in Forecasting Investment of Water Pollution Controlling

朱建华[1] 逯元堂[1] 刘改妮[2]

（1. 环境保护部环境规划院，北京 100012;

2. 北京师范大学，北京 100875）

[摘 要] "六五"至"十五"期间，我国水污染防治逐年发展起来。"十一五"期间我国水污染防治取得较大进展，"十二五"期间国家将进一步加大对水污染防治的投资，确保减排目标实现，水质继续有所改善。本研究对三种预测方法进行了比较筛选，并对 2006—2008 年水污染防治投资进行分解采集。根据 2001—2008 年水污染防治投资数据，经协整分析，我国水污染防治投资与 GDP 呈长期均衡关系。基于此均衡关系，对"十二五"期间我国水污染防治投资进行了初步预测，结果表明："十二五"期间我国水污染防治投资约为 1 万亿元，预测结果较为合理，方法较其他预测方法更为合适。基于以上研究，提出"十二五"期间我国水污染防治工作相关建议。

[关键词] 水污染防治 投资 协整分析 预测

Abstract China's water pollution controlling gradually developed from "Sixth Five-Year Plan" to "Tenth Five-Year Plan". During the "Eleventh Five-Year Plan" period，the water pollution controlling made great progress. The investment will be increased in order to ensure the emission reduction targets and water quality improved during the "Twelfth Five-Year Plan" period in China. This research compares the three forecast methods，and decomposes the data of water pollution controlling investment from 2006 to 2008.According to the data of water pollution controlling investment，the cointegration analysis shows that long-term equilibrium relationship exists between water pollution controlling investment and GDP. Based on the equilibrium relationship，the research predicts the water pollution controlling investment during the "Twelfth Five-Year Plan" period. The result shows that water pollution controlling investment is about one trillion during the "Twelfth Five-Year Plan" period. Prediction is reasonable，and the method is more appropriate than other methods. This research put forward related recommendations for water pollution controlling work during the "Twelfth Five-Year Plan" period.

Keywords Water pollution controlling，Investment，Cointegration analysis，Forecast

① 基金项目：国家科技重大专项"国家水体污染控制与治理"子课题"水环境保护投融资政策与示范研究"（2008ZX07633-01-002）。

作者简介：朱建华，硕士研究生，助理研究员，主要研究方向：环境公共财政与投融资。

现行的环境保护投资统计主要包括城市环境基础设施建设投资、工业污染源治理投资、建设项目"三同时"环保投资三部分。水污染治理投资主要来源于工业污染源治理投资中的废水治理投资、建设项目"三同时"环保投资中的废水治理投资、城市环境基础设施建设投资中的排水投资。目前，国内关于环境保护投资和固定资产投资预测等研究较为成熟，本研究分析了各种投资预测方法适用范围、限制条件以及精确性等方面的差异，在对多种方法的综合对比后，选择应用协整分析预测水污染防治投资。在对水污染防治投资宏观预测模型相关参数进行修正的基础上，构建适用于水污染防治投资需求测算的宏观预测模型。经综合分析后，模型预测效果较好，方法适用性最好。本研究为"十二五"水污染防治决策提供技术支持，对进一步推进水污染防治工作，保障资金来源渠道，落实配套措施，具有一定的现实意义。

1 我国水污染防治投资概况

1.1 "六五"至"十五"我国水污染防治投资

20 世纪 80 年代，随着城市化进程的加快和城市水污染问题日益严重，城市排水设施建设有了较快发展。国家"七五"、"八五"、"九五"科技攻关课题的建立，使我国污水处理的新技术、污泥处理的新技术、再生水回用的新技术都取得了可喜的科研成果，一些项目达到国际先进水平，我国的污水处理事业也得到了快速的发展。"十五"期间，我国"十五"水污染防治投资已达到 2 658 亿元，取得了较好的成绩。城镇污水处理事业迅速发展，截至 2005 年，全国 661 个设市城市中，有 383 个城市建成污水处理厂 791 座，污水处理率由 2000 年的 34%提高到 52%，其中有 135 个的城市污水处理率已达到或接近 70%。同时，再生水利用量每年近 20 亿 m³，对缓解水资源短缺起到了积极作用。工业废水治理投资已达到 471 亿元，增长速度较快，2005 年比 2001 年增加了 91.7%。

1.2 "十一五"我国水污染防治投资

"十一五"期间，国家十分重视水污染防治工作，继续加大了对水污染防治投资的支持力度。初步估计，我国水污染防治投资将达到 5 830 亿元，比"十五"增长了 119.3%，发展较为迅猛。我国城镇污水处理设施建设在"十五"的基础之上取得较大进展，截至 2010 年，全国已建成投运城镇污水处理厂 2 832 座，处理能力 1.25 亿 m³/d，分别比 2005 年增加了 210%和 108%，90%以上的设市城市和 60%以上的县城建成投运了污水处理厂，北京、上海、浙江、河南、山东、江苏、安徽、天津等 16 个省（直辖市、自治区）实现了县县建有污水处理厂，全国城市污水处理率达到 77.4%，比 2005 年提高 25 个百分点，污水处理能力超额完成"十一五"规划确定的 1.05 亿 m³/d 的目标。"十一五"前 4 年，全国污水处理设施建设投资累计达到 2 593.4 亿元，其中城市 1 967.3 亿元，县城 626 亿元，年均增速 26.9%，按此测算，到 2010 年年底，全国污水处理设施建设投资累计将达到 3 900 亿元，总投资规模超过《全国城镇污水处理及再生利用设施"十一五"建设规划》投资 3 320 亿元的目标值。"十一五"前 4 年，工业废水治理投资已达到 691 亿元，预计到"十一五"末工业废水治理投资较"十五"投资翻一倍。

2 水污染防治投资预测方法对比分析

目前，关于水污染防治投资预测的研究尚处于空白状态，而关于投资的预测方法学研究较为成熟，如灰色系统、时间序列、协整分析等。郭志达、张洪玉、张国永利用 GM（1，1）模型预测 2000—2004 年我国的环保投资，预测精度较高，相对误差控制在 2% 以内，然而在此基础之上预测"十一五"期间我国环保投资情况，预测精度下降明显，主要由于 GM（1，1）模型的单变量变化率是一个指数分量，随时间的发展变化过程是单调的，当动态序列满足检验要求时，预测效果较好，反之则不理想。吴海军利用 ARIMA 模型预测 2001—2005 年北京市全社会固定资产投资，预测和实际值的差异较小，说明模型预测的效果较好，说明 ARIMA 模型在短期内预测比较准确，随着预测期的延长，相对误差会逐渐增大，但是该模型要求大量的数据样本。环境规划院基于协整分析方法构建环保投资、GDP、固定资产投资和财政收入四变量长期均衡关系式，并根据该关系式研究预测 2008 年预计环保投资将达到 4 447.07 亿元左右，当年实际的环保投资为 4 490.3 亿元，相对误差为 1%，预测精度较高，短期预测效果较好，构建模型的样本量要求适中，同样随着预测期的延长，相对误差会逐渐增大。

　　三种方法对于短期预测基本上都有较好的效果，长期预测误差会增大。但是，灰色系统模型 GM（1，1）要求序列近似符合指数函数规律才会有较好的预测效果；灰色系统模型 GIM（1）要求序列近似满足线性幂函数规律才会有较好的预测效果；时间序列模型中，不论是平稳序列构建 ARMA 模型，还是非平稳序列构建 ARIMA 模型，都要求较大的样本量才会有较好的预测效果；协整分析要求序列满足一定的单整条件方可建模。根据各模型的特征和要求，基于现有的"十一五"期间废水投资及相关数据，本文采用协整分析建模方法预测"十二五"期间我国水污染防治投资。

表 1　预测方法比较

方　案	数据要求	预测精度		应用情况
		短期	中长期	
灰色系统预测法	若干年份，样本数量要求小	精度较高	精度低	较为广泛
时间序列预测法	样本数量要求大	精度较高	精度较低	广泛
协整分析预测法	样本数量要求适中	精度较高	精度较低	广泛

3　基于协整分析的水污染防治投资预测方法构建

3.1　数据采集

　　"十一五"期间，由于统计制度变化，建设项目"三同时"环保投资不能按照要素分解，总的水污染防治投资不能直接获得。故采用比重法分解建设项目"三同时"环保投资，综合考虑 2001—2005 年建设项目"三同时"环保投资中的废水治理投资占建设项目"三同时"环保投资的比例，分别为 20.0%、20.1%、29.2%、32.9%、30.8%，由 5 年的比例变动规律可以看出，2004 年达到峰值，2005 年之后呈下降趋势。水污染防治是"十一五"规划的重点领域，水污染防治投资仍然是投资的主要方向之一。综合考虑，"十一五"前 3 年建设项目"三同时"环保投资中水污染防治投资预计约占建设项目"三同时"环保投资的比例为 30%、29% 和 28%，那么计算可得"十一五"前 3 年水污染防治投资分别为 712.8 亿元、1 002.6 亿元和 1 291.7 亿元，总计约 3 012.5 亿元，超过"十五"总体水平。

表2　2001—2008 年水污染防治投资情况　　　　　　　　　　　单位：亿元

年份	小计	水污染防治投资		
		城市环境基础设施建设投资	工业污染源治理投资	建设项目"三同时"环保投资
2001	364.7	224.5	72.9	67.3
2002	424.8	275.0	71.5	78.3
2003	560.1	375.2	87.4	97.5
2004	609.4	352.3	105.6	151.5
2005	699.0	368.0	133.7	197.3
2006	712.8	331.5	151.1	230.2
2007	1 002.6	410.0	196.1	396.5
2008	1 291.7	496.0	194.6	601.1

数据来源：《中国环境统计年报2008》。

3.2　协整分析

表 3 是 2001—2008 年水污染防治投资和相关经济指标数据，首先对样本数据进行对数化处理，不改变指标特征。从图 1 可以看出，水污染治理投资与经济指标变动方向基本一致，说明它们之间具有一定的关联性。

表3　2001—2008 年水污染防治投资与相关经济参数　　　　　　单位：亿元

年份	水污染防治投资	GDP	固定资产投资	工业增加值	财政收入
2001	364.7	109 655.2	37 213.5	28 329.4	16 386.04
2002	424.8	120 332.7	43 499.9	32 994.8	18 903.64
2003	560.1	135 822.8	55 566.6	41 990.2	21 715.25
2004	609.4	159 878.3	70 477.4	54 805.1	26 396.47
2005	699	183 867.9	88 773.6	72 187	31 649.29
2006	712.8	210 871	109 998.2	91 075.7	38 760.2
2007	1 002.6	249 529.9	137 323.9	117 048.4	51 321.78
2008	1 291.7	300 670	172 828.4	—	61 330

数据来源：《中国统计年鉴》和《中国环境统计年报》，2006—2008 年水污染治理投资数据为估算数据，2008 年无工业增加值数据，不再统计。

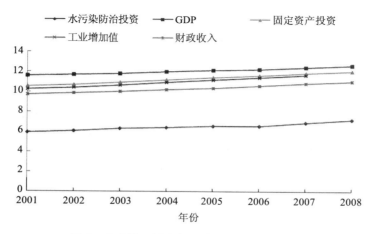

图 1　废水治理投资与经济指标数据取对数

设水污染防治投资为 WI，固定资产投资为 AI，工业增加值为 IAV，财政收入为 PF，对数化后的变量可分别设定为 lnWI、lnIVA、lnGDP、lnAI、lnPF。对序列进行 ADF 检验，检验结果见表 4：

表 4　各变量 ADF 检验结果

变　量	检验形式 （C，T，K）	ADF 检验值	5%临界值	变　量	检验形式 （C，T，K）	ADF 检验值	5%临界值
lnWI	（C，T，1）	−1.964 348	−4.773 194	Δ^2lnWI	（C，T，0）	−6.087 703	−5.338 346
lnGDP	（C，T，1）	−0.543 251	−4.773 194	Δ^2lnGDP	（0，0，1）	−2.868 433	−2.082 319
lnIVA	（C，T，1）	−1.752 386	−5.338 346	ΔlnIVA	（C，T，1）	−74.851 79	−5.338 346
lnAI	（C，T，1）	−2.845 543	−4.773 194	ΔlnAI	（C，T，0）	−7.509 510	−4.773 194
lnPF	（C，T，1）	−0.400 724	−4.773 194	ΔlnPF	（C，T，1）	−74.851 79	−5.338 346

由表 4 可知，lnWI、lnGDP、lnIVA、lnAI 和 lnPF 的 t 统计量值比显著性水平为 5%的临界值大，所以，三序列都存在单位根，都是非平稳的。经一阶差分后，lnIVA、lnAI 和 lnPF 三序列在 5%的显著水平下是平稳的，得到 lnGDP～I（1）、lnAI～I（1）、lnPF～I（1）、lnWI～I（2）、lnGDP～I（2）。四经济指标和水污染防治投资的单整情况不满足拓展的 EG 两步法检验变量间是否存在协整关系的必要条件。但是 lnWI 和 lnGDP 满足同阶单整，构造检验方程：

$$\text{lnWI} = 1.149\,821\,422 \times \text{lnGDP} - 7.387\,999\,254 \tag{1}$$

t-统计检验：　　　　　（13.037 86）　（−6.940 346）

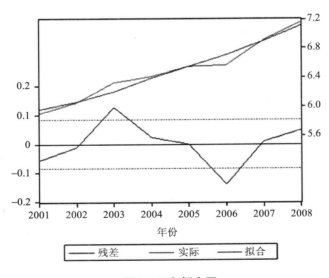

图 2　回归拟合图

对残差序列 e 进行单位根检验，结果见表 5：

表5 残差序列 *e* 的 ADF 检验结果

ADF 检验统计量	−2.246 416	1%临界值	−3.007 406
		5%临界值	−2.021 193
		10%临界值	−1.597 291

从表 5 可以得出，在 5%的显著性水平下，残差序列是平稳的，说明它们之间存在协整关系，即长期均衡关系。

3.3 基于协整分析的"十二五"水污染防治投资宏观预测

根据国家统计局发布的《中华人民共和国 2010 年国民经济和社会发展统计公报》及《中华人民共和国国民经济和社会发展第十二个五年规划纲要》，我国"十二五"期间国内生产总值年均增长 7%，预测 2011—2015 年我国 GDP 分别为：425 842 亿元、455 651 亿元、487 546 亿元、521 675 亿元、558 192 亿元。

根据方程（1）预测，"十二五"期间我国水污染防治投资将达到 10 795.2 亿元，结果如表 6 所示：

表6 2011—2015 年我国水污染防治投资预测值　　　　单位：亿元

年份	2011	2012	2013	2014	2015	合计
预测值	1 836.8	1 985.4	2 146.0	2 319.6	2 507.3	10 795.2

4 结论

"十五"和"十一五"期间，我国水污染防治投资分别约占环保投资的比重为 32%、35%。"十二五"期间，水污染防治仍是环境污染治理的重中之重，按照水污染防治投资占环保投资（初步按 3.4 万亿元计算）的比重为 35%（比"十五"略有增加，与"十一五"基本持平）估算，约为 11 900 亿元。基于灰色系统，环境保护部环境规划院初步预测，"十二五"期间我国水污染防治投资约为 15 058 亿元，占环保投资的比重约为 49%，比重明显偏高。基于时间序列，模型要求的数据样本量达不到要求，操作受限。综合比较，协整分析预测结果较为合理，方法最为合适。

"十二五"期间，按照规划要求，全国化学需氧量排放总量比 2010 年减少 8%，地表水国控断面劣 V 类水质的比例小于 20%，七大水系国控断面好于III类的比例大于 60%。我国水污染防治工作在"十一五"基础之上，在保持原有约束指标达标之外新增了一项约束指标——氨氮，要求其排放总量比 2010 年减少 10%。为保证目标实现，国家将继续加大财政支持，预计"十二五"期间将下达"三河三湖"及松花江流域水污染防治专项补助资金 250 亿～300 亿元，城镇污水处理设施配套管网"以奖代补"专项资金约为 750 亿元，专门用于水污染防治。此外，"十二五"期间国家将下达中央环保专项资金约为 100 亿元，重金属污染防治专项资金约为 150 亿元，两项专项资金的一定比例用于水污染防治。

水污染防治投资在保障减排目标实现的基础之上，应致力于努力提高饮水安全保障水平。与此同时，国家应进一步完善水污染防治保障机制，鼓励水环境保护范畴的制度创新，建立财政直接投入的稳固增长机制，加强金融支持，构建多元化投融资机制。

参考文献

[1] 李子奈. 计量经济学[M]. 北京：高等教育出版社，2000.

[2] 向跃霖. GIM（1）灰色模型预测环保投资趋势的可行性探析[J]. 重庆环境科学，1996，18（3）：45-48.

[3] 郭志达，张洪玉，张国荣. 灰色预测模型 GM（1，1）在中国环保投资总额预测中的应用[J]. 中国管理科学，2007，15：365-369.

[4] 吴海军. ARIMA 模型在北京市全社会固定资产投资预测中的应用[J]. 经济研究导刊，2007，2（9）：131-133.

[5] 吴舜泽，朱建华，逯元堂. 着力构建环保投资随经济发展的内生增长机制[J]. 重要信息参考，2008，25（51）.

[6] 中华人民共和国住房和城乡建设部. 建设部副部长仇保兴在全国水污染防治工作电视电话会议上的发言[EB/OL]. http://www.mohurd.gov.cn/ldjh/jsbfld/200611/t20061101_165383.htm.

[7] 广西壮族自治区发展和改革委员会. 国家发展改革委住房城乡建设部联合在我区召开全国城镇污水处理设施建设及运营经验交流会[EB/OL]. http://www.gxdrc.gov.cn/cslm/zyhb/201106/t20110617_328806.htm.

[8] 国务院. "十二五"全国城镇污水处理及再生利用设施建设规划[EB/OL].（2012-05-04）[2012-04-19]. http://www.gov.cn/zwgk/2012-05/04/content-2129670.htm.

[9] 国务院. 国家环境保护"十二五"规划[EB/OL].（2011-12-20）[2011-12-15]. http://www.gov.cn/zwgk/2011-12/20/content-2024895.htm.

四川省行业绿色信贷指南制定实践探讨

A research About the Development Practice of the Industry Green Credit Guideline in Sichuan Province

刘新民[①]　吕晓彤　胡颖铭　倪蔚佳　陈明扬

（四川省环境保护科学研究院，成都　610041）

[摘　要]　由于环境信息的不透明和评价标准的缺失，使得绿色信贷的执行效果受到了影响，建立信息共享机制，同时制定企业环境风险评价标准成为亟须。2010 年 9 月《四川省钒钛钢铁行业绿色信贷指南》发布，该《指南》构建了四川省钒钛钢铁行业贷款企业或项目在环境风险评估方面的评价方法，成为中国首部行业性绿色信贷指南。文章回顾了《指南》的制定过程，介绍了定量定性指标体系、环境风险评价方法、绿色信贷分级管理等《指南》主要内容，并与《中国钢铁行业绿色信贷指南》做了比较，认为要保证行业绿色信贷指南的科学性和可操作性，必须做到：①确定好地区行业特殊性的衡量标准；②区分具体项目贷款和企业资产重组及运营资金贷款的环境风险；③评估绿色信贷指南的实施对行业的影响；④设计对节能减排技术改造项目的鼓励条款；⑤增加对贷款中、贷款后的环境风险进行动态监控的内容；⑥逐步建立绿色信贷环境风险评估的环境专家库；⑦做好和银行业界的沟通。

[关键词]　绿色信贷　指南　环境风险　评估　行业

Abstract　The implementation process of the "green credit policy" has been encountered a number of challenges including insufficient environmental information, infeasible standards. It is urgent to establish the information sharing mechanism, and to develop the risk rating standards. With the release of "Sichuan Vanadium and Titanium Steel and Iron Sector Green Credit Guideline" in September 2009, a environmental risk assessment evaluation methods about Sichuan Vanadium and Titanium Steel industry loans to businesses or projects was built in the Guideline, which has became China's first industry-green credit guidelines. The paper looked back the formulating process of the Green Credit Guideline, introducing some main contents of the guideline, including qualitative and quantitative evaluation indicators, evaluation methodology for environment risks, classification of green credit ratings; also, it compared with the Green Credit Guide for China's Steel and Iron Industry, indicating that some points are necessary to ensure the scientificity and operability of the Green Credit Guideline, they are：①defining the measurable standard of the particularity in different industries and regions；

---

① 作者简介：刘新民，四川省环境保护科学研究院环境经济政策研究所，助理研究员，主要从事经济学、环境法学、环境经济政策研究；联系地址：成都市人民南路 4 段 18 号，电话和传真：028-85557591，13281277128；E-mail：xinmin0620@126.com。

②distinguishing the environmental risks in loans for specific projects and the risks in loans for business assets reconfiguration and operation capital；③evaluating the effect of the Green Credit Guideline on the industry；④designing clauses concerning encouragement for projects which have technological transformation for energy saving and emission reduction；⑤adding contents about dynamic supervisory of environmental risks in and after the process of loan；⑥building up a database of environment experts specialized in risk assessment of Green Credit gradually；⑦doing good communication with banking industry.

Keywords　Green credit，The guideline，Environmental risk，Assessment，Industry

2007 年 7 月，中国推出了"绿色信贷"政策，通过在金融信贷领域设立环境准入门槛，对不符合产业政策和环境违法的企业、项目进行信贷控制，切断高能耗、高污染行业无序发展和盲目扩张的资金来源，从而加强环境管理，促进污染减排，防范信贷风险。但在实际操作中，银行部门普遍反映对贷款企业缺少全面的环境信息掌控和具体的可操作性的评价标准，亟须建立信息共享机制，同时制定企业贷款环境风险评价标准。

2010 年 9 月《四川省钒钛钢铁行业绿色信贷指南》（以下简称《指南》）发布，《指南》构建了四川省钒钛钢铁行业贷款企业或项目在环境风险评估方面的评价方法，成为中国首部行业性绿色信贷指南。

1　《指南》的制定过程

编制组对绿色信贷政策进行了梳理，对钢铁行业所涉环境法规、标准及政策进行了整理，对四川省钢铁行业基本情况作了初步了解，并研习了"赤道原则"，在此基础上设计了《指南》框架性结构；之后，前往钢铁企业调研，就四川省钢铁行业发展特色、技术水平、资源利用及节能减排等情况咨询钢铁行业专家意见，又与四川银监局和多家商业银行进行交流，了解银行业开展绿色信贷现状及对《指南》的意见，完成了《指南》的初稿；初稿完成后，广泛征求钢铁行业和银行业等行业意见、专家意见和行政部门意见，经过反复修改和专家评审，最终制定出《指南》。下面就制定过程中一些重要环节做专门介绍。

1.1　研习"赤道原则"

"赤道原则"是用以确定、评估和管理项目融资过程所涉及社会和环境风险的金融界指标。"赤道原则"是世界上第一个把项目融资中模糊的环境和社会标准明确化、具体化的文件，使整个银行业环境与社会标准得以基本统一，使环境与社会可持续发展落到实处。[1]

绿色信贷源于"赤道原则"，通过研习"赤道原则"，编制组发现"赤道原则"与中国的绿色信贷在政策目标、政策性质、适用对象和范围、政策内涵、银行业的参与形式和程度、社会力量发挥作用等多方面都存在明显区别。[2]《指南》是在学习和借鉴"赤道原则"基础上，充分考虑我国绿色信贷自身特点基础上制定出来的。

1.2　确定准入门槛

确定准入门槛即构建某些指标体系，该类指标体系和其他指标体系相比具有"一票否决"的作用。

编制组在确定准入门槛的初期，曾想把企业或项目的一些严重违反环境法律法规的行为排除在准入门槛之外（如企业污染物排放总量超过许可证总量，污染物综合达标率低于一定程度；项目未经环境影响评价审批，所涉生产工艺、装备与技术属于淘汰类）。

但在确定哪些属于准入门槛的时候存在争议，已经开展绿色信贷实践的商业银行的做法也有差异。同时，不同的准入门槛标准可能相互重复（如所涉生产工艺、装备与技术属于淘汰类与未经环境影响评价审批）。考虑到《指南》的可操作性，同时综合考虑环境影响评价审批的管理现状和钢铁行业不同生产过程对环境的影响程度，《指南》最终对准入门槛设定为：如果涉及焦化、烧结、球团、炼铁、炼钢等生产流程的建设项目没有经过省级以上环境保护主管部门环境影响评价审批，其他建设项目没有经过环境影响评价审批，则不予贷款。

1.3 构建评价指标体系

构建科学合理的评价指标体系是评估贷款企业或项目环境风险的核心，编制组为此几易其稿。不同编制阶段的评价指标体系见表1。

表1　不同编制阶段的评价指标体系

阶段	企　业	项　目
第一稿	（1）环境法规执行情况；（2）政策符合情况；（3）非强制标准执行情况；（4）环境管理制度及环境风险预案落实情况	（1）环境管理情况；（2）政策符合情况；（3）环境影响情况；（4）环境风险防范情况
第二稿	（1）一级过滤；（2）二级考核：两年内因环境原因遭行政处罚、两年内发生环境污染事故、能耗和污染虽达标但不稳定、环境管理措施不到位、公众监督情况暴露问题；（3）三级评估：循环经济试点企业、清洁生产先进企业、环境友好型企业、环保认证等环保先进奖励	（1）一级过滤；（2）二级考核：限制类工艺、高能耗类、高污染类、低清洁度；（3）三级评估：鼓励类工艺、综合利用类、资源节约类、环境保护类、清洁生产类、循环经济类
第三稿	（1）准入标准；（2）评估标准：污染物控制、执行环保法律法规、能源消耗和资源综合利用、环境管理和公众监督、生产工艺装备及技术和产品	（1）准入标准；（2）评估标准：污染物控制、执行环保法律法规、能源消耗和资源综合利用、环境管理和公众监督、生产工艺装备及技术和产品、环境友好
第四稿	（1）综合绩效定量评估：能源指标、资源指标、综合利用指标、生产技术特征指标、排放指标；（2）综合绩效定性评估：环境法律法规和政策、企业厂址环境敏感性、环境管理	建设项目建设期环境绩效绩效评估：建设期环境影响、建设期环境管理；将建设项目建成后的环境绩效融入企业环境绩效综合考虑
第五稿	（1）区分了长流程和短流程；（2）开始考虑钒钛特征指标	取消对建设项目建设期环境绩效评估
终稿	（1）不再区分企业与项目之分；（2）取消了钒钛特征指标；（3）修改定性指标：产业政策、环境敏感程度、遵守环境法律法规、企业环境管理情况、企业绩效情况	

第一稿的评价指标体系比较粗糙，但确定了评估环境风险的方向，为以后评价指标体系的不断完善奠定了重要基础。

第二稿的评价指标体系有了确定的政策含义，一级过滤是银行贷款的准入条件；经过准入门槛后，却有一种或多种情形属于二级考核指标范畴的，银行在考虑贷款过程中，应严格坚持审慎性原则，充分考虑环境风险，并采取必要措施予以防范；经过准入门槛又没有属于二级考核指标范畴的，并且有一种或多种情形属于三级考核指标范畴，银行在贷款过程中，可给予优先支持。

第三稿是对第二稿的进一步完善，使得评价指标体系更为精细，并且更加符合实际情况。

第四稿第一次把指标体系分为定量和定性两套指标体系，并且创造性地把对贷款项目的环境风险评估融入了贷款企业环境风险评估。

第五稿进一步反映了有关实际情况，区分了钢铁行业中的长流程工艺与短流程工艺，专门设计了体现钒钛特点的指标，并考虑到可操作性，取消了建设项目建设期环境绩效评估。

终稿为了避免区分企业与建设项目带来的不确定性，取消了企业与建设项目之分，为了避免钒钛特征指标带来的科学性争议，取消了钒钛特征指标，同时对定性指标体系进行了规范。

1.4　选择评价方法

指标体系构建后，编制组用层次分析法确定了各指标的权重。并根据定性指标体系的权重，采用不符合要求倒扣分的方法，计算出了定性指标体系的最终环境绩效得分。

对于定量评价指标体系，编制组曾想通过构建模型，以清洁生产标准国内一般水平、国内先进水平和国际先进水平为划定依据确定评语等级论域，最终用模糊综合评价方法来计算其环境绩效得分。模糊综合评价方法计算出的结果更为精细，但该方法需要的技术储备颇高，一般银行操作人员也难以理解。为简化操作，编制组仍以清洁生产标准国际先进水平、国内先进水平和国内一般水平为划分依据，凡没有达到国际先进水平的，则减分，并根据水平差异，减分也有所不同。但简化方法要求对每个指标的不同水平必须清晰划定，仍有一定难度。最后，评价方法简化为凡达不到攀钢集团水平的则减相同分的方式计算出了定量评价指标体系的环境绩效得分。

2　《指南》主要内容及特点

2.1　《指南》适用范围

《指南》主要适用于四川省钒钛钢铁行业。之所以选择钒钛钢铁行业，是因为四川省的钢铁行业钒钛特色突出。四川攀西地区的钒钛资源储量分别占全国总量的52%和90%，四川已成为国内第一、世界第二的钒制品生产基地和国内最大的钛产业基地。钒钛钢铁生产和一般钢铁生产相比具有其特殊性，制定钒钛钢铁行业绿色信贷指南有别于国家制定的钢铁行业绿色信贷指南。

2.2　《指南》评价方法

《指南》设计了定性和定量两套指标体系。定性评价指标主要根据国家产业发展政策、环境保护法律法规及企业环保表现选定，定量评价指标主要根据能源资源消耗、污染排放、综合利用和生产技术情况等选定。由于国家还未制定钒钛钢铁生产的能源资源消耗、污染排放、综合利用等行业标准，《指南》中的定量标准主要参照攀钢集团钒钛钢铁生产的相关指标。

《指南》对定性与定量指标的评价采取计分方式进行，满分分别为 100 分，按照各项指标实际达到值或实际情况进行加减分。将定性指标得分与定量指标得分相加除以 2，得出企业或项目申请贷款的评价分。

2.3 《指南》成果运用

《指南》首先建议对环境影响评价审批实行"一票否决制"，如果建设项目没有经过环境影响评价审批，则不予贷款。

在满足环境影响评价审批的前提下，《指南》根据最后得分情况，建议对绿色信贷等级分为四级，即优先贷款、可以贷款、谨慎贷款、不予贷款。

2.4 《中国钢铁行业绿色信贷指南》与《指南》的比较

2010 年 12 月发布的《中国钢铁行业绿色信贷指南》和《指南》相比，把贷款对象分为了三类，即包含主体设施的项目贷款、主体设施之外的项目贷款和钢铁企业资产重组及运营资金贷款，并认为主体设施之外的项目贷款环境风险较小，无须利用其构建的指标体系做专门评估，而另外两类则要专门进行环境风险评估，但对这两类没有做区分；没有规定"一票否决制"，对主体生产设施未经环境影响评价批复的，每项倒扣 5 分；在所构建的指标体系及判分标准方面也存在着一些差异。

即使不考虑四川钒钛钢铁行业特殊性这一因素，《中国钢铁行业绿色信贷指南》和《指南》相比也有着诸多差异。两个"指南"虽各有亮点，但也存在各自问题，这说明"行业绿色信贷指南"在制定过程中，对一些关键性问题仍没有取得一致性看法，仍有一些问题需要进一步探讨。

3 相关问题及探讨

3.1 地区行业特征值的量化

以《指南》制定为例，四川省钒钛磁铁矿属于高含硫铁矿和低品位矿，污染治理难度大，同时由于回收资源中伴生的钒钛资源，相比普通生铁炼钢工序能耗更高。如何结合四川实际制定更具可操作性的信贷指南成为必须要解决的难题。

编制组曾经想构建专门体现四川钒钛特殊性的指标（如钒资源综合利用率），如果其钒资源综合利用率达到了一定标准，则通过该指标所赋予的分值给贷款企业或项目加分，从而从一定程度上修正四川钒钛磁铁矿导致的高能耗；编制组也试图按照钒钛资源利用情况区分两套指标体系，凡钒钛资源利用率达到一定标准（如钒钛矿入炉比例≥50%），则采用另外一套对能耗指标进行修正的指标体系予以评判；而对于四川高含硫磁铁矿的特点，编制组曾试图用脱硫率代替二氧化硫排放量指标。最终考虑到数据的缺失和四川钢铁行业的实际情况，编制组确定了攀钢集团相关指标的实际水平作为先进水平。

所以要制定科学合理的"行业绿色信贷指南"，除了遵循行业通用的政策标准外，必须对行业及所在区域的原料、工艺特点进行深入的研究。

3.2 建设项目贷款与企业贷款的区分

建设项目贷款和企业贷款在环境风险评估中存在区别。[3]编制组在《指南》制定之初构建了对建设项目贷款和企业贷款的两套不同评价指标体系，区分了如表 2 所示的 4 种不同情形。

表2　绿色信贷企业评估与项目评估适用情形

情　形	评估对象	备　注
新建企业新建项目	仅对项目进行评估	项目评估即企业评估，不涉及老企业
流动性贷款	仅对企业进行评估	包括流动资金贷款、贸易融资、票据业务等非因建设项目原因向银行贷款
建设项目贷款	同时对项目和企业进行评估	包括建设项目的新建、改建、扩建等因建设项目原因向银行贷款
项目融资	仅对项目进行评估	这里的"项目融资"指贷款方主要以单一项目所产生的收益作为还款的资金来源与风险的抵押品

　　但区分建设项目贷款和企业贷款带给银行的不同信用风险并不容易，因为建设项目贷款大多数时候并不是脱离企业这个载体而单独存在的，这和"赤道原则"所适用的项目融资并不相同，最终在《指南》中，编制组取消了企业与项目的区分。

　　可以尝试将建设项目看做企业的一部分，单独考虑建设项目建设期的环境风险，而将建设项目建成后产生的环境影响反映在企业整体上面，考虑建设项目建成后的企业整体环境风险，这在主要考虑企业环境风险的同时，其实也融入了对建设项目环境风险的考虑。

3.3　鼓励性条款的设计

　　鼓励性条款指体现按照可持续改进的原则，对为解决高污染、高耗能而进行的技术改造予以特殊鼓励的条款。据不完全统计，截至2010年3月在四川的四大商业银行向钢铁行业的贷款中绝大多数为流动性贷款，技术改造贷款仅占1.47%。这不利于钢铁行业的节能减排，应在"行业绿色信贷指南"中体现对有利于节能减排的技术改造项目的鼓励。

　　现假设 P_1 为项目未建设前企业的环境绩效；P_1' 为项目建成后其所在企业的环境绩效；R 为项目建成后企业环境绩效的变化值；E 是依据对企业环境绩效持续改进的鼓励原则，设定的修正值，E 的正负取决于 R 的正负，$|E|$ 由 $|R|$ 决定，具体见表3，则项目建成后企业环境绩效的修正值 P_2 为：$P_2 = P_1 + R + E$（其中 $R = P_1' - P_1$）。通过对项目建成后企业环境绩效的修正，就体现了对技术改造的特殊鼓励。

表3　$|E|$ 的取值

$|R|$	$|E|$
$0 < |R| \leqslant 5$	2
$5 < |R| \leqslant 10$	4
$10 < |R| \leqslant 15$	9
$15 < |R| \leqslant 20$	12
$20 < |R|$	16

3.4　贷款中、贷款后环境风险的动态监控

　　对于贷款中、贷款后环境风险的动态监控，可以通过银行与贷款企业或项目签订贷款合同时规定环境信息的披露机制予以解决，这样又较好地解决了环境信息在绿色信贷执行

过程中的不透明问题。"行业绿色信贷指南"可以规定环境信息披露的内容及具体格式，并指导银行根据所获取的环境信息，采取进一步的行动。具体设计原则见表4。

表4 贷款中、贷款后环境风险的动态监控

阶　　段	情形及评估要素
环境信息披露	定期报告内容：环境管理信息（企业对环境的影响；企业在环境保护方面的活动；企业的环境管理方针及环境目标实现途径；企业对环境法规的执行情况）；企业会计信息（环境支出、环境负债、环境收入）；环境绩效信息
	定期报告披露间隔：半年一次
	不定期报告：建议银行在贷款合同中约定，如果贷款企业发生或有可能发生较大环境事件，或银行发现贷款企业有可能发生较大环境事件，则贷款企业有义务向银行提供，或银行有权要求贷款企业提供
采取措施	一级过滤（坚决回收）：（1）污染物排放超过国家或地方排放标准；（2）污染物排放总量超过地方人民政府核定的排放总量控制指标的污染严重的企业；（3）被列入落后生产能力名单；（4）被环境保护行政主管部门给予停产、停业、关闭、吊销营业执照处罚的；（5）"三同时"制度未执行；（6）未经过环保验收
	二级考核（调整贷款期限，压缩贷款规模，提高专项准备，从严评定贷款等级）：（1）能耗、污染虽然达标但不稳定；（2）节能减排目标责任不明确；（3）环境管理措施不到位；（4）发生重大、特大环境污染事故或事件的企业；（5）拒不执行生效的环境行政处罚的企业；（6）挂牌督办企业；（7）限期治理企业；（8）在一年内被环境保护行政主管部门给予警告、罚款以下处罚3次以上的
	三级评估（给予密切关注）：（1）该企业所在地区或流域被限批；（2）发生环境污染事故或事件的企业；（3）未经环境保护行政主管部门同意，擅自拆除或者闲置防治污染设施的；（4）在一年内被环境保护行政主管部门给予警告、罚款以下处罚的

3.5　银行意见的听取

在"行业绿色信贷指南"的制定过程中，最好应由环保部门和银行部门共同参与。单独由银行部门来制定，银行对贷款企业或项目的环境风险点难以把握，而单独由环保部门制定，环保部门将"环境风险"转化为"信用风险"的能力又欠缺。环保部门单独制定"行业绿色信贷指南"的过程中，应特别注意听取银行部门的意见，这是"行业绿色信贷指南"成功与否的关键。

3.6　环境专家库的建立

环境风险评估的专业性强，"行业绿色信贷指南"的制定虽然要简单易懂，但由于银行操作人员知识面和信息可得性等原因，仍然会面临一些困难。为了更好地实施"行业绿色信贷指南"，应做好人才准备工作（分为内部人才准备和外部人才准备）。所谓内部人才准备，就是商业银行要在银行内部进行人员培训，使相关人员在环境知识、相关政策分析等方面有较深刻的认识，培养或引进一批了解国家政策和环保领域的银行专业环境风险控制人才；所谓外部人才准备，就是商业银行聘请一些社会专家或环保专业人士开展相关工作，或通过具有相关资质的第三方进行独立的环境风险评估，编写评估报告。

3.7　"行业绿色信贷指南"实施影响的评估

为保证"行业绿色信贷指南"的实施效果不会对资源配置带来扭曲，"行业绿色信贷

指南"的实施要特别谨慎。在"行业绿色信贷指南"实施前，要组织专门力量对"行业绿色信贷指南"实施的影响进行模拟评估。即使经过了"行业绿色信贷指南"模拟评估，仍要对"行业绿色信贷指南"实施的配套条件——企业环保信息获取现状进行评估。因为银行对环境风险的评估，除了"行业绿色信贷指南"之外，还需充分掌握企业环保信息才能全面落实对企业或项目的环境评估和审查。[4]

4　结论

绿色信贷的实施是一个系统工程，而"行业绿色信贷指南"的制定仅是整个系统工程的一部分，绿色信贷实施过程中其他层面存在的问题，并不是仅通过制定"行业绿色信贷指南"就能解决的。

但"行业绿色信贷指南"的制定无疑是绿色信贷实施的一个关键问题。"行业绿色信贷指南"的制定是一个需要逐步完善的过程，要保证"行业绿色信贷指南"的科学性和可操作性，必须：①确定好地区行业特殊性的衡量标准；②区分具体项目贷款和企业资产重组及运营资金贷款的环境风险；③设计对节能减排技术改造项目的鼓励条款；④增加对贷款中、贷款后的环境风险进行动态监控的内容；⑤做好和银行业界的沟通；⑥逐步建立绿色信贷环境风险评估的环境专家库；⑦评估绿色信贷指南的实施对行业的影响。

参考文献

[1]　高亚宁. 赤道原则及对我国绿色信贷的启示[J]. 产权导刊，2010，10：41-43.

[2]　冯东方. 在挑战中发展，在发展中提升[J]. 环境经济，2008，7：24-31.

[3]　常杪，任昊，李冬溦. 我国银行环境风险评估体系与方法——以钢铁行业为案例[J]. 环境保护，2010，22：18-21.

[4]　陈伟光，胡当. 绿色信贷对产业升级的作用机理与效应分析[J]. 江西财经大学学报，2011，4：12-20.

我国环境经济政策的研究进展及其展望

Research Progress of China's Environmental Economic Policy and Its Prospect

田淑英　许文立　夏飞飞

（安徽大学经济学院，合肥　230601）

[摘　要]　为了解决经济发展中遇到的环境问题，我国政府采取了一系列环境经济政策。与之相对应，学术界对环境经济政策进行了多方面的研究。本文对我国学者"十一五"以来在主要环境经济政策方面的研究进展进行梳理和总结，并对其进行适当评述，进而探索环境经济政策研究在我国的进一步发展方向。

[关键词]　环境经济政策　研究进展　展望

Abstract　In order to solve the environmental problems encountered in economic development, our government has taken a series of environmental economic policy. Correspondingly, an academic circle has undertaken many sided research on the environmental economic policy. This paper combs and concludes Chinese scholars' research progress of environmental economic policy since "Eleventh Five-Year Plan", conducts some proper comment, and explores China's further development direction of the environmental economic policy research.

Keywords　Environmental economic policy, Research progress, Prospect

在经济发展过程中，"经济人"的理性行为导致对自然环境与资源的过度开发和利用，从而引起了比较严重的环境问题。为了有效防止和治理环境污染，我国政府颁布了一系列环境经济政策。自 20 世纪 70 年代末期开始，我国政府就实施了排污收费制度。随着社会主义市场经济体制的建立和完善、环境保护事业的不断深入，我国的环境经济政策也在不断发展、完善。目前，我国实行的环境经济政策主要包括：①排污收费政策。它是"污染者负担原则"在污染防治领域的具体化，是中国环境管理制度和经济刺激手段中最核心的组成部分。②征收资源税费的政策。包括超额使用地下水的收费、征收矿产资源税、征收土地税和实行土地许可证制度等。③奖励综合利用的政策。包括对开展综合利用有显著成绩和贡献的单位及个人给予表扬奖励、对开展综合利用的生产建设项目实行奖励和优惠。④环境保护经济优惠政策。包括税收优惠政策、价格优惠政策、财政援助政策（国家拨款和财政补贴）、银行贷款等。⑤关于环保投融资的政策，等等。各种环境经济手段的使用，使得正处在转型与发展阶段的我国面对如何处理好经济发展与环境保护之间的关系问题备受关注。

与此相对应，改革开放之后，西方环境经济理论引入我国。进入 21 世纪后，环境经济政策的研究越来越受到学术界的重视，涌现出了多层次、多角度、多方法和多观点的研究现象。王金南等（2004）阐述了环境经济学在中国的进展与展望。本文对我国学者在"十一五"以来在主要环境经济政策方面的研究进展进行梳理和总结，并对环境经济政策研究在我国的进一步发展方向进行探索。

1 "十一五"期间环境经济政策研究进展

"十一五"以来的近几年里，我国学术界对环境经济政策的研究主要体现在排污费、环境税、排污权交易、环境投融资和环境管制等方面，因此，下文主要对这几个方面的环境经济政策研究进行概述。

1.1 排污费

排污费是我国已经实施的主要的环境经济政策[①]，近年来对排污收费政策的研究涉及以下领域：

（1）对排污收费政策实施效果的评价。学者们对于排污收费政策实施效果及其评估的研究表现出较大的关注，郑佩娜等（2007）以广东省为例，评估了广东省排污收费的实施效果。程建华等（2010）通过对安徽省的排污收费现状的调查分析，对现行的排污收费政策效果进行了评估。另外，龙凤等（2010）、董战峰等（2010）也分别从不同的角度对我国排污收费政策实施效果进行了分析。大部分的研究结果都表明，排污收费政策在污染物减排效果方面并不理想，有待改进。

（2）对排污收费政策实施存在问题及对策的研究。对我国排污费征收标准、征收过程及其使用管理中存在的问题和今后的改进等方面进行的相关分析，主要采用的是定性的研究方法，如杨琴和黄维娜（2006）、伍世安（2007）、司言武和李珺（2007）、王萌（2009）和王军等（2009）。同时，学者们指出，排污收费的改革方向应该是"费改税"或"费改价"。此外，冷淑莲（2008）研究了排污收费政策失灵的问题，认为排污收费政策失灵的主要表现形式有错位性失灵、缺陷性失灵、变异性失灵和外部性失灵。要矫正排污收费政策失灵，必须提高排污收费政策的科学性、增加排污收费政策的透明度、完善排污收费政策的执行系统、改善排污收费政策的实施环境。

（3）其他。对排污收费政策其他方面的研究也在同步进行。例如，王娅和刘保东（2007）通过建立理论模型，分别模拟了排污费改革的影响和使得社会总成本最小化的理想排污费水平。

1.2 环境税

税收历来是一种规范化、法制化的政策，对于环境保护也具有某种程度的强制性。面对环境污染的日益加重，人们在试图寻找更好的环境经济政策，环境税也就自然成了多数学者的关注对象。关于环境税的研究主要集中在以下方面：

（1）开征环境税的必要性研究。杨琴、黄维娜（2006）在分析我国现实情况的基础上，认为环境税制才是环境治理的最佳手段，目前我国已基本具备环境保护"费改税"的基本

---

① 王金南，逯元堂，曹东. 环境经济学在中国的最新进展与展望[J]. 中国人口·资源与环境，2004，5：28.

条件，并提出了完善我国环境税收的一些设想。王克群等（2010）也是从我国环境现状、我国现行税制对环境保护的局限、现行排污收费制度存在诸多问题以及开征环境税可以有效保护环境等方面探讨开征环境税的必要性。

（2）环境税的制度设计。王金南等（2006，2009）都提出了我国环境税的实施方案。由于我国环境税还没有开征，大部分学者也只是借助理论模型来模拟环境税的最优税率。此外，曹静（2009）对碳税政策的税基、税率等设计方案进行探讨，并构建了一个中国经济的动态一般均衡模型来对中国可能的碳税政策进行模拟。姚昕和刘希颖（2010）基于经济增长的特性，模拟得到我国最优碳税的征收路径，并指出开始时以比较低的碳税税率可以使经济社会避免受到比较大的冲击。

（3）环境税的效应研究。环境税的效应研究主要集中在环境税对国民经济增长的影响以及环境税的"双重红利"两个方面。梁燕华等（2006）分析了我国出现环境税双赢效应的局限与可能，提出了创造中国式环境税双赢效应的建议。何建武和李善同（2009）通过对能源税和环境税政策的影响分析，得出单一的税收政策会对宏观经济造成负面影响，应该同时采取配套措施，减少这种负面影响，并带来"双重红利"。司言武（2010）从理论上探讨了"双重红利"假说的问题，并认为在次优税收框架下，假说不成立，但引入非同质性假设后，假说就有成立的可能性。此外，学者们较多地运用 CGE 模型模拟分析碳税对国民经济、节能减排及行业产出的影响，如朱永彬等（2010）、张明喜（2010）等。曲如晓和吴洁（2011）建立一种局部均衡碳税模型，研究了碳关税对进、出口国及其全球福利的影响。

1.3　排污权交易

排污权是在环境管理部门制定的排污配额内，所允许排放一定污染物的权利。排污权交易制度在欧美国家已经广泛应用，但在我国还处于试点阶段。近几年，我国学者对于排污权交易的认识也逐渐全面和多样化，研究内容主要集中于排污权配额的分配、排污权制度对厂商行为的影响、排污权交易带来的社会福利等方面。

（1）排污权配额分配的相关问题。排污权配额分配的相关内容包括排污权配额的初始分配及其分配方式、分配价格等，科学地分配排污权配额、合理地制定分配价格都会对厂商行为、社会福利产生积极影响。朱法华和王圣（2005）对各种污染指标分配方法进行了对比研究，认为基于排放绩效的分配方法适用于电力行业的排污权配额分配。王先甲和黄彬彬等（2010）基于单边拍卖的缺点，设计了一套能使排污权交易市场出清和社会治污成本最小化的双边拍卖机制。艾江鸿（2011）基于非对称演化博弈原理，分别对一级与二级密封拍卖下的排污权交易市场演化情况进行分析，在此基础上，从市场效率的角度对演化均衡进行政策分析。

（2）排污权交易制度对厂商行为及利润的影响。排污权交易制度的实施势必会对厂商的生产消费产生一定的约束，这种约束会使得厂商在排污量的制约下选择使自身利益最大化的决策行为，这种行为和无环境规制约束下的最大化利益行为势必不一致。因此，部分学者将其研究聚焦在排污权制度对厂商行为的影响方面。例如，饶从军等（2008）建立了基于贝叶斯博弈的排污权交易模型，并给出了排污许可证供需双方的均衡策略。郭俊华和李寿德（2010）建立了排污权交易条件下的古诺离散动态系统模型，分析了排污权交易条件下古诺市场动态均衡及其稳定性问题，结果显示，厂商产量调整速度、边际生产成本、边际污染治理成本、污染排放系数以及排污权交易价格等参数对厂商利润的稳定性有影响。

（3）排污权交易带来的社会福利。武普照和王倩（2010）通过经济学分析证明了排污权交易带来的社会效益和社会福利。其原因可能在于，在两种不同的拍卖机制下，通过选择适当的竞价下限，可诱导排污企业选择竞价上限作为其最优选择，从而带来高的市场效率（艾江鸿，2011）。杨稣和刘德智（2011）也认为，市场化环境资源配置方式在碳平衡交易中具有更高的效率和优越性。

1.4 环境投融资

环境保护资金是防治环境污染、改善环境的重要物质保障。我国学者对于环境投融资的研究主要集中在政府投资和信贷两个方面。

（1）对环境保护财政投入的研究。我国环境投资主体基本上是政府的财政投资，这与环境的公共品属性有较大关系。苏明（2008）认为应该多渠道增加环境保护投资，其中特别要从财政体制、制度创新等方面进一步增强财政政策对环保投资的支持。财政部财政科学研究所课题组（2010）回顾了我国政府环保投资所取得的成效，同时指出了现阶段政府环保投资中存在的一些问题，并从资金来源、资金投向、机制创新、投资管理与监督等方面提出了完善政府环保投资的建议。

（2）对环境信贷的研究。何德旭和张雪兰（2007）借鉴国外绿色信贷经验对我国商业银行推行绿色信贷的问题进行了探讨。潘爱建（2008）从财政税收对银行、企业以及个人优惠的视角设计了一套绿色信贷的激励机制。李东卫（2009）通过阐述绿色信贷中的"赤道原则"指出我国绿色信贷中存在的问题，并提出相关的改进措施。

1.5 环境管制

环境规制工具属于环境数量型控制工具，在环境恶化趋势不断加大的时期，环境规制手段是一种十分有效果的环境保护手段，因为这种工具对所有的环境主体都有强制性，且它也是一种具有很强针对性的环境政策。我国学术界对环境管制政策的研究，主要集中在对环境污染的数量管制及其对环境经济政策执行的监管等方面。马士国（2008）主要是评价了经济学家试图从规范定理向环境规制工具的转移的过程，探讨了一些经济学家感兴趣的环境规制问题，如环境规制权威的集权与分权、国内环境政策的国际影响以及实施等问题，并对"命令—控制"型规制工具和经济激励的规制工具进行了一些总结评论。张蔚文等（2011）从著名的"公地悲剧"现象出发，着力从市场博弈及政府监督博弈两个模型分析非点源污染制造者之间的博弈格局，并提出以"集体表现"的形式对非点源污染进行管理和控制。

2 评述与展望

上述研究成果对于我国环境经济政策的制定和完善有着重要的参考价值，但现有研究也存在一些不足。

从理论基础来看，环境经济政策的制定都暗含着一个假设——微观经济主体关注个体利益，实现个体福利最大化，但环境的外部性却影响着整个社会的福利，那么，个体利益与社会利益的不一致性是否会使得环境经济政策失效，或低效呢？环境经济政策的分析基础应该遵循政府"有机论"还是"机械论"呢？不同的环境利益观必然会导致不同的环境经济政策，也会对现有环境经济政策实施效果产生影响，这是未来的研究和政策制定中都应加以考虑的。

斯密的追随者现在也认为，环境保护应该被视为正义、国防和基础设施建设之外的政府的第 4 个合法职能①。那么，政府财政应该更好地履行这一职能。但是，目前的财政理论认为，财政职能主要表现为资源配置、收入分配、稳定经济与经济发展三大职能，环境保护在经济稳定与发展职能中有所体现，但并没有在其中居于重要的位置。因此，对于环境保护在财政职能的理论研究中还有待进一步补充和发展，环境保护中的财政政策手段也应该是未来研究的重点。

此外，现有研究对于如何拓宽投融资渠道的探讨较少，商业银行是否可以进入以及如何进入绿色信贷市场也少有学者详细深入讨论。未来的研究重点可以在这些方面予以突破。单一的环境经济政策似乎很难达到环境保护和经济发展的协调统一，那么，混合环境经济政策是否可行，多种环境经济政策该如何组合是今后我国学术界需要进一步研究的方向。

参考文献

[1] 艾江鸿. 基于演化博弈的排污权交易市场均衡分析[J]. 统计与决策，2011，11：67-69.

[2] 财政部财政科学研究所课题组. 我国水环境保护政府投资研究[C]. 中国环境科学学会环境经济学分会. 中国水污染控制战略与政策创新研讨会会议论文集（2010）：454-461.

[3] 曹静. 走低碳发展之路：中国碳税政策的设计及 CGE 模型分析[J]. 金融研究，2009，12：19-29.

[4] 程建华，白燕，俞跃周，等. 我国排污收费现状与政策实施效果的调查统计分析[C]. 中国环境科学学会环境经济学分会. 中国水污染控制战略与政策创新研讨会会议论文集（2010）：488-498.

[5] 董战峰，等. 中国排污收费政策评估[C]. 中国环境科学学会环境经济学分会. 中国水污染控制战略与政策创新研讨会会议论文集（2010）：362-376.

[6] E. 库拉. 环境经济学思想史[M]. 谢扬举，译. 上海：上海人民出版社，2007：18.

[7] 郭俊华，李寿德. 排污权交易条件下古诺市场动态系统的均衡及复杂性研究[J]. 中国人口·资源与环境，2010，2：47-48.

[8] 何德旭，张雪兰. 对我国商业银行推行绿色信贷若干问题的思考[J]. 上海金融，2007，12：4-9.

[9] 何建武，李善同. 节能减排的环境税收政策影响分析[J]. 数量经济技术经济研究，2009，1：31-44.

[10] 冷淑莲. 排污收费政策失灵问题研究[J]. 价格月刊，2008，1：15-20.

[11] 李东卫. 绿色信贷. 基于赤道原则显现的缺陷及矫正[J]. 环境经济，2009，1：41-46.

[12] 梁燕华，王京芳，袁彩燕. 环境税双赢效应分析及其对我国税改的启示[J]. 软科学，2006，1：69-71.

[13] 马士国. 环境规制工具的选择与实施：一个评述[J]. 世界经济文汇，2008，3：76-80.

[14] 潘爱建. 构建财税对绿色信贷的激励机制[J]. 地方财政研究，2008，5：26-29.

[15] 乔晗，李自然. 碳税政策国际比较与效率分析[J]. 管理评论，2010，6：85-92.

[16] 曲如晓，吴洁. 论碳关税的福利效应[J]. 中国人口·资源与环境，2011，4：37-42.

[17] 饶从军，王成，段鹏. 基于贝叶斯博弈的排污权交易模型[J]. 统计与决策，2008，15：48-49.

[18] 司言武，李珺. 我国排污费改税的现实思考与理论构想[J]. 统计与决策，2007，24：53-57.

---

① E. 库拉. 环境经济学思想史[M]. 谢扬举，译. 上海：上海人民出版社，2007：18.

[19] 司言武. 环境税经济效应研究：一个趋于全面分析框架的尝试[J]. 财贸经济，2010，10：51-57.

[20] 苏明. 完善环境保护财政政策的总体思路[J]. 中国财政，2008，9：17-20.

[21] 王金南，等. 中国独立型环境税方案设计研究[J]. 中国人口·资源与环境，2009，2：69-72.

[22] 王金南，等. 打造中国绿色税收——中国环境税收政策框架设计与实施战略[J]. 环境经济，2006，9：10-20.

[23] 王金南，逯元堂，曹东. 环境经济学在中国的最新进展与展望[J]. 中国人口·资源与环境，2004，5：27-31.

[24] 王军，高景丽，赵俊翼. 建立创新型的排污收费制度[J]. 环境保护，2009，20：22-24.

[25] 王克群，汪华祎. 我国开征环境税必要性、时机选择及税制设计构想[J]. 地方财政研究，2010，9：4-18.

[26] 王萌. 我国排污费制度的局限性及其改革[J]. 税务研究，2009，7：28-31.

[27] 王先甲，等. 排污权交易市场中具有激励相容性的双边拍卖机制[J]. 中国环境科学，2010，6：845-851.

[28] 王娅，刘保东. 基于粗糙集理论的排污收费优化模型[J]. 中国管理科学，2007，4：81-85.

[29] 伍世安. 改革和完善我国排污收费制度的探讨[J]. 财贸经济，2007，8：65-67.

[30] 武普照，王倩. 排污权交易的经济学分析[J]. 中国人口·资源与环境，2010，5：55-58.

[31] 杨琴，黄维娜. 我国环境保护"费改税"的必要性和可行性分析[J]. 税务研究，2006，7：34-37.

[32] 杨稣，刘德智. 生态补偿框架下碳平衡交易问题研究综述与分析[J]. 经济学动态，2011，2：92-95.

[33] 姚昕，刘希颖. 基于增长视角的中国最优碳税研究[J]. 经济研究，2010，11：48-58.

[34] 张明喜. 我国开征碳税的 CGE 模拟与碳税法条文设计[J]. 财贸经济，2010，3：61-66.

[35] 张蔚文，刘飞，王新艳. 基于博弈论的非点源污染控制模型探讨[J]. 中国人口·资源与环境，2011，8：142-146.

[36] 郑佩娜，等. 排污收费制度与污染物减排关系研究——以广东省为例[J]. 生态环境，2007，16（5）：1376-1381.

[37] 朱法华，王圣. SO_2 排放指标分配方法研究及在我国的实践[J]. 环境科学研究，2005，4：36-41.

[38] 朱永彬，刘晓，王铮. 碳税政策的减排效果及其对我国经济的影响分析[J]. 中国软科学，2010，4：1-10.

浙江省发展低碳经济战略对策研究

Strategic Countermeasure Research on How to Zhejiang Province Develop the Low Carbon Economy

卢瑛莹* 徐彦颖 卓 明

（浙江省环境保护科学设计研究院，杭州 310007）

[摘 要] 结合国际社会发展低碳经济的动向与趋势分析，通过终端能源消费碳排放测算，揭示浙江省低碳经济发展现状；借鉴发达国家已开展的低碳型经济发展战略，探求浙江省低碳经济省发展的战略对策。

[关键词] 低碳经济 能源 浙江省 战略对策

Abstract Combined with the international community developing low carbon economy's trend and trend analysis，through energy consumption calculation from the terminal carbon emissions，announce the status of Zhejiang developing low carbon economy；draw lessons from developed countries which have carried out low carbon economy development strategy，explore Zhejiang low-carbon economy development's strategy countermeasure.

Keywords Low carbon economy，Energy，Zhejiang province，Strategy

当前，随着应对全球变暖气候变化及能源短缺已成为人类共识，发展低碳经济已成为国际社会的热点。在全球低碳经济发展的勃兴之际，大家逐渐意识到，发展低碳经济是对未来发展趋势所作出的战略规划，不仅可以有效地应对资源与环境问题，而且有利于实现城市的可持续发展。

近年来，浙江省经济持续快速发展，全省能源消费也随之快速增长，能源供需缺口逐年拉大，且能源消费模式主要以煤炭为主，单位 GDP 二氧化碳排放强度较大，发展"瓶颈"与环境压力并存。2009 年 12 月召开的联合国哥本哈根气候大会上，中国宣布到 2020 年，单位 GDP 二氧化碳排放比 2005 年下降 40%～45%。浙江省作为经济大省，也是能源消费大省，面临着巨大的温室气体减排压力。因此，如何根据国家能源和气候变化的发展趋势，制定符合浙江省特色的低碳经济发展战略迫在眉睫。

---

* 作者简介：卢瑛莹，1979 年 1 月出生，浙江大学环境科学硕士研究生，现就职于浙江省环境保护科学设计研究院环境政策与标准研究所，任政策室主任。

1 低碳经济内涵

所谓低碳经济，就是以低能耗、低污染为基础的绿色经济，它既能改变传统的粗放型发展模式，又能有效地促进温室气体二氧化碳减排，是一种建立在高资源生产率基础上的经济与环境"双赢"的新发展模式。发展低碳经济的核心是在市场机制基础上，通过制度框架和政策措施的制定和创新，形成明确、稳定和长期的引导和激励，推动低碳技术的开发和运用，并调整社会经济的发展模式和发展理念，促进整个社会经济向高能效、低能耗和低碳排放的模式转型[1]。

2 国际社会低碳经济发展趋势

2003 年，英国政府在《能源白皮书》中率先提出低碳经济的概念，引起了国际社会的广泛关注和积极响应。随后，欧盟、德国、意大利、澳大利亚、美国、日本等发达国家分别制定一系列减排目标和能源发展战略，通过一定的经济激励措施，转变经济发展方式，降低碳排放量。

英国作为最早提出低碳经济的国家，其目的主要在于保障能源安全，减轻气候变化影响，利用其自身能源基础设施更新的机遇和低碳技术领域的优势，提高经济效益和活力，占领未来的低碳技术和产品市场，赢得国际政治主动权并增强其国际影响力。在之后的几年里，英国制定了诸如气候变化税计划等一系列的政策，力争达到的减排目标为：到 2050 年，二氧化碳排放量削减 60%，并在 2020 年取得实质性进展，二氧化碳排放量削减 26%～32%。政府采用的政治手段一是通过排放贸易、税收和法规进行碳定价，二是致力于推动技术改造，三是推动民众行为改变[2]。

美国应对气候变化的重点是转变能源战略和能源利用方式。在奥巴马宣布的经济刺激计划中，能源相关产业占据核心地位；同时在他公布的能源政策中，提出了节能和提高能效，发展可再生能源和清洁替代能源、投资新能源和清洁能源技术研发、改变过度依赖石油进口状况、减少温室气体排放等综合能源改革和转型措施。美国政府在积极寻求综合、平衡和对环保有利的能源安全长期战略中，把低碳经济作为未来的重要战略措施。

日本资源稀缺，历来重视能源的有效利用。2008 年提出了长期减排目标：到 2050 年温室气体排放量比目前减少 60%～80%。为实现低碳社会目标，提出一系列战略措施，包括改革工业结构、加强基础设施投资、鼓励应对低碳发展的技术创新、制度变革及生活方式转变等。

各国在根据自身社会经济背景不同，向低碳转型的起点和条件不同，追求的目标也有所差异。发达国家因为要率先承诺量化减排，其发展低碳经济的目标首先是减少碳排放；而发展中国家处于经济的成长期，目标首先是发展，而且还要提高人均能源的消费水平，当前阶段难以将气候变化政策作为首要发展目标，只能通过降低能源强度和单位 GDP 的二氧化碳排放强度来实现经济增长与碳减排，发展低碳经济仍然存在一定的困难和障碍[3]。

3 浙江省终端能源消费碳排放分析

据政府间气候变化专门委员会（IPCC）研究发现，自工业化时期以来，人类通过燃烧化石燃料向大气中排放的 CO_2 占全球 CO_2 排放总量的 95%以上，是引起大气增温的主要原因[4]。因此，本文主要针对浙江省终端能源消费测算碳排放情况。

3.1 碳排放测算方法

采用 2007 年浙江省能源平衡表，计算能源终端消费碳排放量，不计加工转换过程、运输和输配损失能源的碳排放。碳排放量测算采用 IPCC 碳排放计算指南[5]，结合浙江省能源统计数据的特点，采用以下公式计算：

$$A = \sum_{i=1}^{15} B_i \times C_i$$

式中：A——碳排放量；

$\quad\quad B$——能源消费实物量；

$\quad\quad C$——能源碳排放系数；

$\quad\quad i$——能源种类，取 18 类（表 1）。

浙江省主要消费能源的碳排放系数来源于 IPCC 碳排放计算指南缺省值，各种能源的碳排放系数见表 1。

表 1　各种能源的碳排放系数　　单位：tCO_2/t 能源（或）$kgCO_2/m^3$

能源种类	碳排放系数	能源种类	碳排放系数
原煤	2.02	煤油	3.08
洗精煤	2.49	柴油	3.16
其他洗煤	0.79	燃料油	3.24
型煤	2.668	液化石油气	3.16
焦炭	3.08	炼厂干气	3.07
焦炉煤气	0.80	天然气	2.18
其他煤气	0.25	其他石油制品	3.07
原油	3.07	其他焦化产品	2.40
汽油	2.98	其他能源	2.277

3.2 碳排放测算结果分析

计算结果表明，2007 年浙江省终端能源消费碳排放量为 16 497 万 t。其中第一产业排放 CO_2 657 万 t，占总排放量的 4.0%，以柴油消费排放为主；第二产业排放 CO_2 11 820 万 t，占总排放量的 71.6%，处于绝对主导地位，以原煤消费排放为主；第三产业排放 CO_2 2 175 万 t，占总排放量的 13.2%，以汽油和柴油消费排放为主；生活及其他排放 CO_2 1 845 万 t，占总排放量的 11.2%，以液化石油气和天然气消费排放为主（表 2）。

表 2　2007 年浙江省能源终端消费碳排放量测算

产业结构			CO_2 排放量/万 t	所占比例/%
一产（农、林、牧、渔、水利业）			657	4.0
二产			11 820	71.6
其中	工业		11 477	69.5
	建筑业		342	2.1

产业结构		CO_2排放量/万 t	所占比例/%
三产		2 175	13.2
其中	交通运输、仓储和邮政业	1 916	11.6
	批发、零售业和住宿、餐饮业	259	1.6
生活及其他		1 845	11.2
合计		16 497	100

从单位增加值的碳排放强度看，全省平均为 0.88 t/万元，一产、二产、三产分别为 0.67 t/万元、1.16 t/万元、0.28 t/万元，其中二产排放强度明显居高，超过三产排放强度的 4 倍，表明一定经济总量下，产业结构是影响碳排放的主要因素。对比单位增加值的能耗数据（表 3），结果表明碳排放强度和单位增加值能耗呈正相关，能源结构也是影响碳排放的重要因素。

表 3　2007 年浙江省三次产业碳排放强度

产业结构	单位增加值 CO_2 排放强度/（t/万元）	单位增加值能耗/（t/万元）
一产	0.67	0.37
二产	1.16	1.16
三产	0.28	0.27
全省	0.88	0.83

4　浙江省低碳经济发展战略对策

浙江是一个经济大省，但同时又是资源小省，目前能源消费仍以煤炭、石油和天然气等化石燃料为主体，外向依赖程度较高，在能源结构中，煤炭消费比重占了 60% 以上，具有典型的碳基能源经济特征。从历年全省能源消费量统计分析（图 1），近年来浙江省能源消费量迅速增长，尤其是 2000 年以后消费量呈直线上升，1990—2007 年全省能源消费总量增长了 4.3 倍。随着下一阶段全省经济总量的高速增长，能源需求量进一步加大，碳排放压力日趋严峻，因此推动浙江省经济发展由高碳能源经济向低碳与无碳能源经济的根本转变，是实现科学发展、和谐发展、绿色发展、低代价发展的迫切要求和战略选择。

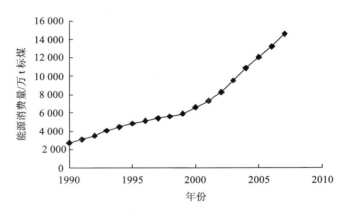

图 1　浙江省历年能源消费变化趋势

（1）促进产业结构低碳化转型。产业结构优化是降低碳排放强度的有效途径，浙江省未来经济发展中要适当降低二产比重，加快发展第三产业，减少国民经济发展对工业增长的过度依赖。

（2）科学优化能源结构。加快传统化石能源为主向清洁和可再生能源为主的结构转变，政府层面要制订合理的能源消费计划，尽量减少以煤炭、石油的能源消耗，加大太阳能、风能、水能等低碳或无碳能源比重；企业层面要积极推进能源审计和清洁生产，提高能源利用效率，做好资源综合利用，从源头上控制碳排放来源。

（3）推动低碳技术创新。大力发展节能技术、无碳和低碳能源技术、二氧化碳捕捉与埋存技术，建立绿色科技支撑体系。政府能源机构制定每年的低碳技术推广目录，推动低碳技术示范项目；鼓励开展低碳技术研发，积极引进国外先进适用的低碳技术。

（4）开展碳交易机制研究。碳交易是利用市场机制来引领低碳经济发展的必由之路，相关机构与企业可以借鉴国际上的碳交易机制，积极参与碳交易市场的交易活动[6]。可开展实行省内碳交易，建立省内碳交易机制，能源部门作为碳计量和定价的审核机构，环保部门作为碳交易申报文件的认证机构。

（5）提升低碳生活理念。低碳教育纳入中小学课本，政府、社区通过各种低碳公益活动等载体让低碳生活深入人心；积极推进以个人为主体的"碳补偿"活动，通过支付补偿金、植树或其他减排活动，抵消个人所排放的二氧化碳；使用"碳补偿"标志，让"碳补偿"标志成为展示其社会责任意识和保护气候意识，实践低碳生活的一种证明和时尚标志。

（6）建立低碳评估体系。政府设立低碳经济的统计和考核指标，建立"低碳评估体系"，把碳排放指标完成情况与各级政府政绩相挂钩。

参考文献

[1] 周冯琦，刘新宇. 上海可持续发展研究报告 2009 低碳经济专题研究[M]. 上海：学林出版社，2009：19.

[2] 王爱兰. 发达国家发展低碳经济的策略与经验[J]. 国家行政学院学报，2010（2）：109-112.

[3] 中科院可持续发展战略研究组. 中国可持续发展战略报告——探索中国特色的低碳道路[M]. 北京：科学出版社，2009：21.

[4] 王中英，王礼茂. 中国经济增长对碳排放的影响分析[J]. 安全与环境学报，2006（5）：88-91.

[5] IPCC. 2006 IPCC guidelines for national greenhouse gas inventories：volume Ⅱ[EB/OL]. Japan：the Institute for Global EnvironmentalStrategies，2008[2008-07-20]. http://www.ipcc.ch/ipccreports/Methodology-reports.htm.

[6] 程燕婉. 应对气候变化发展浙江低碳经济的思路 [EB/OL]. 中国气象报社，2010.01.21. http://www.cma.gov.cn/qhbb/gzysykp/201001/t20100121_57496.html.

第三篇
环境税费政策

◆ 区域差异对我国排污税费政策的影响分析及对策研究

◆ 太湖流域最佳管理措施成本效果综合分析

区域差异对我国排污税费政策的影响分析及对策研究[①]

Analysis About the Influence of Regional Variation on Pollution Charge or Tax Policy and Countermeasure

王军锋[1, 2*] 闫勇[1, 2]

（1. 南开大学环境科学与工程学院，天津 300071）

（2. 天津市循环经济与低碳发展人文社科研究基地，天津 300071）

[摘 要] 排污税费政策作为我国控制环境污染的重要政策工具，区域差异性对其影响已逐渐成为规制效率提升的重要障碍之一，从区域差异性的角度对排污税费政策进行改善已成为当前迫切需求。本文重点从区域差异性角度出发，选择其对排污税费标准制定的影响为切入点，通过分析污染边际削减成本和污染边际损失成本的区域差异，剖析融入区域差异性与传统最优排污税费的内在关联，并讨论这些差异对最佳排污量和最优排污税费的影响。在此基础上，提出"以中央为主导，各地方政府积极配合"的排污税费改进原则，研究探索区域划分机制，实行差别排污税费标准；同时，提出制定动态的排污税费标准模型，依据经济和环境等因素的变化，灵活适时地调整排污税费标准；而且，要逐步建立区域性的多主体协调机制，防范污染的区际转移，提高排污税费政策的有效性。

[关键词] 排污税费政策 区域差异 排污税费标准

Abstract Nowadays, China has been entering a new stage of development, especially beginning to explore a new regional harmonious development strategy and accelerating forming subject function division, the influence of regional variation to the policy of pollution charge or tax will become more and more obvious. The policy ignoring regional variation could not be adapted to the new development situation. In the perspective of regional variation, this paper discusses how to determine the standard of pollution charge or tax based on the optimal standard of pollution charge or tax theory model, and makes a comparative analysis of the cost and efficiency among different standards which are draw up and carried out by different administrations. Finally, to make the policy of pollution charge or tax more effective, the paper points out that regional variation should be took into account in the policy of pollution charge or tax in order to minimize the whole cost of pollution and take full advantage of

---

① 基金项目：国家自然科学基金（71003056）；天津市循环经济与低碳发展人文社科研究基地开放课题资助。

* 作者简介：王军锋，南开大学环境科学与工程学院副教授，天津市循环经济与低碳发展人文社科研究基地副主任，研究方向：环境经济学和环境政策，循环经济等。

environmental resources, explore and establish the mechanism of zone division and the regional multi-agent coordination mechanism which can prevent the interregional transfer of contamination and improve the effectiveness of the policy.

Keywords Pollution charge or tax policy, Regional variation, Pollution charge or tax standard

基于"庇古税"理论的排污税费政策已成为许多发达国家进行环境保护和可持续发展的有效手段。从 OECD 自然资源和环境政策管理工具数据库的统计中可以看出，目前 OECD 国家环境排污类税费开征种类主要包括水污染税、硫税、碳税、空气污染税，噪声税等[1]。其中，瑞典于 1991 年开始实行硫税，提出了石油燃料的硫含量降至低于法定标准的 50%，这一政策的实施，使瑞典每年二氧化硫的排放量降低了 19 000 t [2]；德国的水污染税自开征以来，年税额在 20 亿马克以上，全部作为地方收入用于改善水质，社会和环境效益显著；加拿大的维多利亚市通过征收垃圾税，以及鼓励回收垃圾中有用的废旧物资，使家庭垃圾产生量在一年之内减少了 18%；日本于 2007 年开征二氧化硫税，规定税率为 2 400 日元/t 硫，预计能够削减大约 4 300 万 t 硫排放，相当于 1990 年排放量的 3.5%左右[3]。经过多年的实践和发展，发达国家在排污税费的立法、设计、征收、管理及应用方面积累了很多成功经验。

从推进排污税费的过程来看，排污税费标准的制定对实现环境污染控制目标是很重要的，而排污税费政策作为治理污染、保护环境的重要规制手段，除了可能受经济发展水平、制度环境、时间等多维因素影响之外，区域差异也是重要的影响因素。Tietenberg（1974）在对 William J. Baumol 的最优环境税理论的相关评论中，提出环境污染的区域差异将会给"庇古税"的实施带来影响，不考虑区域差异的统一环境税费标准，可能不会实现经济效率上的最优[4]。针对泰坦伯格的观点，William J. Baumol（1974）也承认其理论由于简化了模型而忽略了区域差异性对环境税费的影响，但在现实条件下，这种影响不但是存在的，而且在特定经济发展阶段具有不同的显现特点[5]。Hochman 等（1977）[6]通过关注上游农田产生污染对下游土地生产成本的影响，研究了排污税在内化环境外部性时存在地理位置上的差异性。随后，Xepapadeas（1992）研究了环境污染在空间差异性上的体现以及区域能够获得最优排污税的动态和随机特征[7]。Uimon（2001）还建立了融合区域特点的一般均衡分析框架，并通过这个分析框架讨论了不同部门排污税和排污权政策体现出来的区位差异性。White 和 Wittamn（1982）通过设定短期和长期效率条件，针对污染性企业的选址决策，讨论了最优排污税等政策工具对区域环境质量的不同影响[8]。

随着我国排污税费实践的推进，国内学者也逐渐开始关注排污税费实施绩效问题，并针对区域差异性进行了初步研究。王金南等[9]认为由于我国幅员辽阔，经济社会发展不平衡，现有区域环境质量水平存在较大的差异性，排污收费标准的设计应考虑区域差异，可以提出综合考虑区域经济发展水平的排污收费标准调整系数。王京芳等[10]认为，由于我国区域经济发展不平衡，其所造成的环境污染也存在区际转移的情况，并分析了区域性特点对环境税税制设计的影响，提出环境税的设计不能高度统一，应与区域实际情况相适应。

总体上看，我国排污税费政策的设计对区域差异性仍缺乏系统的考虑，这也逐渐成为区域环境规制效率提升的重要障碍之一。基于此，本文在前期研究的基础上，选择排污税费标准设计为切入点，通过分析污染边际削减成本和污染边际损失成本的区域差异，分析融入区域差异的最优排污税费模型，来讨论这些差异对最佳排污量和最优排污税费的影响，进而提出缓解区域差异性影响的排污税费标准设计应对策略。

1　传统最优排污税费与区域差异性

排污收费的目的是促使排污者尽量削减排污量，减少对生态环境的污染。要实现这一目标可以通过排污收费使排污外部成本内在化，由排污者承担外部不经济即负外部性所造成的后果。在市场经济条件下，政府对排污者的排污行为征收排污费，是将排污外部成本内在化的重要形式。有研究表明，与其他有关的污染治理措施相比，在刺激企业改用污染较小的技术方面，在促进这些新技术的扩散方面，在促使监督机构调整环境控制政策方面，排污收费的效果比排放补贴、可交易的污染许可证以及一致的环境标准政策的效果要好。

从社会的角度来说，只有当排污者的边际削减成本等于边际外部成本即 MAC=MDC 时，才可以实现社会福利最大化。一般来讲，在污染削减的初始阶段，所需的削减技术水平和削减成本较低，但随着进一步的削减量的增大治理，相应的削减技术和削减成本也就越来越大，即污染边际削减成本是随着污染削减量的提高而逐步上升的。在污染产生量既定的情况下，污染削减量和排放量是成负相关的，所以，污染边际削减成本将随着污染排放量的提高而下降，这一反映污染排放量和污染边际削减成本（MAC）之间关系的规律为污染边际削减成本递增规律，通常用 MAC 来表示。在大多数情况下，污染边际外部成本随着污染排放量的增加而上升，污染边际外部成本曲线通常用污染边际外部成本曲线通常用 MDC 来表示。

最佳排污量是在 MAC 与 MDC 交点处所对应的污染排放量，表征了经济系统中污染排放引起的社会总成本最小时的排污量，即污染损失成本与污染削减成本之和最小时的排污量（图 1）。

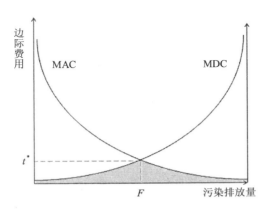

图 1　最优排污税费标准的理论模型

注：MAC—污染边际削减成本曲线；MDC—污染边际损失成本曲线；F—最佳排污量；t*—最优排污税费标准。

由图 1 可以看出，在 MAC 与 MDC 的交点处所对应的污染排放量 F 即为最佳排污水平，F 点所对应的边际费用 t^* 即为所需征收的最优排污税费，即 t^*=MACF=MDCF，此时可以使污染活动所造成的外部性完全内部化，污染的社会总成本达到最小，其大小为图中阴影部分的面积。排污税费政策的核心就是让排污者承担资源租金费用和排污损害费用，使这两部分原先表现为外部不经济性的费用完全内部化。排污者要么自觉治理污染，要么对发生的排污以缴纳排污税费的形式补偿环境资源的损失。

在排污税费制度下，排污者需支付一定数额的排污税费，这给排污者施加了一定的经济刺激，从而促使排污主体减少污染物排放量的积极性。排污收费制度的意图在于收取的费用能反映每单位排放物对人类健康或生态系统造成的损害。监管部门并不要求每一个厂商应该削减多少排污量，而是让厂商依据费用标准来自行决定适宜的行动。多数污染源将立即削减它们的排污量，因为它们的单位削减成本低于对单位污染物排放收取的税费，通过削减污染，它们可以节约单位控制成本和单位污染物排放收费之间的差额。

但是，传统的排污税费模型并没有考虑不同污染源的外部成本是随着所属区域的特点变化而变化的，而且这种变化会直接影响环境政策目标的绩效。如果减弱或者忽视污染外部性的区域差异，可能会产生污染减排的无效率，而且对于那些生态环境承载力脆弱的区域可能会造成不可逆转的环境影响。因此，从区域差异性的视角理性剖析排污费税政策，来应对区域性生态环境问题，对提高排污税费政策的实施效率具有重要意义。

2 区域差异对最优排污税费的影响分析

2.1 区域差异对 MAC 和 MDC 的影响

在现实中，确定某一区域的 MAC 存在两个难题。①某区域内所有污染源的污染削减成本的确定；②在不同的污染源间，污染削减量分配方法的确定。为了简化处理这些问题，通常利用"企业—行业"平均边际处理成本法，来确定某一区域的 MAC 曲线。a. 选取某种类型企业（如有色金属冶炼加工企业）的污染处理设施样本，通过统计回归得到企业平均污染削减成本函数，利用相应的经验估值参数进行校正得到该类型企业（有色金属冶炼加工企业）的平均边际处理成本函数。b. 将同性质的不同企业按照行业（有色金属冶炼加工属于冶金矿产行业）进行归类，对企业平均边际污染削减成本进行加和，得到行业平均边际处理成本曲线。依据"企业—行业—区域"这一思路，可以估算出该区域的污染边际削减成本曲线。由于不同区域的企业、行业的结构组成可能存在差异性，因此，MAC 也具有区域差异性。

污染边际外部成本曲线（MDC）是可以通过每个人支付意愿的垂直加总来近似估算[10]。而消费者对污染削减的支付意愿可以通过条件价值评估法来进行计算。当然，消费者的污染削减支付意愿存在众多的影响因素，其中比较重要的影响因子有消费者的平均收入、受教育程度和对当地环境状况的满意程度等（邹冀，梁勇等）[11, 12]。而上述这些影响因素在不同的区域，由于存在人口数量、经济发展水平、社会发展水平和环境质量等方面上的差异，使得消费者支付意愿受到收入水平、教育水平等因素的影响比较大，所以，MDC 也具有区域差异性。

2.2 最佳排污量和最优排污税费的区域差异性

制定污染排放目标是确定排污税费标准的重要前提之一[13]。但由于不同区域存在诸如地理特点、人口数量、产业结构以及经济发展水平等因素的差异性，使得区域 MAC 和

MDC 各不相同，相应地，区域最佳排污量也存在差异性。

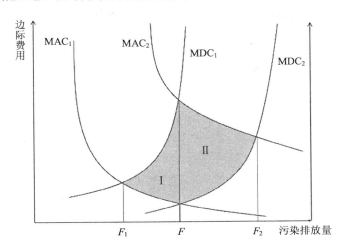

图 2　最佳排污标准的区域差异

注：MAC$_1$ 和 MAC$_2$—区域 1 和区域 2 的污染边际削减成本曲线；MDC$_1$ 和 MDC$_2$—区域 1 和区域 2 的污染边际损失成本曲线；F_1 和 F_2—区域 1 和区域 2 的最佳排污量。

　　如图 2 所示，MAC$_1$ 和 MDC$_1$ 为区域 1 中的边际成本曲线，其对应的最佳排污量为 F_1，MAC$_2$ 和 MDC$_2$ 为区域 2 中的成本曲线，其对应的最佳排污量为 F_2。很显然，这两个区域的最佳排污量是不相同的。如果在这两个区域设定相同的污染排放目标 F，且 $F_1 \leqslant F \leqslant F_2$，那么，对区域 1 来说，污染所造成的社会成本将会增加，面积大小如图阴影 Ⅰ 的量；对于区域 2 来说，社会成本也将会增加，面积大小如图阴影 Ⅱ 的量。阴影 Ⅰ 和阴影 Ⅱ 的面积之和，为设定统一污染排放目标时所有区域增加的总社会成本。显然阴影面积大小取决于区域差异性所导致的成本曲线的差异程度。考虑到这种差异的客观存在，应结合不同区域的特征，确定区域污染排放目标。

　　进一步分析区域差异性对最优排污税费的影响分析。排污税费政策的主要目的是针对排污者排污行为，结合最优排污水平，支付一定数额的排污税费，给排污者施加一定的经济刺激，提升排污者推进污染物排放治理的内在动力，从而将污染排放量控制在最优排放水平之内。但由于不同区域的最佳排污量存在着差异性，那相应的收取最优排污税费也会不同。如果假定对区域 1 和区域 2 征收一个统一的排污税费标准 t，且 $t_1 \leqslant t \leqslant t_2$，由排污税费 t 和污染边际削减成本曲线 MAC 则可确定出相应的排污水平 F_1、F_2。结合图 3 的分析可知，对区域 1 来说，污染所造成的社会成本将会增加，面积大小如图阴影 Ⅰ 的量；对于区域 2 来说，社会成本也将会增加，面积大小如图阴影 Ⅱ 的量。阴影 Ⅰ 和阴影 Ⅱ 的面积之和，为设定统一排污税费标准时所有区域增加的总社会成本。与最佳排污量相似，增加成本的大小与区域 MAC 和 MDC 曲线差异程度相关。因此，实施统一的排污税费标准，也可能会出现效率损失。

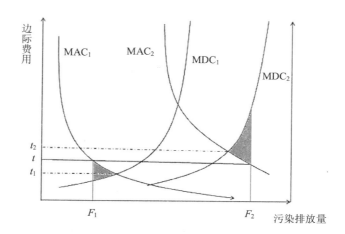

图 3　最佳排污税费的区域差异

注：MAC_1 和 MAC_2——区域 1 和区域 2 的边际削减成本曲线；MDC_1 和 MDC_2——区域 1 和区域 2 的污染边际损失成本曲线；t_1，t_2 区域 1 和区域 2 中的最优排污税费标准；F_1，F_2——区域 1 和区域 2 在统一排污税费 t 下的排污水平。

3　融入区域差异性的排污税费调整思路的分析与讨论

从理论上来讲，排污税费是以消除污染的负外部性、控制污染者的污染行为为目的的。要使污染者的外部成本完全内部化，最优的排污税费标准应和污染者的边际削减成本和污染的边际外部成本相等。但是，由于不同区域的技术水平、生态环境容量可能会存在着较大的差异，污染排放对生态环境的所造成影响也不尽相同，这也直接导致了区域最优排污税费水平之间的差异。基于这一认识，在排污税费的设计过程中考虑这种区域差异性就显得比较重要。

在考虑到区域差异性与排污税费标准的关联性基础上，需要重点探讨的问题是排污税费标准确定权的归属问题，即确定权是授权给地方政府，实施各自的地方标准，还是由国家环保部门来制定和实施全国统一的标准。

（1）在全国范围内实施统一的排污税费标准可能会降低政策效率、增加额外成本等。由上面的分析可知，若在全国范围内实施无差别的、统一的排污税费标准，将会带来额外成本（图 3），其大小与不同区域的 MDC 和 MAC 曲线形状以及位置密切相关。由于区域之间存在着削减成本以及外部成本的差异性；如果实施统一的排污税费标准，对不同的地区的影响具有明显的差异性。对于技术水平比较高，而外部影响比较大的区域，这个统一的税费标准可能过低，这也将导致无法有效激励排污量的削减。与此相对应，对于那些技术水平较低将会影响经济的发展，生态环境容量不能得到充分利用，并且统一性的标准在制定和实施过程中，可能会面临推行的阻力，造成排污税费政策的可操作性大大降低。

（2）如果排污税费标准的确定权归属于地方政府，那么地方政府在制定排污税费标准时，可以结合本区域的经济发展水平、技术水平、环境质量水平等特点，制定达到有效激励区域排污行为的排污税费标准，从而使该区域污染的社会成本达到最小化。但也存在许多不利因素和风险。一方面，地方政府出于对自身经济利益和追求 GDP 的考虑，并不能客观地制定有效激励排污削减的税费标准，从而不能有效地实现技术进步与污染减排。另一方面，在全国范围内，由地方政府各自制定排污费标准并实施可能会带来行政管理机构的臃肿和实施成本较大等诸多问题，并不现实。再者，对于区域性的污染物控制，仅通过地方的排污税费政策并不能得到很好地解决，还需要国家环保部门制定全国性或者区域性的环境规制政策。

因此，无论是统一排污税费标准还是单独的地方排污税费标准，在实施成本和执行效率上都存在相当的限制性因素。从国家现实情况来看，在保护环境方面，我国施行的是"自上而下"的环保政策，各项环境政策的设计和推行都离不开中央政府的统筹规划，排污税费的设计自然而然也是按照"中央政府为主导，各地方政府积极参与"的方式来展开。考虑到上述问题，这其中的关键在于"中央如何主导，地方如何参与"的问题处理。从我国现行的排污收费制度来看，排污标准有国家标准和地方标准两种（地方标准不能低于国家标准，并且地方标准是非强制的），虽然这在一定程度上弥补了区域差异性所带来的影响，但是，仍然存在以下两个不足的地方，一方面，现有的地方排污标准，导致了众多地方补充性收费的存在，这些收费呈现随意性及非规范性等问题，导致我国排污收费制度体系混乱，执行效率低下，政策的有效性大打折扣；另一方面，我国的排污收费制度中"排污即收费，超标罚款"的规定，意味着对于不同区域现行的排污收费制度仍停留在"超标罚款"这个层面上，并不能完全实现政策本身对区域差异性的调整。在"排污即收费"这样的前提下，为了削减区域差异所带来的影响，差别化的排污税费标准仍是重要的解决途径。

4　进一步推动我国排污税费政策改革与创新的思考

排污税费政策作为一种有效的环境规制手段，在我国的环境保护事业中发挥着十分重要的作用，但任何一项政策的产生和应用都有其特定的历史背景，随着我国进入新的发展阶段，特别是开始探索新的区域协调发展战略，并加快推进形成主体功能区划，在这种背景下，忽视区域差异性的排污税费政策已经不能够完全适应这种新的发展形势，而且在区域经济发展联系日益密切的情况下，也存在加重区域环境问题恶化趋势的可能性。所以，从区域差异的视角来审视及调整排污税费政策的设计过程是合理的同时也是必要的。在推动我国排污税费改革与创新过程中，可以从以下方面着手：

（1）坚持"以中央为主导，各地方政府积极配合"的原则，研究探索区域划分机制，实行差别排污税费标准。区域差异性导致不同地区间的最优环境税费标准不同，使得我国排污税费的设计比较复杂，这直接关系着环境税费政策的调节效果。在设置排污税费标准时，一方面通过将具有相似区域特征的地方进行合并，把全国划分为若干个区域，制定和实施差别化的区域排污税费标准；另一方面，运用集中与分散两种方式相结合的方法，这样不但可以实现污染控制政策能够量体裁衣以适应特定区域的情况，而且通过集中化的方式，中央和地方能够互通有无，相互协调，从而使环境管理更为有效。

（2）建立动态的排污税费标准评估与调整机制。环境质量、经济发展水平等因素的变化会导致最优排污税费标准的改变。环境质量和经济发展水平除了由于地域的差异而有明显的不同外，还可能会随着时间的推移而发生较大幅度的变化，因此，在排污税费标准设计过程中，应融入区域和时间二维变量去评估最优排污标准及其变化趋势，制定动态的排污税费标准模型，根据经济和环境等因素的变化灵活地、适时地调整排污税费标准。

（3）建立区域性的多主体协调机制。不同的区域施行不同的排污税费标准，这可能比较容易带来污染区域转移的风险，造成高耗能、重污染的企业向排污税费标准低的区域集中。并且许多环境问题是超越行政区的（酸雨等），甚至有些环境问题是具有全球性质的（气候变化），要解决这些环境问题也需要多个区域的共同参与。因此，需要建立区域间的多主体协调机制，促进不同区域间相互配合，协同解决环境污染问题。

参考文献

[1] http://www.oecd.org/document/39/0,3746,en_2649_201185_46462759_1_1_1_1,00.html.

[2] 毛显强，杨岚. 瑞典环境税政策效果及其对中国的启示[J]. 环境保护，2006（2）：90-95.

[3] 何燕，陈真帅. 国外环境税的发展现状及启示[J]. 环境保护，2010（17）：27-29.

[4] T. H. Tietenberg，On Taxation and the Control of Externalities：Comment[J]. The American Economic Review，Vol.64，No.3（Jun.，1974），462-466.

[5] William J. Baumal. On Taxation and the Control of Externalities：Reply[J]. The American Economic Review，Vol.64，No.3（Jun.，1974），472.

[6] Hochman，D. Pines，D. Zilberman. The Effects of Pollution Taxation on the Pattern of Resource Allocation：The Downstream Diffusion Case[J]. Quarterly Journal of Economics，1977，91（4）：625-638.

[7] Xepapadeas A. Environmental policy，adjustment costs，and behavior of the firm[J]. Journal of Environmental Economics and Management，1992，23：258-275.

[8] D. Wittman，M. J. White. Pollution taxes and optimal spatial location[J]. Economica，1982，49：297-311.

[9] 王金南. 排污收费理论学[M]. 北京：中国环境科学出版社，1997.

[10] 刘丽丽，王京芳. 环境税及其区域性影响分析[J]. 软科学，2005，19（1）：26-29.

[11] 杨宝路，邹骥. 北京市环境质量改善的居民支付意愿研究[J]. 中国环境科学，2009，29（11）：1209-1214.

[12] 梁勇，成升魁，闵庆文，等. 居民对改善城市水环境支付意愿的研究[J]. 水利学报，2005（5）：613-617.

[13] 陆新元，毛应淮. 排污收费概论[M]. 北京：中国环境科学出版社，2004.

太湖流域最佳管理措施成本效果综合分析

Cost-effectiveness Analysis of Best Management Practices in Tai Lake Basin，China

刘恒 张炳* 毕军

（污染控制与资源化研究国家重点实验室，南京大学环境学院，南京 210046）

[摘 要] 在太湖流域水质状况日益严峻的背景下，最佳管理措施（BMPs）作为一个控制非点源污染的对策体系，了解各项措施的污染物处理效果和经济投入成本，是政策设计及其有效性评价的重要参考依据。本研究全面总结太湖流域广泛开展的最佳管理措施，并按照目标污染源头的差异，将其划分为农田种植污染控制、畜禽养殖污染控制、农村生活污染控制、流域生态修复 4 个类别。在此基础上，选择总氮与总磷污染作为评价指标，以江苏省常州市作为案例研究对象，基于对流域氮磷污染负荷的系统核算，运用成本效果分析方法，量化评价各项措施在氮磷削减上的具体效率。研究结果表明，不同类别的最佳管理措施在氮磷削减能力与效率上均存在着明显的差异，而污染物质的类型对于分析结果也存在影响。在最佳管理措施的决策时，综合考虑削减潜力、总成本、单位成本效益等多项指标，作出具体措施的选择或组合。

[关键词] 成本效果分析 最佳管理措施 太湖流域 非点源

Abstract Best management practices（BMPs）have been adopted for nonpoint mitigation in the Tai Lake Basin for years，but more information about financial costs and performance of these measures is still in urgent need. This research summarized the widely applied BMPs in the basin，and assessed the abatement financial costs and effects on emission reduction. Nitrogen and phosphorus were selected as the two pollutant indictors for the evaluation. Nutrients loads，which would be used as a baseline for cost-effectiveness analysis later，were estimated based on an empirical method developed in former studies. According to different targeting pollution sectors，various BMPs were classified into four categories，namely crop production，livestock breeding，rural population and ecological remediation measures. Results showed different category and BMPs led to variety in both reduction capacity and efficiency. And effect on nitrogen and phosphorus sometimes share quite a distinction. When final decision making is needed，reduction capacity，total investment，and efficiency of BMPs should all be considered thoroughly.

Keywords Cost-effectiveness analysis, Best management practices（BMPs）, Tai Lake Bain, Nonpoint source

---

* 通信作者：张炳，男，南京大学环境学院，副教授，主要从事环境经济学、环境政策、流域综合管理研究．E-mail：zhangb@nju.edu.cn．刘恒（1987—），男，硕士研究生，南京大学环境学院，主要从事流域综合管理、环境经济学相关研究，手机：15950453385，E-mail：hliufantasy@gmail.com。

太湖作为我国第三大淡水湖，也是蓝藻、水华问题最为严重的湖泊之一，被国务院指定为重点治理的富营养化水域[1]。21世纪以来，太湖富营养化形势逐步恶化，蓝藻、水华暴发的持续时间加长、影响面积扩大、暴发频率提高[2, 3]，治理难度也相应加大。通过强化工业污染治理、提高排放标准、加强督查监管等一系列措施，流域内的点源排放初步得到控制，而非点源形式的排放由于具有分散性、随机性、累积性和不确定性等特点，其排污主体一直未能得到有效控制，非点源污染对于整个流域水体质量的影响也逐步加大，并逐步成为了污染控制的主要着力点[4-6]。在非点源污染的管理和控制方面，美国提出的"最佳管理措施"（best management practices，BMPs）具有代表性[7]。由于经济、合理、简单、科学、高效以及符合生态原则，最佳管理措施在流域非点源污染的削减和控制中日益受到重视，应用范围日益广泛，在欧美发达国家取得了良好的效果。近年来，我国也逐步开始引入这项机制，并在太湖流域等重要水污染地区开展具体实践[8, 9]。

将最佳管理措施应用与实施之前，综合评价各项措施的污染削减成本与达到的效益，对于作出合理决策及措施组合具有重要意义，并已逐步成为流域非点源污染控制研究中的热点问题[10-12]。其中，应用计算机模型预测实施BMPs对农民纯收入及环境质量的影响，量化一定流域范围内实施BMPs的具体效益，是一种重要的研究手段[13-15]。比如，欧洲的研究者还提出了Agri BMP Water工程体系，对已存在的或设计的BMP进行比较分析，从环境效应、经济效应和社会、农民或土地拥有者的可接受程度3个方面，综合评价了多项农业非点源污染管理措施，并在部分流域进行了相应的示范性研究[16, 17]。

然而，我国目前针对最佳管理措施应用的相关研究，基本上还处于引入介绍状态，对于措施具体的成本效果的综合评价相对较少[18, 19]；部分定量化的研究也多集中在针对单项措施[20, 21]或水污染的经济价值损失估算上[22, 23]，缺乏从整个流域层面出发，对各项最佳管理措施综合评价的实证研究。因此，本研究以太湖流域作为研究边界，全面总结当前流域内广泛应用的主要最佳管理措施，并选定江苏省常州市作为案例对象，系统地、量化地评价各项措施在污染削减上的综合效益。其中，选取总氮与总磷两项污染物质作为考核指标，基于对流域内非点源污染负荷的系统核算，运用环境经济学的成本效益分析方法（cost-effectiveness analysis），考核各项措施的污染控制的全成本以及在氮磷削减上的具体潜力，进而比较分析各项措施的单位削减成本，作为综合评价的重要依据。最后，从流域的生态效益和经济效益的协调出发，根据各个措施的成本效益分析结果，提出在决策过程中需要考虑的各项因素，并据此形成相应的政策导向建议。

1 太湖流域最佳管理措施现状

本研究充分考虑农田种植活动、畜禽养殖活动、农村居民生活这3个主要非点源排污源头的差异，将太湖流域内的主要最佳管理措施按照所针对的对象进行划分；同时，将基于流域整体的生态修复措施也纳入其中，进而形成农田种植污染控制措施、畜禽养殖污染控制措施、农村生活污染控制措施、流域生态修复措施4个类别。按照这样的分类依据，本研究对目前在太湖流域已有广泛应用的BMPs进行分类总结，并将据此分别核算措施的成本效益，最终进行综合评价。各项措施可以分类总结见表1。

表1 太湖流域主要 BMPs 分类总结

BMPs 类别	BMPs 名称	BMPs 简介
农田种植污染控制措施	测土配方施肥技术	测土配方施肥技术是以土壤测试和肥料田间试验为基础,在合理施用有机肥料的基础上,提出肥料的施用量、施肥时期和施用方法,达到提高肥料利用率、减少肥料用量的目的[24]
	退耕还林政策	退耕还林是指在水土流失严重或粮食产量低而不稳定的坡耕地和沙化耕地及生态地位重要的耕地,退出粮食生产并改为植树或种草。国家对退耕还林实行资金和粮食补贴制度
	有机肥施用补贴	有机肥施用补贴,是指对太湖流域内的种植农田,通过经济补贴的形式,促进农户施用有机肥料,以替代氮磷流失严重的化学肥料[25]
畜禽养殖污染控制措施	实行发酵床养殖	发酵床是遵循低成本、高产出、无污染的原则建立起的一套良性循环的生态养猪体系,主要利用床底垫料中细菌、真菌的有机代谢过程,有效分解氮磷污染物[26]。目前主要针对生猪饲养采用,对其他畜禽尚未有效推广
	推广建设沼气池	沼气池将粪便、垃圾、秸秆等可发酵物质转化成可直接供能的沼气,畜禽粪便得到有效利用和转化;既减少了粪便堆放和处理的难点,带来环境效益,又产生可作为能源的沼气[27]
	促进粪便饲料化	粪便饲料化,是指利用畜禽粪便作为主要原料之一,添加一定配合药剂,经过发酵等工艺,将畜禽粪便制成适于养殖小型生物(主要是蝇蛆)的饲料,所产生的综合效益较为明显[28]
农村生活污染控制措施	塔式蚯蚓生态滤池技术	塔式蚯蚓生态滤池将蚯蚓引入传统生物滤池,利用蚯蚓与微生物的协同作用,通过蚯蚓增加通气性、分解有机物,从而更有效地进行污水处理[29]
	地下渗滤污水处理系统	地下渗滤污水处理系统将污水通过埋在地下的散水管散布到一定面积的土壤中,使其中的污染物在土壤中通过截留、吸附及微生物分解和转化而去除[30]
	生态净化复合处理系统	生态净化复合处理系统是通过厌氧微生物(包括兼氧微生物)的作用,在水生的挺水、浮水、沉水植物的组合作用下,去除剩余的氮、磷等营养物质的生态系统[31]
流域生态修复措施	设立植被缓冲带	植被缓冲带是指邻近受纳水体,有一定宽度,具有植被,在管理上与农田分割的地带。通过植被对污染物质的截留及促进生化反应的原理削减径流中的氮磷物质[32]
	建立人工湿地	人工湿地是由人工建造和控制运行的与沼泽地类似的地面,用土壤、人工介质、植物、微生物的物理、化学、生物三重协同作用,对污水、污泥进行处理的一种技术[33]
	河道生态修复	河道生态修复是指使用工程、生态或两者综合的措施,使河流恢复因人类活动的干扰而丧失或退化的全部或部分自然功能[34]

2 非点源氮磷负荷核算

从流域层面来看,氮磷两种污染物质的排放源头及其迁移路径可以表示如图1所示。

考虑到营养物质在人类生活系统中循环的复杂性与多源性，与 BMPs 的分类相对应，本研究对于氮磷负荷的核算将按照相应的排放源头进行划分，包括农田种植、畜禽养殖、农村生活 3 个主要的污染物排放系统；对于由大气沉降等其他形式造成的非点源污染，由于其在总量中所占份额相对较小，本研究予以忽略。

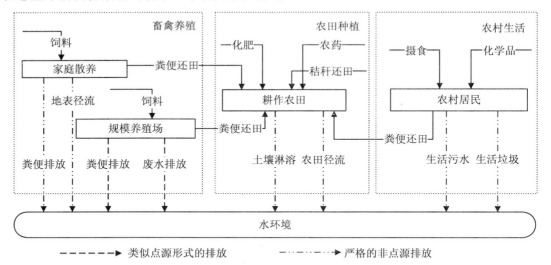

图 1 太湖流域非点源氮磷负荷排放源头及路径解析*

根据图 1 所示的污染物质排放与迁移转化路径，在具体的核算方法上，本研究基于改进输出系数法的基本模型[35, 36]，结合太湖流域非点源污染排放的实际特点，充分考虑相关资料、实际数据的可得性，采用如下的非点源氮磷污染负荷核算公式进行系统核算：

$$NS_{(N,P)} = \sum_i \left[NC_{i(N,P)} \times \sum_j (EU_{j(N,P)} \times EC_{j(N,P)}) \right]$$

其中，NS 根据下标的不同分别表示 3 个主要的非点源污染物质排放系统（NS_f 表示农田种植系统；NS_l 表示畜禽养殖系统；NS_h 表示农村生活系统）的氮磷物质流失量；NC 表示该系统内相应的能够产生氮磷物质流失的不同排放类别（如某种作物、某种畜禽、农村居民等），EU 表示不同排放类别中能够产生氮磷物质流失的排放单元（如化肥、畜禽粪便、居民生活污水等）。

在分别核算得到 3 个非点源排放系统氮磷污染物质负荷的基础上，流域或区域范围内非点源氮磷污染负荷总量，即为 3 个主要非点源排放系统各自流失量的综合，可以用下式表示：

$$TNL_{(N,P)} = NS_{l(N,P)} + NS_{f(N,P)} + NS_{h(N,P)}$$

其中，TNL 表示流域内氮磷污染物质的总负荷，NS_f 表示农田种植系统的氮磷污染物

---

* 需要说明的是，考虑到养殖作为传统的农业生产方式，虽然规模化养殖场的氮磷污染物质排放具有部分类似点源固定排放的特点，本研究中仍将其作为非点源排污主体考虑，将其负荷纳入整个非点源排放之中，以保持非点源这个系统的完整性与整体性。

质排放量，NS_l 表示畜禽养殖系统的氮磷污染物质排放量，NS_h 表示农村生活系统的氮磷污染物质排放量。需要说明的是，这里所指的"排放量"，指的是经过径流等多种途径，最终进入到太湖湖体或各条入湖河流中的氮磷污染物质总量。

通过以上提出的核算方法及其具体公式，以江苏省太湖流域的常州市为案例对象，运用常州市 2008 年相关宏观统计数据，广泛参考文献研究结果，可以得到如表 2 所示的氮磷流失排放量核算结果。从表中可以看出，在太湖流域常州市的非点源氮磷流失排放总量分别为总氮 5 801.9 t/a、总磷 950.7 t/a。其中，在总氮流失方面，农村生活系统是最大的污染排放源头；在总磷流失方面，畜禽养殖是最大的污染排放源头。

表 2　太湖流域常州市非点源 2008 年氮磷流失核算结果

非点源污染排放系统	总氮排放量/（t/a）	总磷排放量/（t/a）
农田种植	1 345.2	110.1
畜禽养殖	1 656.7	625.9
农村生活	2 800.0	214.7
总计	5 801.9	950.7

3　最佳管理措施成本效益分析

在进行最佳管理措施的成本效益分析之前，需要对于其中的"成本"和"效益"予以准确界定。本研究中，将措施的"成本"界定为为开展该项举措所消耗的社会总成本净值，这里既包含农村居民投入、财政资金补贴、机会成本等多方面的货币投入或经济损失，也包括资源化措施带来的直接经济价值增量（如沼气具有经济价值），最后的社会总成本净值是投入量（损失量）与经济增量的差值。而"效益"则用该项措施执行后，流域内氮磷两种污染物质的削减总量来表示，单位削减成本（削减效率）即为社会总成本净值与削减总量的比值，可用以下 3 式表示：

$$Cost = [(Invest + Loss) + Revenue + Opportunity] - Income$$

$$Effectiveness_{(N,P)} = LoadReduction_{(N,P)}$$

$$Efficiency = \frac{Cost}{Effectiveness_{(N,P)}}$$

其中，$Cost$ 表示执行某项最佳管理措施的社会总成本（万元），$Invest$ 和 $Loss$ 分别表示农村居民为执行该项最佳管理措施付出的经济投入和收益损失（万元），$Revenue$ 表示政府对于该项措施的财政资金补贴（万元），$Opportunity$ 表示执行该项措施造成的机会成本损失（万元），$Income$ 表示措施执行后由于资源化所带来的经济收益（万元），$Effectiveness$ 表示该项措施带来的污染削减效果，用总氮（总磷）排放的削减量 $LoadReduction$ 来表示（t），$Efficiency$ 表示单位削减成本（元/t），以表征不同措施在污染削减上的具体效率，以上均折算为年均成本进行考量，在具体核算中还将纳入货币贴现的年际变化。

3.1　农田种植污染控制措施

在测土配方施肥技术方面，成本投入主要是财政补贴投入的经济成本，收益上主要来自于粮食增产。根据甘肃省具体的应用实践，对测土配方施肥的补贴标准约为每亩农田73元；平均增产按10%计算[37]，而氮磷负荷流失系数约下降53%；在退耕还林政策方面，根据相关的规定，本研究按照每年每亩补助125元计算，按照五年周期的经济林进行补补；林地的氮磷流失系数与耕地相比降低约77%；在有机肥施用补贴方面，太湖流域有机肥施用补贴标准为100元/t；有机肥施用造成耕地氮磷流失系数分别降低约为43%和60%[25]。同时，有机肥施用将带来畜禽养殖粪便的减少。

3.2　畜禽养殖污染控制措施

实行发酵床养殖、推广建设沼气池、促进粪便饲料化的成本投入主要包括建设成本和运行成本两个方面，并需要考虑年际总量到每年平均值的分摊；同时，实行发酵床养殖可减少约10%的畜禽饲料；发酵产生的沼气具有资源化价值，需扣除资源化带来的收益[38]；畜禽粪便转化为饲料养殖蝇蛆具有经济收益，饲料价格约为700元/t，同样需要扣除。在污染物质削减效果上，发酵床氮磷污染物削减效率为100%，沼气池的氮磷削减率为90%，粪便饲料化氮磷污染物削减效率为100%。

3.3　农村生活污染控制措施

农村生活污染主要来源于生活污水的无组织排放，本研究不考虑生活垃圾排放等其他污染来源，分散式污水处理设施是常用的污染削减工程，主要包括塔式蚯蚓生态滤池技术、地下渗滤污水处理系统、生态净化复合处理系统3种，成本投入主要包括建设成本和运行成本两个方面，并需要考虑年际总量到每年平均值的分摊，其总氮、总磷污染物质的削减效率分别为72.4%、96.2%[29]、58.2%、82.7%[30]、90.8%、95.6%。

3.4　流域生态修复措施

实行发酵床养殖、推广建设沼气池、促进粪便饲料化的成本投入包括建设、运行两个方面，需要考虑年际总量到每年平均值的分摊。在削减效率上，25 m 植被缓冲带的氮磷污染物质削减率分别为25%、45%[32]；人工湿地的氮磷污染物质削减率分别为60%、50%[33]；20%的河道生态修复氮磷污染物质削减率分别为 29.0%、32.1%[39]。由于生态修复措施所处理的污染物为流域非点源总量，故其污染负荷为畜禽养殖、居民生活、农田种植三大系统之和。

4　结果分析与讨论

总结以上太湖流域四大类共12项的最佳管理措施的成本效益分析结果可得表3。

表 3　太湖流域最佳管理措施成本效益分析总结

BMPs 类别	BMPs 名称	总氮削减量/t	总磷削减量/t	总氮削减成本/（元/t）	总磷削减成本/（元/t）
农田种植污染控制措施	测土配方施肥技术	712.9	58.4	6 740.1	82 277.4
	退耕还林政策	1 035.8	84.8	4 236.3	53 906.6
	有机肥施用补贴	578.4	66.1	9 247.2	37 264.3
畜禽养殖污染控制措施	实行发酵床养殖	1 473.4	265.7	3 500	19 300
	推广建设沼气池	1 326.1	239.1	4 437	24 607
	促进粪便饲料化	1 971.1	447.4	5 311	23 397

BMPs 类别	BMPs 名称	总氮削减量/ t	总磷削减量/ t	总氮削减成本/ （元/t）	总磷削减成本/ （元/t）
农村生活污染控制措施	塔式蚯蚓生态滤池技术	1 661.3	297.7	16 700	96 100
	地下渗滤污水处理系统	1 335.5	256.3	13 100	57 200
	生态净化复合处理系统	2 083.5	295.9	3 300	21 000
流域生态修复措施	设立植被缓冲带	5 608.9	1 037.4	2 900	15 200
	建立人工湿地	13 461.4	1 152.7	5 800	68 400
	河道生态修复	6 480	1 566	15 000	66 000

　　从表 3 可以看出，但从具体的数值上来看，就氮磷削减效率而言，"设置植被缓冲带"具有最高的成本效益优势，其氮磷污染物质削减的单位成本均为所有措施的最低值，分别是 2 900 元/t（总氮）和 15 200 元/t（总磷）。此外，就氮磷污染物质的削减能力来看，流域生态修复措施的 3 种最佳管理措施由于针对的尺度大的特点，具有显著的优势；其中，"建立人工湿地"在氮磷削减量上均处于领先地位，但其污染削减的单位成本优势相对不明显。

　　从图 2 和图 3 中可以更为显著地看出 4 个类别、各项措施、不同污染物质之间存在的一致性与差异性。对于不同类别的各项最佳管理措施，由于针对氮磷削减的非点源污染物排放源头的不同，在污染物削减能力（削减量）上也存在明显差异。举例来说，对于总氮削减单位成本相近的"实行发酵床养殖"（3 500 t）和"生态净化复合处理系统"（3 300 t）两项最佳管理措施，在总氮削减能力（削减量）上差异明显；前者为 1 473.4 t，后者为 2 083.5 t。由此可以看出，对于不同类别（不同污染源头）的最佳管理措施，削减能力与削减效率（单位削减成本）存在一定的不一致性。

　　另外，即使对于同一类别（相同污染源头）的不同最佳管理措施，在削减能力与削减效率也可能存在着巨大的差异。比如，在流域生态修复措施类别中，"河道生态修复"在氮磷削减能力上与其他两项措施差异不大，但在总氮削减效率上，远远高于其他两项措施。这与河流中氮磷污染物质的自然消解与水体自净作用的效率存在着联系。由此可以看出，由于氮磷物质在迁移转化、理化反应上存在的天然差异，在考虑最佳管理措施的选择与设计时，必要情况下需要分别考虑两种不同的污染物质，即使当两者是通过同一项措施同步削减时。

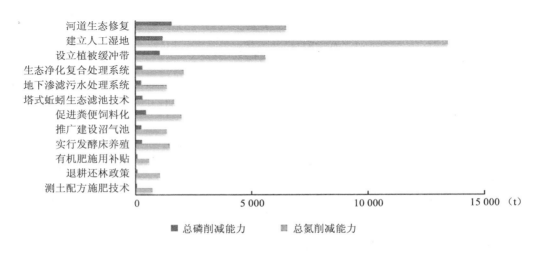

图 2　太湖流域最佳管理措施氮磷削减能力对比分析

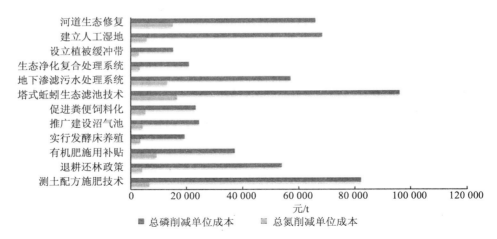

图3 太湖流域最佳管理措施氮磷削减单位成本对比分析

5　结论

本研究从太湖流域污染物质逐步严峻的背景出发，基于对流域内最佳管理措施的全面总结，形成最佳管理措施的综合清单。同时，以常州市为案例对象，采用 2008 年数据，并选取总氮与总磷两项指标作为评价标准，在全面核算主要非点源系统氮磷污染负荷的基础上，运用成本效益分析的具体方法，核算得到农田种植污染控制措施、畜禽养殖污染控制措施、农村生活污染控制措施、流域生态修复措施四个大类共 12 项 BMPs 的氮磷削减能力与单位成本效益，进而为各项措施的综合评价与优选提供基础数据支持。结果显示，4 个类别、各项措施、不同污染物质之间存在的一致性与差异性，在具体的决策过程中，需要根据实际情况，充分考虑污染控制目标、建设及保障资金的充分性、具体措施的成本效益，进行有针对性的调整与措施选择或组合。

参考文献

[1]　Qin B.，P. Xu，et al. Environmental issues of Lake Taihu，China[J]. Hydrobiologia，2007，581：12-14.

[2]　Niu X.，J. Geng，et al. Temporal and spatial distributions of phosphine in Tai Lake，China[J]. Science of the Total Environment，2004，323（1-3）：169-178.

[3]　朱广伟. 太湖富营养化现状及原因分析[J]. 湖泊科学，2008，20（1）：21-26.

[4]　林泽新. 太湖流域水环境变化及缘由分析[J]. 湖泊科学，2002，14（2）：111-116.

[5]　杨清心. 太湖水华成因及控制途径初探[J]. 湖泊科学，1996，8（1）：67-74.

[6]　贺缠生，傅伯杰，陈利顶. 非点源污染的管理及控制[J]. 环境科学，1998，19（5）：87-91.

[7]　U.S.EPA. National Management Measures to Control Nonpoint Source Pollution from Urban Areas[R]. Washington D.C.：Office of Water，2005.

[8]　U.S.EPA. National water quality inventory：Report to Congress Executive Summary[R]. Washington D.C.，1995.

[9]　Sun H.，J. Houston，J. Bergstrom. 加姆河流域水质量最佳管理措施的效益分析[J]. 水土保持科技情报，1998（1）：13-16.

[10] Smith C.S.，R.P. Lejano，et al. Cost Effectiveness of Regulation-Compliant Filtration To Control Sediment and Metal Pollution in Urban Runoff[J]. Environmental Science & Technology，2007，41（21）：7451-7458.

[11] Veith T.L. Agriculture BMP placement for cost-effective pollution control at the watershed level[D]. Virginia State University，2002.

[12] 王晓燕，张雅帆. 最佳管理措施对非点源污染控制效果的预测——以北京密云县太师屯镇为例[J]. 环境科学学报，2009，29（11）：2440-2450.

[13] Chen N.，H. Hong，et al. Assessment of Management Practices in a Small Agricultural Watershed in Southeast China[J]. Journal of Environmental Science and Health，Part A：Toxic/Hazardous Substances and Environmental Engineering，2006，41（7）：1257-1269.

[14] Lee M.，G. Park，et al. Evaluation of non-point source pollution reduction by applying Best Management Practices using a SWAT model and QuickBird high resolution satellite imagery[J]. Journal of Environmental Sciences，2010，22（6）：826-833.

[15] Drolc A.，J. Zagorc Koncan. Estimation of sources of total phosphorus in a river basin and assessment of alternatives for river pollution reduction[J]. Environment International，2002，28（5）：393-400.

[16] Turpin N.，P. Bontems，et al. AgriBMPWater：systems approach to environmentally acceptable farming[J]. Environmental Modelling and Software，2005，20（2）：187-196.

[17] Nadine T.，L. Ramon，et al. Assessing the cost，effectiveness and acceptability of best management farming practices：a pluri-disciplinary approach[J]. International Journal of Agricultural Resources，Governance and Ecology，2006，5（2）：272-288.

[18] 章明奎，李建国. 农业非点源污染控制的最佳管理实践[J]. 浙江农业学报，2005，17（5）：244-250.

[19] 韩秀娣. 最佳管理措施在非点源污染防治中的应用[J]. 上海环境科学，2000，19（3）：102-104，128.

[20] 陈治谏，廖晓勇，刘邵权. 坡地植物篱农业技术生态经济效益评价[J]. 水土保持学报，2003（4）：125-127.

[21] 张琦. 农业非点源污染控制技术环境经济评价[J]. 环境污染与防治，2006，28（4）：291-193.

[22] 李云辉. 云南金沙江流域水土流失直接经济损失测算方法与区域特征分析[J]. 山地学报，2002，20（12）：36-42.

[23] 吴开亚，李如忠. 区域生态环境的未确知测度评价模型及应用[J]. 环境科学研究，2004，17（2）：22-25.

[24] 廖超群. 推广测土配方施肥控制农业非点源污染[J]. 云南农业，2009（4）：36-37.

[25] 赵明梅，何随成，牛明芬. 有效开发我国畜禽粪便资源制造生物有机肥[J]. 磷肥与复肥，2008，23（3）：57-58.

[26] 武华玉，乔木. 生物发酵床养猪效果研究[J]. 湖北农业科学，2009，48（12）：3090-3094.

[27] 张无敌，张无畏. 沼气系统在改善农村生态环境中的作用[J]. 生态与技术，1998，6：25-30.

[28] 黄向东，韩志英. 畜禽粪便堆肥过程中氮素的损失与控制[J]. 应用生态学报，2010，21（1）：247-254.

[29] 李军状，罗兴章. 塔式蚯蚓生态滤池处理集中型农村生活污水工程设计[J]. 中国给水排水，2009，25（4）：35-38.

[30] 程俊，陈繁荣. 高负荷人工土层地下渗滤系统处理生活污水中试工程的研究[J]. 环境污染与防治，2007，29（7）：517-524.

[31] 何江涛，钟佐燊. 污水土地处理技术与污水资源化[J]. 地学前沿，2001，8（1）：155-162.

[32] 倪九派，傅涛. 缓冲带在农业非点源污染防治中的应用[J]. 环境污染与防治，2002，24（4）：229-231.

[33] 段志勇，施汉昌. 人工湿地控制滇池面源水污染适用性研究[J]. 环境工程，2002，20（6）：64-66.

[34] 宋祥甫，邹国燕. 浮床水稻对富营养化水体中氮、磷的去除效果及规律研究[J]. 环境科学学报，1998，18（5）：489-494.

[35] Johnes P.J. Evaluation and management of the impact of land use change on the nitrogen and phosphorus load delivered to surface waters：The export coefficient modelling approach[J]. Journal of Hydrology，1996，183（3～4）：323-349.

[36] Ding X.W.，Z.Y. Shen，et al. Development and test of the export coefficient model in the upper reach of the Yangtze River[J]. Journal of Hydrology，2010，383（3～4）：233-244.

[37] 白由路，杨俐苹. 我国农业中的测土配方施肥[J]. 土壤肥料，2006（2）：3-7.

[38] 刘建敏，陈玉成. 沼气技术在农业非点源污染防治中的作用[J]. 中国沼气，2005，23（4）：40-42.

[39] 张雅帆. 非点源污染最佳管理措施的环境经济评价——以密云县太师屯镇为例[D]. 北京：首都师范大学，2008.

第四篇
生态补偿

◆ 黄河流域生态补偿机制研究
◆ 海西生态补偿机制构建的思考
◆ 流域阶梯式生态补偿标准研究及应用
◆ 我国矿产资源开发生态补偿政策的回顾与展望
◆ 自然保护区生态补偿问题的思考——以贵州雷公山自然保护区为例

黄河流域生态补偿机制研究

Eco-compensation Mechanism of the Yellow River Basin

张国珍*　宋文艳

（兰州交通大学环境与市政工程学院，兰州　730070）

[摘　要]　为有效解决黄河流域生态建设和经济协调发展之间的关系问题，构建一个流域间、区域间的上下游生态补偿机制是非常有价值的。流域生态补偿的核心内容应该包括流域生态补偿的原则、对象、范围、标准、机制和立法等。本文通过分析流域生态补偿的内涵和基本原理，初步构建黄河流域生态补偿机制的基本框架，提出流域生态补偿应遵循的原则和完善黄河流域生态补偿机制的对策建议。

[关键词]　黄河流域　生态建设　补偿机制　对策建议

Abstract　Establishment of eco-compensation mechanism between basins and regions plays an important role in effectively solving the problem of the relationship between ecological construction and balanced economic development in Yellow River basin.The core contents of eco-compensation comprise 5 aspects：principles，target group，range，criteria，mechanism and legislation of ecological compensation. This paper established a basic framework of the eco-compensation mechanism in Yellow River basin，put forward the principles and made suggestions about how to pefect the eologiealeom Pensation mechanism of Yellow River basin by analysed the connotation and basic principle of ecological compensation.

Keywords　Yellow River basin, Ecological construction, Compensation mechanism, Countermeasure and suggestions

　　黄河像一个巨大的"几"字，盘旋在中国的大地上，它是我国的第二大流域，被誉为我国的"母亲河"。黄河源于青藏高原的巴颜喀拉山，干流贯穿了青海、四川、甘肃、宁夏、内蒙古、陕西、山西、河南、山东9个省、自治区，最后注入渤海，担负着我国西北和华北地区的供水重任而成为整个流域内1亿多人口的生命之泉。近年来，随着黄河流域各地经济的发展，工农业和城市生活用水量开始急剧增加，流域内各地区的农业用水矛盾日益突出。针对黄河流域水生态环境日益脆弱的问题，建立生态补偿机制，将有利于黄河流域的可持续发展。

* 作者简介：张国珍，男，甘肃靖远人，兰州交通大学教授，博士，研究方向为环境经济学与给水排水工程。通信地址：甘肃省兰州市安宁西路88号，邮编：730070。电话：0931-4938165，手机：13909441888。E-mail：zhangguozhen@mail.lzjtu.cn。

1 黄河流域生态补偿机制的必要性

1.1 重视和加强生态补偿机制建设是有效遏制黄河流域生态环境持续恶化的需要

黄河地处我国干旱半干旱地区并作为我国北部地区最主要的供水水源，年平均径流量仅为 574 亿 m^3，仅占全国河流径流总量的 2%。而黄河流域约共有 1.4 亿的人口及 0.15 亿 hm^2 农田，都靠黄河水源供给，另外许多重要能源基地也依靠黄河水源取水。再加上水土流失、水源污染加剧，黄河流域水资源的发展形势日益严峻，供需矛盾日益加剧，黄河开始呈现出巨大的承载压力[1]。在这种形势下，分析黄河流域生态补偿机制并构建基本的补偿框架，对实行黄河流域生态可持续发展具有非常重大的意义。

1.2 建立黄河流域生态补偿机制是协调黄河流域社会经济发展的需要，是实现黄河流域可持续发展的需要[2]

黄河流域河流水系的流动性和行政区域的分割性决定了上下游之间、行政区域之间将长期存在着复杂的水事关系，如果这种关系处理不当，就会酿成水事纠纷。近年来随着工业化和城市化进程的加快，沿岸城市的污水都通过遍布各市区的支流排入黄河，导致黄河遭受污染，自净能力大幅下降。不断地污染使黄河生态系统遭到破坏，水环境资源纠纷逐渐增多。这些水事的发生都会带来相应的经济损失。因此，妥善解决这些水事关系是黄河流域管理工作中的一项重要任务。如何协调流域上下游之间的关系，涉及生态补偿的问题。生态补偿作为一种水源地保护的经济手段，其目的是调动水源地生态建设与保护者的积极性，是促进水源保护的利益驱动机制、激励机制和协调机制的综合体。如果下游地区能够为上游分担一定的财政压力，那么上游地区就有动力来放弃污染，促进流域生态的保护和建设。因此，建立黄河流域生态补偿机制，可以理顺流域上下游间的生态关系和利益关系，促进协力治污，从而促进全流域社会经济可持续发展。

1.3 黄河流域生态补偿机制建设是流域和谐社会建设的重要组成部分[3]

黄河流域进行生态补偿机制建设对于构建流域内的社会主义和谐社会有重要意义。①黄河流域生态环境不断恶化，特别是水资源的分配冲突不断，矛盾重重，如果处理不当很可能会造成恶性事件。通过生态补偿机制建设，有助于缓解并最终消除这一矛盾。②黄河流域生态补偿机制的建设就是要建立一个公平合理、统一的生态补偿体系，以消除由于生态补偿的法律和政策的缺失或者不到位，以及生态补偿的执行偏差造成的许多生态补偿的不公平现象而产生的利益失衡、不公平状况，进而消除因生态维护与建设者的心理落差而滋生的不满情绪，增进社会的和谐。③黄河上游地区为了保护和涵养水源而采取种种措施，为全流域牺牲了自己的发展机会；中游地区工农业的迅猛发展消耗了大量水资源，产生的工业和生活废水也污染了水资源，导致下游的形势不断恶化等，这些矛盾的存在，将更加拉大上中下游地区的经济发展和人民生活水平差距。因此，如果生态补偿机制得以健全和落实的话，将消除地区间新一轮发展的不平衡问题，化解因利益失衡而产生的民族间矛盾，促进流域内和谐社会的建设。

2 流域生态补偿的内涵及基本原理

2.1 流域生态补偿的科学内涵

由于生态补偿本身的复杂性及国内外学者对生态补偿定义的侧重点不同，国内外学术界尚没有明确、统一的定义。一般来说，流域生态补偿主要包括生态破坏补偿和生态建设补偿两个方面。前者指对生态环境产生破坏或不良影响的生产者、开发者、经营者应对环境污染、生态破坏进行补偿，对生态环境由于现有的使用而放弃未来价值进行补偿；后者是生态受益地区、单位和个人对保护生态环境、恢复生态功能的生态建设地区、单位和个人实施的经济补偿。其实，生态补偿是权利义务关系的一种演化形式，它不但包括人与人之间的权利义务，同时也包括人与自然之间的权利义务关系[4-6]。

2.2　流域生态补偿的基本原理

流域是以水为主体的动态的生态系统，其上下游之间是联系十分紧密、生态关联性很高的有机整体。然而流域作为一个完整的自然区域，又为沿岸不同的行政区域所划分，目前流域管理上也是按行政区域进行分割管理的。这种管理体制使得下游地区只能被动接受上游地区的水量和水质，无法对上游地区进行干预，导致下游地区经济发展受到上游地区来水的制约。因此，需要将流域作为一个整体来考虑，明确上下游之间的权利和义务关系。如果上游地区严重污染的河流导致下游地区经济上受到严重损失或生态环境遭到恶化，上游地区理应给予下游地区相应的赔偿。相反，如果上游地区因减少排污或者在保护流域生态环境方面作出努力并因此付出相应的代价而使得整个流域包括下游地区从改善了的生态环境中受益，那么下游地区应当对上游地区所付出的代价予以必要的分担[7]。

3　黄河流域生态补偿机制基本框架的构建

3.1　流域生态补偿机制的建立应遵循的原则[8]

（1）谁开发谁保护，谁破坏谁恢复原则。对环境资源的开发、利用可能造成生态破坏，因此，环境资源的开发、利用者应按照"谁开发谁保护、谁破坏谁恢复的原则"承担相应的生态补偿责任。

（2）受益者补偿原则。生态环境资源的效益具有扩散性，即生态环境改善会使许多人受益。根据外部经济性理论，生态环境质量改善的受益者应为生态环境质量的改善支付相应的费用，以此鼓励人们注重保护环境、改善环境。

（3）公平性原则。环境资源是大自然赐予人类的共有财富，所有人都享有平等利用环境资源的机会。一个人对环境资源的利用，不能损害他人的利益，否则，就应该给受损害的人相应的补偿。

3.2　黄河流域生态补偿机制基本框架

3.2.1　流域生态补偿的对象和范围

界定黄河流域生态补偿的对象和范围即明确哪些地区、行业和群体是该流域生态治理的受益地区和受益主体，哪些是流域生态治理和保护的贡献地区和受损主体。流域生态服务的供给者就是该流域内生态补偿的受偿对象。在实践中，流域生态补偿的受偿对象主要有两类：水源地生态环境的建设者和水资源污染的受害者[7]。

上游地区作为水源涵养区，其所付出的成本，在整个流域甚至国内有着巨大的经济、社会和环境效益。上游为此所付出的成本，则当由下游对其进行相关补偿。如果上游地区对下游地区造成了水资源质和量的破坏，则下游不必实施补偿，相反应该要求上游地区承担责任并进行补偿。

3.2.2　黄河流域生态补偿标准

流域生态补偿过程中，确定补偿依据和补偿标准是非常重要的，也是推动流域生态补偿政策可操作性的必备条件和补偿的基本依据。对于黄河流域的补偿标准可以直接估算流域的生态保护投入和发展机会损失，主要考虑以下几个方面：①流域生态保护与建设的投入；②流域生态保护与建设对当地的发展损失；③流域内各地区与下游地区收入的差异。此外可用环境经济学的方法估算生态服务的价值[9]。

3.2.3　黄河流域生态补偿机制

流域生态补偿的机制是流域生态服务补偿的核心的内容，清晰的机制可以提供流域生态补偿不同环节存在的问题，为解决方案和政策建议提供参考。

3.2.4　黄河流域生态补偿的规则与立法

任何政策的执行都需要确定基本的规则，流域生态补偿立法可以从补偿的原则、标准、执行规范等方面为流域补偿政策的实施提供最直接的参考[10]。

3.2.5　黄河流域生态补偿的方式和途径

黄河流域生态补偿的方式，即解决采取何种途径进行黄河流域生态补偿，是提供流域生态补偿的一种思路。流域生态补偿的方式可以分为经济补偿与非经济补偿，其中经济补偿主要是通过财政转移支付制度、建立流域生态补偿专项基金与征收流域生态补偿税收等方式来实现的，非经济补偿包括政策补偿、实物补偿、人力资源补偿、异地开发等。黄河流域上下游之间的补偿可以采取多种方式相结合的办法。经济补偿是最直接的补偿方式，可以采用增收税款和财政转移等途径来实现；政策补偿和人力资源补偿是协调保护地区发展的关键，可以通过政府政策、协助培养人才和无偿转让或者限期转让技术等方式，以援助项目补偿这种途径来实现上下游之间的补偿[4]。

4　健全黄河流域生态补偿机制的对策建议

4.1　完善法律法规，明确补偿责任和义务

完善法律法规，明确补偿责任和义务，首先要建立科学、合理的流域管理体制，以充分体现流域管理机构在流域管理中的最高性和权威性，克服流域管理中的多头分割和地方分割所带来的弊端，为流域生态补偿的实现提供强大的组织支持。其次要建立完善的以上下游之间的排污权交易和水源涵养地与清洁水使用者之间的环境资源利用权交易为核心的流域环境权交易市场，以最大限度地解决上下游利益主体间因环境资源利用权而产生的各种矛盾。最后，还要完善流域财政收支制度。流域生态补偿机制的建立依赖于良好的财政收支制度。合理安排中央和地方财政的生态补偿资金负担，以有效避免中央和地方的相互推诿和相互扯皮弊病的发生。

4.2　建立科学合理的考核制度

目前国内的 GDP 核算制度还没有将生态环境遭到破坏的部分记入国民经济成本，这势必会造成盲目地追求当前利益而置生态环境于不顾的局面。因此，必须建立一种包括生态环境保护在内的绿色 GDP 核算制度，不仅能够有效约束不顾环境后果和他人利益的掠夺性、破坏性的开发，又能激发地方政府参与环境保护的积极性[11]。

4.3　加大政府投入，健全融资机制

政府可以通过征收生态补偿税来集中财力支持重点生态区域的生态保护与建设，同时

起到遏制污染环境和破坏生态的不良行为的作用。设立生态补偿专项基金是政府各部门开展生态补偿的重要形式，建立专项资金，对有利于生态保护和建设的行为进行资金补贴和技术扶助，如生态公益林补偿、水土保持补贴和农田保护等。此外，可以通过引进外国资金和项目来援助和保护流域内的生态环境。

4.4 积极开展技术、人才补偿

建立生态补偿机制并不仅是钱的问题，还要解决人才、技术交流、项目开发、能源转移等问题。积极开展技术咨询和指导，培养受补偿地区或群体的技术人才和管理人才，以提高受补偿地区生产技能、技术含量和管理组织水平。这样才能运用现代技术搞好流域生态建设[12]。

参考文献

[1] 李方源. 黄河流域水资源现状及规划[J]. 资源环境与节能减灾，2011（6）：120-121.

[2] 尹春荣，刘宁宁. 小清河流域生态补偿机制初探[J]. 能源与环境，2007（3）：73-75.

[3] 悦珂珂. 石羊河流域生态补偿机制研究[D]. 兰州：兰州大学，2008.

[4] 崔琰. 黑河流域生态补偿机制研究[D]. 兰州：兰州大学，2010.

[5] 孙宇. 论我国生态补偿机制的完善[J]. 文学爱好者，2011，3（1）：19-20.

[6] 陈瑞莲，胡熠. 我国流域区际生态补偿：依据、模式与机制[J]. 学术研究，2005，9：71-74.

[7] 黄玮. 流域生态补偿机制研究——以海河流域为例[D]. 北京：北京化工大学，2008.

[8] 张乐. 流域生态补偿标准及生态补偿机制研究——以淠史杭流域为例[D]. 合肥：合肥工业大学，2009.

[9] 胡小华，方红亚，刘足根，等. 建立东江源生态补偿机制的探讨[J]. 生态保护，2008，388（18）：39-43.

[10] 郑海霞，张陆彪，封志明. 金华江流域生态服务补偿机制及其政策建议[J]. 资源科学，2006，28（5）：31-35.

[11] 应璐. 基于CDM思想的中国流域补偿机制思考[J]. 今日科技，2007（8）：42-44.

[12] 彭芳. 珠江流域生态补偿机制研究——基于广西、云南、贵州等民族地区经济的可持续发展[D]. 武汉：中南民族大学，2008.

海西生态补偿机制构建的思考

Reflections on the Construction Mechanism of Haixi Ecological Compensation

杜　强*

（福建社会科学院，福州　350001）

[摘　要]　生态补偿机制是对生态环境这类特殊的公共产品设计的以协调生态补偿相关方利益关系的一种制度化安排。过去，海西在森林、流域、矿山开采等领域展开了生态补偿的实践与探索，对生态环境的保护起到重要作用。今后，应进一步健全、完善生态补偿机制这一制度化安排。从重视立法先行、突出政府主导、坚持市场运作、创新补偿方式、强化绩效考核等方向努力，逐步完善海西生态补偿机制。

[关键词]　海西　生态补偿机制　思考

Abstract　Ecological compensation mechanism is designed for ecological environment，the special public product，a kind of institutional arrangement to coordinate the ecological compensation relevant parties' relation. In the past，marine carries ecological compensation practice and exploration in river forest，mining and other fields，playing an important role in protecting the ecological environment. In the future，we should further perfect ecological compensation mechanism，emphasis on the legislative，highlighting the government dominant，adhering to market operation，and innovation，strengthening performance appraisal to gradually improve the mechanism for ecological compensation.

Keywords　Haixi，Ecological compensation mechanism，Reflection

生态补偿机制是针对广义生态环境这类特殊的公共产品，进行诸如消费、保护与恢复行为而设计的以协调生态补偿相关方利益关系的一种制度化安排，以维持生态环境良好的生态产品生产力。建立、健全、完善生态补偿机制，对于海峡西岸经济区建设生态优美之区具有重要促进和保障作用。

1　建立实施海西生态补偿机制的意义

（1）有利于深入贯彻落实科学发展观。科学发展观第一要义是发展，核心是以人为本，基本要求是全面协调可持续性，根本方法是统筹兼顾。这些均离不开节约资源、保护环境，

---

* 作者简介：杜强，福建社会科学院研究员，邮编：350001。电话：13705971856。

离不开经济发展与人口资源环境相协调，离不开人与自然相和谐。实施生态补偿机制，对于海西践行科学发展主题，实现经济发展与环境相协调，人与自然相和谐具有重要意义。

（2）有利于建设"两型社会"和"生态文明"。国家和福建"十二五"规划明确提出要推动绿色发展，建设资源节约型、环境友好型社会。以节能减排为重点，健全激励与约束机制，加快构建资源节约、环境友好的生产方式和消费模式，增强可持续发展能力。党的十七大首次明确提出"建设生态文明"，国家发布的《海峡西岸经济区发展规划》要求，到 2020 年，海峡西岸经济区发展目标之一是要建设成为生态优美之区。生态文明建设位居全国前列，成为人居环境优美、生态良性循环的可持续发展地区。构建公平、公正、有效的生态补偿机制，可以为海西污染治理与生态保护提供动力和资金支持以及制度保障，有利于"两型社会"和"生态文明"建设。

（3）有利于打破行政区划界限，从源头上保护生态环境，推进区域协调发展。生态环境问题大多涉及跨越行政区划界限，仅靠行政区域内的力量很难解决，也缺乏动力压力去解决。而建立实施一种生态补偿的长效机制，就可以从制度上保障涉及跨行政区划的污染治理与生态保护。例如，闽江流域涉及三明、南平、福州 3 个行政区，上游的三明、南平市为保护闽江水质和流域生态环境付出了生态保护成本和放弃发展机会的损失，下游受益地区福州就应该对上游的三明、南平市支付相应的补偿。如此，可以实现区域间联手进行污染治理与生态保护，共创"双赢"，推进区域间的协调发展。

（4）有利于不断满足人们对生态产品的需求。人的需求既包括对物质产品的需求，也包括对精神产品的需求，同样也包括对清新空气、干净水源、宜人气候等优良生态产品的需求。随着生活水平的提高，人们对优良生态产品的需求不断增加，要求不断提高。建立实施生态补偿机制，有利于保护生态环境，提高自然界提供优质生态产品的生产力，不断满足人们对生态产品的需求。

2　海西生态补偿机制的主体框架设计

2.1　生态补偿的责任主体与受益主体

由于生态产品具有消费非竞争性和受益非排他性两大基本特征，属于公共产品。对于公共产品的供给，政府应担当主角，发挥主导作用。因而，政府是理所当然的生态补偿的责任主体。同时，生态产品的消费者和受益者，或者生态环境的破坏者也是生态补偿的责任主体。虽然政府是生态补偿的责任主体，但并不是当然的付费主体。按照"谁开发谁保护、谁破坏谁恢复、谁受益谁补偿、谁污染谁付费"的生态补偿原则，政府、企业、个人均可成为付费主体。生态补偿的受益主体主要包括生态环境遭到破坏的受害者和对生态环境进行保护的保护者。

2.2　生态补偿的标准

从理论上来说，生态保护的直接投入和机会成本是确定生态补偿的最低标准。而从更科学、更公正的角度，生态补偿标准的确定，要从生态环境或资源破坏与重建成本、发展权损失、生态系统服务的价值等来进行核算。具体来说，生态补偿标准的确定应综合考虑 6 个方面：①生态系统或生态资源服务的价值。为了保护生态系统的服务功能、环境容量或资源服务的价值，需要投入人力、财力和物力，这些投入应作为补偿的依据。②资源用途选择产生机会成本。如山坡地由种植农作物改为植树种草造成收入差异就是机会成本。

又如房地产用地或工业用地变为绿化用地导致收入损失就是机会成本。③失去发展权的损失。为了保护生态环境，处于限制和禁止开发区域内的主体（地方政府、企业、个人）失去或牺牲部分的发展权而导致的损失。④生态恢复成本。即将生态环境恢复到污染、破坏前所需的投入。⑤生态受益者可承受的支出。为了享受良好的生态产品服务，生态受益者愿意向提供者支付相关生态产品和服务的费用。⑥经济发展水平和居民收入水平。在确定生态补偿标准时，要结合考虑当地的经济发展水平、财政收入水平和居民收入水平，并逐年根据当地经济发展水平、财政收入水平和居民收入水平的变化进行微调。

2.3 生态补偿的资金来源

目前，在中国，生态补偿的资金来源主要源自政府财政拨款。海西也不例外，实行的是财政转移支付。今后，除政府财政拨款金额要随当地的经济发展水平、财政收入水平提高而增加外，市场化原则筹集的资金要成为生态补偿资金的主要来源，如征收环境税、生态税、采矿生态恢复基金、排污处理费等。

2.4 生态补偿的主要方式

生态补偿的主要方式分为政府补偿、市场补偿两大类型。基于目前的中国国情，政府补偿是比较容易运作的生态补偿方式。对于生态环境（资源）这种带有浓厚公共产品性质的产品，政府补偿也是比较重要的方式。政府基于生态环境的公共产品属性、生态安全、区域协调发展、社会稳定等目标，直接采用财政转移支付、环境税费制度等政策手段进行补偿。市场补偿视生态系统提供的服务和资源为一种产品，其价值可以通过市场买卖双方交易的途径来体现。如探索生态产品使用权交易等多种形式的生态补偿方式。目前，海西的生态补偿的市场补偿机制还处在探索之中，实践中仅对产权关系相对明确的生态产品和服务采取市场补偿机制。今后，应积极探索、鼓励、引导实施下游地区对上游地区、开发地区对保护地区、生态受益地区对生态保护地区的生态补偿，加大市场化补偿力度。

2.5 生态补偿的重点领域

从海西的环境与生态保护的实际出发，目前应实施生态补偿机制的重点领域要包括列入《全国主体功能区规划》中的限制开发区域（农产品主产区）、重点生态功能区、禁止开发区域（国家级自然保护区、世界文化自然遗产、国家级风景名胜区、国家森林公园、国家地质公园）以及省级自然保护区、矿产资源开发、湿地、水环境综合治理和水源涵养地保护，闽江、九龙江等水生态廊道等区域。仅福建国家级自然保护区，就有福建厦门珍稀海洋物种国家级自然保护区、福建君子峰国家级自然保护区、福建龙栖山国家级自然保护区、福建闽江源国家级自然保护区、福建天宝岩国家级自然保护区、福建戴云山国家级自然保护区、福建深沪湾海底古森林遗迹国家级自然保护区、福建漳江口红树林国家级自然保护区、福建虎伯寮国家级自然保护区、福建武夷山国家级自然保护区、福建梁野山国家级自然保护区、福建梅花山国家级自然保护区。国家级风景名胜区有武夷山风景名胜区、清源山风景名胜区、鼓浪屿—万石山风景名胜区、太姥山风景名胜区、桃源洞—鳞隐石林风景名胜区、金湖风景名胜区、鸳鸯溪风景名胜区、海坛风景名胜区、冠豸山风景名胜区、鼓山风景名胜区、玉华洞风景名胜区、十八重溪风景名胜区、青云山风景名胜区。这些自然保护区、风景名胜区均需要协调管理和投入，区内居民迁出安置补偿，引导当地政府和周边居民转变生产生活方式，因而很有必要研究建立生态补偿相关制度。

3　构建海西生态补偿机制的对策

21 世纪初，福建就开始探索采取生态补偿机制解决生态环境保护问题的实践，是较早提出建立水源地生态补偿机制并付诸实践的省份。2003 年以莆田东圳等 10 个水库作为试点，从水费中提取一定比例的资金作为生态补偿费。2007 年出台《闽江、九龙江流域水环境保护专项资金管理办法》，规定闽江、九龙江下游 6 市政府必须每年安排 500 万～1 000万元不等的资金上缴省财政，专款用于水源保护和流域污染整治项目，探索建立流域上下游生态补偿机制。2003 年探索生态公益林不同经营主体经营管理模式和合理有效资金投入机制，建立生态公益林资源监测与评价体系，开展了生态公益林限制性利用试点。2005 年修订出台了《福建省生态公益林管理办法》，进一步规范了生态公益林的保护管理。2007年福建省政府出台了"政府投入为主，受益者合理负担"的下游补上游的政策，在中央财政补偿的基础上，将国家和省级重点生态公益林的补偿标准提高到 105 元/hm²（包含管护费等）。2009 年又出台《中共福建省委　福建省人民政府关于持续深化林改建设海西现代林业的意见》，将生态公益林补偿标准提高到每亩 12 元/a，自然保护区每亩 15 元/a。由于处于探索阶段，海峡西岸经济区生态补偿机制还存在不够完善的方面，如缺乏有关生态补偿专业性法律法规保障、生态补偿资金太少、补偿类型单一、市场化程度低等。今后，可以考虑从以下 5 个方面逐步完善海西生态补偿机制。

（1）重视立法先行。重视立法先行包含两个方面的含义：①要尽快完善有关海西生态补偿的法律法规体系，做到有法可依。目前，生态补偿在我国仍处于探索阶段，国家还没有统一的法律法规要求，不同地区的操作模式千差万别。海西要结合自身实际，借鉴国内外相关经验，制定完善海西生态补偿机制的专项法规，加快制定实施生态补偿条例或《生态补偿法》。明确政府、生态环境资源开发受益者、受害者和生态环境保护者的权利和责任，将生态补偿的范围、对象、方式、标准等以法律条文形式确定下来，并根据情况变化及时进行调整修改。②要有法必依，执法必严。在实际工作中，严格监管生态环境破坏主体和受益主体的责任，充分保障生态环境保护主体和受害主体的权益，要通过立法、执法，建立保障生态补偿的长效机制。

（2）突出政府主导。政府发挥主导性作用，严格监督生态补偿，承担协调和仲裁的责任，运用生态补偿机制引导生态保护与建设活动。由于生态补偿牵涉的行政区域和管理部门众多，省上应建立跨行政区划的协调管理机构，打破行政区划的限制，制定区域生态建设规划并负责监督执行。三明、南平、福州、龙岩、漳州、泉州、厦门等相关设区市政府要相应成立生态补偿对口的协调管理机构，负责执行涉及生态补偿的相关制度安排。

（3）坚持市场运作。建立生态补偿机制，目的就是对涉及生态环境保护、消费领域事项，实施政府主导下的市场化生态补偿机制。要按照"谁开发谁保护、谁受益谁补偿"的原则，建立和实施生态补偿机制。对自然保护区的生态补偿标准，应根据自然保护区的保护成本、基于保护而丧失发展机会的损失，以及自然保护区这一生态系统服务价值评估数值综合考虑后确定。对矿产开发的生态补偿标准，应根据矿区生态环境恢复成本和当地政府和居民因矿产开发而丧失发展机会的损失综合考虑后确定。

（4）创新补偿方式。目前，在生态补偿实践中存在补偿方式单一、补偿标准低、金额少、执法不严等问题。以矿产资源开发为例，根据《矿产资源法》第 32 条规定，"开采矿产资源，应当节约用地。耕地、草原、林地因采矿受到破坏的，矿山企业应当因地制宜地采取复垦利用、植树种草或者其他利用措施。开采矿产资源给他人生产、生活造成损失的，应当负责赔偿，并采取必要的补救措施。"在实际生活中，矿山企业向政府缴纳了矿产资源补偿费、探矿权使用费和采矿权使用费、探矿权价款和采矿权价款等矿产资源生态补偿的税费，但政府没有把收上来的这些生态补偿的税费足额用于矿产所在地政府和居民，以补偿其因矿山开发造成生态破坏或牺牲生存权、发展权而应得的生态补偿金。完善生态补偿机制，应根据政府财政增长速度，逐年加大生态补偿的转移支付力度。研究设立海西生态补偿专项资金。开征流域生态补偿费。创新补偿方式，探索"异地开发"的生态补偿方式。比如，为了避免闽江流域上游的三明市、南平市发展污染性工业造成水污染和生态破坏问题，可以采取在福州市区域内划出一定面积的土地给三明市、南平市分别建立工业开发区，并给予政策和基础设施建设上的支持，由其自主招商引资，工业开发区的产值和利税归三明市、南平市拥有。海西其他市县也可以探索采取这种生态补偿的创新方式。

（5）强化绩效考核。建立健全保障涉及生态补偿的绩效考核评价体系。要强化监管，对获得的生态补偿资金要专款专用，不得挪作他用，并将其作为政绩考核依据之一。要建立健全符合科学发展观要求并有利于推进形成生态补偿机制的绩效考核评价体系，并强化考核结果运用。对列入国家主体功能规划的地区，按照不同区域的主体功能定位，实行各有侧重的绩效考核评价办法。限制开发的重点生态功能区，实行生态保护优先的绩效评价，强化对提供生态产品能力的评价，弱化对工业化城镇化相关经济指标的评价，主要考核大气和水体质量、水土流失和荒漠化治理率、森林覆盖率、森林蓄积量、草原植被覆盖度、草畜平衡、生物多样性等指标。把有利于贯彻落实海西生态补偿机制的绩效考核评价体系与和中央制定的地方党政领导班子和领导干部综合考核评价试行办法等考核办法有机结合起来，综合考核评价结果，作为干部选拔任用、培训教育、奖励惩戒的重要依据。

参考文献

[1] 毛显强，钟瑜，张胜. 生态补偿的理论探讨[J]. 中国人口·资源与环境，2002（12）.

[2] 毛峰，曾香. 生态补偿的机理与准则[J]. 生态学报，2006-11-26.

[3] 王金南，万军. 中国生态补偿政策评估与框架初探. 生态补偿机制与政策设计国际研讨会论文集[M]. 北京：中国环境科学出版社，2006.

[4] 吴晓青. 加快建立生态补偿机制 促进区域协调发展[J]. 求是，2007（19）.

[5] 胡熠，黎元生. 完善闽江流域生态补偿机制的立法思考[J]. 福建论坛（人文社会科学版），2007（11）.

[6] 江正铨，冯树清，吴满元. 福建省生态公益林管护和补偿机制问题及对策探讨[J]. 林业资源管理，2009（3）.

[7] 国务院. 全国主体功能区规划. 国发[2010]46 号，2010-12-21.

流域阶梯式生态补偿标准研究及应用

A Study on Ladder Ecological Compensation Standard for River Basin and Its Application

于鲁冀 [1, 2*]　梁亦欣 [2, 3]　葛丽燕 [1]　吕晓燕 [1]

（1. 郑州大学，郑州　450001；

2. 郑州大学环境政策规划评价研究中心，郑州　450002；

3. 郑州大学环境技术咨询工程公司，郑州　450002）

[摘　要]　基于目前"一刀切"式生态补偿标准存在的不足和河南省水环境生态补偿政策实施需求，本文首次提出并开展流域阶梯式生态补偿标准及应用研究。首先以河南省辖流域责任目标考核断面目标值为基础，采用聚类分析法将河南省流域生态补偿标准划分为 5 个不同的梯级。其次，在调查河南省城镇污水处理厂的基础上，通过收集河南省136 个有效污水处理厂运行数据，借助SPSS 软件，分别建立污染物进水浓度与其单位治理成本之间的计量经济模型，并运用相应的模型对各梯级污染物治理成本进行预测与核算，并以此为依据确定相应阶梯的生态补偿标准。最后，充分考虑科学性和可操作性，从不同角度分别提出了生态补偿金计算模型。

[关键词]　阶梯　生态补偿　标准　模型

Abstract　Based on the Existing Problems in current ecological compensation standard of guillotine and demands of ecological compensation in Henan，the author of this paper thus put forward and researched ladder ecological compensation and its application.At first，based on the target value of river basin's responsible target assessment section in Henan Province，river basin ecological compensation standard of Henan Province was divided into five different steps by cluster analysis.Secondly，based on the investigation of the urban sewage treatment plant in Henan province by collecting 136 effective sewage treatment plant operating data，using SPSS software，we establish the econometric models between the inuflent concentration of pollutants and the unit treatment costs and apply the appropriate models to predict and account the pollutant treatment costs of each step. And the results are used to determine the approprite ecological compensation of each step.Finally，the computational model of ecological compensation is made from different angles by accounting of scientific and operability.

Keywords　Ladder，Ecological Compensation，Standard，Model

---

* 作者简介：于鲁冀（1962—），男，教授。主要从事环境政策、环境规划、环境工程、环境微生物及环境影响评价相关研究。

近年来，作为解决水环境问题的有效环境经济手段，流域生态补偿被广泛提及，并成为研究和实践的热点[1]。综观国内外流域生态补偿研究和实践情况，均采用"一刀切"式的生态补偿标准。"一刀切"式的生态补偿标准，采用统一基点，不能充分体现不同水环境功能水体所蕴涵的生态价值差异，也不能体现污染程度不同的水体所造成的危害差异。

随着政府对环保工作的重视，河南省流域水环境质量不断得到改善，省辖四大流域 COD 浓度年均值由 2008 年的 43.20 mg/L 降低为 2010 年的 30.49 mg/L，氨氮浓度年均值由 2008 年的 5.23 mg/L 降低为 2010 年的 3.21 mg/L，河流水质浓度不断降低，水质越来越好，大幅度改善的空间也越来越小，目前"一刀切"式生态补偿标准结构不能完全满足于水质"窄幅"动态变化情况下生态补偿的需求。因此，为建立河南省流域生态补偿长效机制，本文提出阶梯式生态补偿的概念，对流域阶梯式生态补偿标准和其应用进行研究。

1 流域阶梯式生态补偿标准研究点

流域生态补偿机制一般包含"上游地区对下游地区污染物超标所造成损失的补偿"和"下游地区对上游地区输送优于标准水质的补偿"两个方面[2]，即当上游地区的水资源利用或污染物排放超过了相应的总量控制标准或跨界断面的考核标准时，上游对下游进行补偿；当上游地区提供的生态服务价值使全流域受益时，下游对上游进行补偿。而河南省实行的生态补偿机制主要是侧重第一个方面，所以结合河南省实际情况，本文流域阶梯式生态补偿标准的研究主要是指上游地区对下游地区污染超标所造成损失的补偿标准。

2 阶梯式生态补偿标准研究

2.1 研究方法

中国社会科学院农村发展研究所谭秋成研究员认为："成本是生态补偿项目中损失者的保留效用，是利益相关者谈判和生态补偿制定的基础，"[3]而近年来，随着数学和经济学方法在生态学研究领域内的不断发展，数学和经济学方法结合建立所需计量经济模型的方法在环境经济政策研究过程中的应用越来越多，该方法通常是采用研究区域的某些相关实际运行或统计数据，研究得出的结论比较符合当地的实际情况，可操作性相对较强[4]。所以本文采用污水治理成本法，运用河南省城镇污水处理厂运行数据，通过建立计量经济模型预测各种水质浓度的水治理成本，从而对生态补偿标准进行深入研究。

2.2 梯级划分

选择研究区域内流域所有考核断面的水质考核目标值，运用数理统计中的聚类分析法，对考核断面的水质考核目标值进行聚类，根据聚类结果，结合可行性、可操作性等原则，将断面水质考核目标值共分为 m 个不同的梯级，其中 $a_{i(n-1)} \sim a_{in}$ 表示第 n 阶梯，$n \leq m$，i 为第 i 种污染因子。

借助 SPSS 软件，采用系统聚类分析法对 2010 年河南省辖流域考核断面责任目标值（主要指 COD 与氨氮）分别进行聚类，根据聚类结果，将河南省流域阶梯式生态补偿标准划分为以下 5 个不同的梯级，具体如表 1 所示。

表 1　河南省流域阶梯式生态补偿标准梯级划分结果

考核因子	第一梯级	第二梯级	第三梯级	第四梯级	第五梯级
COD 责任目标值/（mg/L）	COD≤30	30＜COD≤40	40＜COD≤50	50＜COD≤60	COD＞60
氨氮责任目标值/（mg/L）	氨氮≤1.5	1.5＜氨氮≤2	2＜氨氮≤5	5＜氨氮≤8	氨氮＞8

注：当考核水体为饮用水水源时按照饮用水水源地的标准执行，为非饮用水水源时按照第一梯级执行。

2.3　生态补偿标准研究

2.3.1　污水治理成本计量经济模型建立

选取河南省涉及 18 个省辖市的 138 个有效城市污水处理厂 2010 年运行数据（包括污染物进、出水浓度、累计用电量和累计处理水量等）为研究样本建立污水治理成本计量经济模型。

（1）根据河南省电网直供销售电价表，河南省一般工商业及其他用电电价为 0.761 元/（kW·h），同时，在城市污水处理厂中，电费一般约占运行成本的 40%～60%[5]。根据已调查收集的河南省城市污水处理厂的累计用电量，分别对其运行成本进行估算，从而得到污水处理厂运行成本的上、下限区间（分别根据电费占运行成本的 40%、60% 得出）。

（2）运用治理成本系数法[6]，分别根据污水处理厂运行成本区间上、下限值计算相应的城市污水处理厂第 i 种污染物单位治理成本的上、下限区间。

（3）运用计量经济学原理，分别采用污染物单位治理成本上、下限值，借助 SPSS 软件模拟污染物进水浓度与其单位治理成本之间的关系（图 1～图 4），根据模拟结果，得出第 i 种污染物进水浓度与其单位处理费用之间的计量经济模型如下[7]：

☞　基于治理成本上限的污染物治理成本模型：

$$y_{COD}=0.159x_{COD}^{-0.864} \tag{1}$$
$$y_{氨氮}=0.041x_{氨氮}^{-0.486} \tag{2}$$

☞　基于治理成本下限的污染物治理成本模型：

$$y_{COD}=0.106x_{COD}^{-0.864} \tag{3}$$
$$y_{氨氮}=0.027x_{氨氮}^{-0.486} \tag{4}$$

在上述 4 个公式中：

x_{COD} ——COD 进水浓度，mg/L；

$x_{氨氮}$ ——氨氮进水浓度，mg/L；

y_{COD} ——COD 削减 1 mg/L 所需的处理费用，元；

$y_{氨氮}$ ——氨氮削减 1 mg/L 所需的处理费用，元。

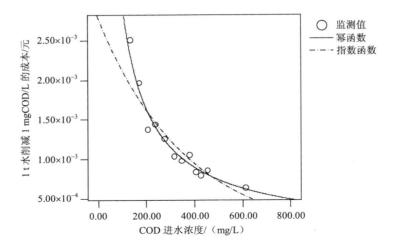

图 1　基于治理成本上限的 COD 治理成本模型

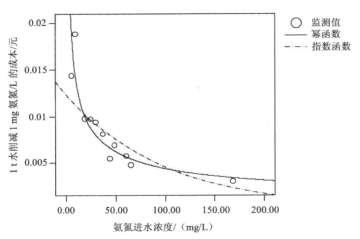

图 2　基于治理成本上限的氨氮治理成本模型

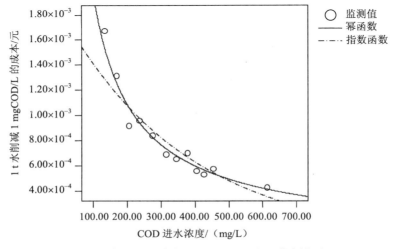

图 3　基于治理成本下限的 COD 治理成本模型

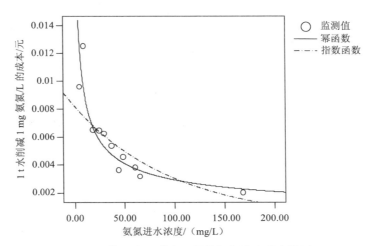

图 4　基于治理成本下限的氨氮治理成本模型

2.3.2　生态补偿标准确定

（1）污水治理成本预测。根据前述所建立的污染物治理成本计量经济模型，对每吨水每削减 1 mg/L 污染物浓度的治理成本进行预测，并计算各梯级的水处理成本，具体计算公式为：

$$Y_n = \sum_{j=1}^{n} y_{ij}$$

式中：i——第 i 种污染物；j=1，2…，n；

$\quad\quad y$——每吨水中第 i 种污染物削减 1 mg/L 所需的处理费用，元；

$\quad\quad Y_n$——第 n 阶梯范围的水污染物治理成本，元。

（2）生态补偿标准确定。在上述进行梯级划分和相应梯级水处理成本预测的基础上，本文提出根据公式 $M_i=(a_{in}-a_{i(n-1)})\times 10^{-6}$ 计算各梯级范围内每吨水中第 i 种污染物含量，进而根据 $P = \dfrac{Y_n}{M_i}$ 计算各梯级第 i 种污染物的单位治理成本。根据上述建立的各个治理成本计量经济模型，分别核算出 COD 由 65 mg/L 削减到 20 mg/L，氨氮由 9 mg/L 削减到 1 mg/L 这一范围内的污染物单位治理成本，并以该治理成本作为基准值，以基准值与对应梯级的污染物治理成本之间的比值作为相应的污染物补偿标准确定系数，根据基准值和对应梯级的补偿标准系数乘积得出对应梯级的污染物补偿标准上、下限值（表 2）。

表 2　流域阶梯式生态补偿标准上限核算结果

	第一阶梯 （COD≤30； 氨氮≤1.5）	第二阶梯 （30<COD≤40； 1.5<氨氮≤2）	第三阶梯 （40<COD≤50； 2<氨氮≤5）	第四阶梯 （50<COD≤60； 5<氨氮≤8）	第五阶梯 （COD>60； 氨氮>8）
COD 补偿标准确定系数	0.7	1	1.2	1.4	1.6
COD 补偿标准上限/（元/t）	4 693	6 705	8 046	9 387	10 728
COD 补偿标准下限/（元/t）	3 129	4 470	5 364	6 258	7 152
氨氮补偿标准确定系数	0.6	0.7	1.0	1.2	1.4
氨氮补偿标准上限/（元/t）	11 377	13 274	18 962	22 755	26 547
氨氮补偿标准下限/（元/t）	7 768	9 062	12 946	16 830	18 124

从上述研究过程来看，以河南省 2010 年 136 个有效污水处理厂（涉及河南省 18 个省辖市）运行数据为基础数据进行生态补偿标准研究，密切结合了河南省实际情况，具有较强的代表性。

通过上述研究分别确定了 COD 与氨氮生态补偿标准上、下限，也就是 COD 与氨氮的补偿标准可分别从上、下限范围之间进行选取。为保证与现行《河南省水环境生态补偿暂行办法》（有水质功能的补偿标准为 COD 2 500 元/t，氨氮 10 000 元/t；无水质功能的补偿标准为 COD 5 000 元/t，氨氮 20 000 元/t）的衔接性，同时考虑社会经济发展、有无水质功能等因素，制定河南省流域阶梯式生态补偿标准如表 3 所示。

表 3　河南省流域阶梯式生态补偿标准

	第一阶梯 COD≤30； 氨氮≤1.5	第二阶梯 30＜COD≤40； 1.5＜氨氮≤2	第三阶梯 40＜COD≤50； 2＜氨氮≤5	第四阶梯 50＜COD≤60； 5＜氨氮≤8	第五阶梯 COD＞60； 氨氮＞8
COD/（元/t）	3 500	4 500	5 500	7 000	8 000
氨氮/（元/t）	8 000	10 000	14 000	20 000	25 000

3　生态补偿金计算模型研究

以"充分调动考核地区改善水环境质量的积极性"为前提，以"科学性、易操作性"为原则，结合当地流域特征、水质特征、管理情况和经济发展情况等因素，本文在采用阶梯式生态补偿标准的基础上，引入适当的动态激励系数，对超标程度不同的断面实行不同的惩罚力度，建立生态补偿金计算模型如下：

$$P = \sum_{n=1}^{n} P_i = \sum_{n=1}^{n} (C_i - C_{i0}) \times q_i \times P_{i0} \times t \times \delta$$

式中：N——监测因子个数；

　　　P_i——生态补偿金，万元；

　　　C_i——考核断面水质浓度监测值，mg/L；

　　　C_{i0}——考核断面水质责任目标值，mg/L；

　　　q_i——考核断面周平均监测流量，m^3/s；

　　　P_{i0}——污染物生态补偿标准，万元/t；

　　　t——污染赔偿金计算周期，s；

　　　δ——动态激励系数，$\delta = C_i / C_{i0}$（$\delta > 1$）。

4　研究结论

本研究以完善目前流域"一刀切"式生态补偿标准存在的不足和解决河南省现行水环境生态补偿机制存在问题为目的，以河南省辖四大流域为例，对流域阶梯式生态补偿标准及应用进行了深入研究，主要得出以下结论：

（1）以"科学性和实用性"为前提，结合河南省辖流域考核断面的政府考核目标值，采用聚类分析法，将河南省流域阶梯式生态补偿标准（包括 COD 和氨氮两个考核指标）

划分为 5 个不同的梯级。

（2）在调查河南省城镇污水处理厂的基础上，通过收集并采用河南省 2010 年城镇污水处理厂的污染物进水和出水浓度、耗电量等运行数据，运用数学和经济学方法，对污染物治理成本进行深入研究，并从可操作的角度出发，在考虑与河南省现行水环境生态补偿机制相衔接的基础上研究制定了河南省流域阶梯式生态补偿标准。

（3）以"科学性，易操作性"为原则，建立了与流域阶梯式生态补偿标准相应的生态补偿金计算模型，为河南省和其他地区流域阶梯式生态补偿机制的研究和实施分别提供了研究和实践依据。

参考文献

[1]　张惠远，刘桂环. 流域生态补偿与污染赔偿机制[J]. 世界环境，2009（2）：34-35.

[2]　张乐. 流域生态补偿标准及生态补偿机制研究[D]. 合肥：合肥工业大学，2009.

[3]　谭秋成. 关于生态补偿标准和机制[J]. 中国人口·资源与环境，2009，19（6）：1-6.

[4]　李晓光，等. 生态补偿标准确定的主要方法及其应用[J]. 生态学报，2009（8）：4431-4440.

[5]　王佳伟，张天柱，陈吉宁. 污水处理厂 COD 和氨氮总量削减的成本模型[J]. 中国环境科学，2009，29（4）：443-448.

[6]　谭亚荣，郑少锋，等. 环境污染物单位治理成本确定的方法研究[J]. 生产力研究，2007（24）：52-53.

[7]　刘晓红，虞锡君. 基于流域水生态保护的跨界水污染补偿标准研究[J]. 生态经济，2007（8）：129-135.

我国矿产资源开发生态补偿政策的回顾与展望

Review and Outlook about China's Mineral Resources Ecological Compensation Policy

丁岩林* 李国平

（西安交通大学经济与金融学院，西安 710061）

[摘 要] 本文以我国生态补偿的四大重点领域之一的矿产资源开发中的生态补偿政策的发展为主线，指出我国矿产资源开发生态补偿大体经历了 3 个阶段：征收生态补偿费阶段、缴存环境治理保证金阶段和综合治理阶段；体现了我国环境政策从命令—控制模式向经济激励模式转变的进程，行政管理手段从以行政征收为主向行政指导和行政合同为主转型的过程，实施依据从非规范性文件向法规（行政、地方）、规章转化的方向。在试点推行的过程中，地方政策的正当性和合理性值得怀疑，地方政策的差异性不可避免造成市场竞争的不公平；国家层面法律规范的缺失是目前乱象的主因。本文认为，统一立法是生态补偿机制有效推进的基础和前提；矿产资源开发的生态补偿不等于生态补偿费，生态补偿是个内涵丰富的概念，既包括物质层面的补偿，也包括政策补偿以及能力补偿；补偿原则既遵循污染者负担原则（广义），同时以集体负担和共同负担为补充；矿区环境是整体性区域，应打破条块分割、部门分立的模式，以流域治理的理念理顺补偿机制，建立协调性机构，统合各相关性的规费，统一纳入环境治理保证金和环境治理基金之中。其理想的模式就是目前保证金加基金的模式，而不是环境税的思路，这种点对点的模式市场导向更明确，激励机制更有效，与行政许可的结合也可以更好地达到事前预防的目的。

[关键词] 生态补偿 生态补偿费 矿山生态环境恢复保证金 可持续发展基金

Abstract This paper uses mineral resources ecological compensation policy development, one of the four important the ecological compensation fields in China as masterstroke, points that China mineral resources development and ecological compensation has experienced three stages on the whole: Ecological compensation fee collection stage, outstanding environmental protection deposit stage and comprehensive management stage. This reflected China's environmental policy from the command control model to the economic incentive mode transformation process, administrative means from administrative imposition of administrative guidance and contract transformation process to the normative document to regulations (administrative, place), the rules and the direction of transformation. In the pilot process, local policy legitimacy and rationality is doubtful, local policy differences inevitably

* 作者简介：丁岩林，男，山东沾化人，法学博士，西北政法大学讲师，西安交通大学应用经济学博士后，专业领域：环境法与环境政策、环境经济学；通信地址：陕西省西安市长安南路 300 号 88 信箱（710063），电话：15029088001，E-mail：ecologylaw@163.com。

cause the market to unfair competition; the national level the disappearance of legal norm is the main cause of chaos. The article holds that, uniform legislation is the foundation and prerequisite to effectively promote ecological compensation mechanism; ecological compensation of mineral resource is not equal to the ecological compensation; ecological compensation is a meaningful concept, including both physical dimensions of compensation, including policy compensation and capacity compensation. The principle of compensation not only follows the polluter pays principle (generalized), also uses the collective burden and the common burden as complement. Mining area environment is the whole region, we should break the compartmentalization, departments of discrete model, in order to watershed management concept adjusting compensation mechanism, establish the coordination mechanism, integration between fees, unified into environmental protection deposit and the environment management fund. The ideal mode is the current margin plus fund mode instead of the environment tax idea. This kind of point to point mode oriented market more clearly, incentive mechanism more effective, combined with administrative license also can better achieve beforehand prevention purposes.

Keywords Ecological compensation, Ecological compensation fee, Ecological environmental rehabilitation security, Sustainable development fund

生态补偿——近几年炙手可热的词语，频繁出现于政府工作报告、政策文件以及学术界的文章之中。不过，由于该词的独创性以及国内尚没有正式的法律文件对其进行界定，生态补偿的内涵与外延存在很大的争议，无论是国外的生态服务付费还是生态效益付费都无法与之形成一一对应关系，从而进一步加剧了生态补偿概念的争议性。不过，概念的争议并没有影响生态补偿的实践和发展。从地方的试点到中央的指导性文件，生态补偿已经从理论走向了实践并取得了一定的成效。2010 年 4 月 26 日，由国家发改委牵头，联合国家相关部委正式成立生态补偿条例起草专家组，计划当年予以出台（未果）。

1 我国矿产资源开发生态补偿政策回顾

从我国矿产资源生态补偿形式的发展变化，大体可以分为 3 个阶段：

1.1 征收生态补偿费阶段（1983—2001）

早在 1983 年，云南省环保局以昆阳磷矿为试点，对每吨矿石征收 0.3 元，用于采矿区植被及其他生态环境恢复的治理，取得了良好效果。1989 年我国环保部门会同财政部门，在广西、江苏、福建、陕西榆林、山西、贵州和新疆等地试行生态环境补偿费。1993 年，内蒙古、包头和晋陕蒙接壤地区等 17 个地方，试行征收生态环境补偿费，其征收依据大多都是政府的红头文件。随后部分地方政府出台了地方规章和其他规范性文件如 1997 年《陕西榆林、铜川地区征收生态环境补偿费管理办法（试行）》《铜川市征收生态环境补偿费实施办法（试行）》。但因无上位法依据涉嫌乱收费而于 1999 年被取消。1989 年江苏省人民政府实施了《江苏省集体矿山企业和个体采矿业收费试行办法》，规定对集体矿山和个体采矿业开始征收矿产资源费和环境整治资金，征收标准为销售收入的 2%~4%，并规定由环保部门管理和征收。1992 年，广西壮族自治区政府发布《广西壮族自治区集体矿山企业和个体采矿、选矿环境管理办法》，对采选矿产和煤炭征收排污费（实质为生态补偿费），标准为 5%～7%。1999 年，贵州省从每吨煤炭中收取 5 元用于植被恢复。至 2002 年生态补偿费全部停征。

这是我国正式开始对矿产资源生态补偿的实践。20 世纪 80 年代是我国改革开放的初期，是我国由计划经济向有计划的市场经济转变的非常时期，整个经济、财政、环保政策都是处于试点和探索阶段，此时的政策出台大多都是以红头文件的形式出现，法律法规严重滞后于经济社会的现实。所以很多政策事实上是违法的，没有上位法的依据，同时也没有法律法规的授权，虽然在实践中发挥了一定的作用，其实验性的性质非常明显，注定了该政策过渡性的命运。

这一阶段生态补偿实践法律依据是 1986 年的矿产资源法和 1989 年的环境保护法。矿产资源法第 32 条规定：开采矿产资源，必须遵守有关环境保护的法律规定，防止污染环境。开采矿产资源，应当节约用地。耕地、草原、林地因采矿受到破坏的，矿山企业应当因地制宜地采取复垦利用、植树种草或者其他利用措施。但事实上并无生态补偿费的规定和授权。代表性的规范性文件为《陕西榆林、铜川地区征收生态环境补偿费管理办法（试行）》《铜川市征收生态环境补偿费实施办法（试行）》。

这一阶段矿产资源生态补偿的政策实践呈现以下特点：

（1）生态补偿的形式为生态补偿费。不同地方，其名称略有不同，如江苏省的环境整治资金，广西的排污费（但其实质是生态补偿费，因为根据排污费征收管理规定，排污费是按照污染物的种类和浓度征收）征收的标准不尽相同，有的按照销售收入，有的按照销售量；征收的对象有的仅限于开采企业，有的包括开采、加工、运输等行业。

（2）生态补偿的性质为行政征收。通过创设新的收费项目，采取专项资金的形式用于矿区环境整治；征收的机关为环保机关。行政征收带有强制性，并往往有法律责任措施。

（3）生态补偿的依据为规范性文件。无论是中央的试点还是地方的试点，都没有法律上的依据，规范性文件的效力处于《立法法》中法律系文件的最低层级，其本身并不能设定行政性收费、行政许可、行政强制以及行政处罚。

（4）矿山环境治理的形式为政府治理为主，矿山企业治理为辅。

（5）生态补偿的实验性、临时性。生态补偿费的征收本身是中央和地方对矿山环境治理的一种试验和探索。

1.2 缴存保证金阶段（2001—2007）

此后，国家和地方开始新的矿山环境生态补偿的探索，1999 年宁夏回族自治区和黑龙江省地矿部门分别制定了《宁夏回族自治区小型矿山闭坑保证金管理办法（试行）》（宁地法[1999]34 号）（于 2008 年被《宁夏回族自治区矿山环境治理和生态恢复保证金管理暂行办法》取代）和《黑龙江省小型矿山闭坑抵押金管理办法》（黑地发[1999]40 号）（于 2007 年被《黑龙江省矿山地质环境恢复保证金管理暂行办法》取代）。开始对小型矿山的环境治理恢复采取收取保证金或者抵押金的形式来督促矿山企业自行对闭坑后的矿区进行环境的治理恢复。2001 年财政部批准设立矿山地质环境治理专项资金，同年，浙江省颁布出台了《浙江省矿山自然生态环境治理备用金收取管理办法》，这是我国第一个关于矿山环境治理恢复的规范性文件。随后各省相继制定了类似的规范性文件。

同时在国家层面也陆续出台了一批行政规章和规范性文件：国务院关于全面整顿和规范矿产资源开发秩序的通知（国发[2005]28 号）首次提出了矿山生态环境恢复保证金制度，

要求新建和已投产生产矿山企业要制订矿山生态环境保护与综合治理方案，报经主管部门审批后实施。对废弃矿山和老矿山的生态环境恢复与治理，按照"谁投资、谁受益"的原则，积极探索通过市场机制多渠道融资方式，加快治理与恢复的进程。财政部、国土资源部等部门应尽快制定矿山生态环境恢复的经济政策，积极推进矿山生态环境恢复保证金制度等生态环境恢复补偿机制。

财政部、国土资源部、环保总局就逐步建立矿山环境治理和生态恢复责任机制提出指导意见（财建[2006]215号）规定：从2006年起要逐步建立矿山环境治理和生态恢复责任机制；根据矿山设计年限或者剩余年限确定按矿产品销售收入的一定比例，由矿山企业分年预提矿山环境治理恢复保证金，并列入成本；按照"企业所有、政府监管、专款专用"的原则，由企业在地方财政部门指定的银行开设保证金账户，并按规定使用资金；对本通知发布前的矿山环境治理问题，按企业和政府共同负担的原则加大投入力度。对不属于企业职责或责任人已经灭失的矿山环境问题，以地方政府为主根据财力区分重点逐步解决。

国家环保总局关于开展生态补偿试点工作的指导意见（环发[2007]130号）规定：现有和新建矿山建立矿产资源开发环境治理与生态恢复保证金制度，按照企业和政府共同负担的原则建立矿山生态补偿基金，解决矿产资源开发造成的历史遗留和区域性环境污染、生态破坏的补偿问题，以及环境健康损害赔偿问题。

《矿山地质环境保护规定》国土资源部令第44号（2009）规定：采矿权人应当依照国家有关规定，缴存矿山地质环境治理恢复保证金。矿山地质环境治理恢复保证金的缴存标准和缴存办法，按照省、自治区、直辖市的规定执行。

随后，地方政府出台了关于保证金管理的实施意见及实施细则，如河南省矿山生态环境恢复治理保证金管理暂行办法实施细则，云南省关于贯彻矿山地质环境恢复治理保证金管理暂行办法的实施意见等。其中有些省份的地市、县也先后制定了相关的实施办法；中央和地方同时出台了相关的配套矿山环境恢复治理方案的编制指导意见及验收标准或国家的行业性标准，如湖南省2007年制定了《湖南省矿山地质环境恢复治理验收办法（试行）》和《湖南省矿山地质环境恢复治理验收标准（试行）》；北京市2008年出台了《固体矿山生态修复标准》（北京市地方标准），开展《北京市山区关停废弃矿山植被恢复规划》（2007—2010）制定工作，指导2007年北京市重点地区废弃矿山植被恢复工程项目的实施；广西壮族自治区则颁布了《矿山地质环境治理恢复要求与验收规范》（DB45/T 701—2010）地方标准。国土资源部2007年制定了《矿山环境保护与综合治理方案编制规范》（DZ/T 0223—2007）推荐性行业标准，后于2011年将其修改为《矿山地质环境保护与恢复治理方案编制规范》（DZ/T 0223—2011），并于2011年4月发布了《土地复垦方案编制规程 第1部分：通则》（TD/T 1031.1—2011）；《土地复垦方案编制规程 第2部分：露天煤矿》（TD/T 1031.2—2011）；《土地复垦方案编制规程 第3部分：井工煤矿》（TD/T 1031.3—2011）；《土地复垦方案编制规程 第4部分：金属矿》（TD/T 1031.4—2011）；《土地复垦方案编制规程 第5部分：石油天然气（含煤层气）项目》（TD/T 1031.5—2011）；《土地复垦方案编制规程 第6部分：建设项目》（TD/T 1031.6—2011）；《土地复垦方案编制规程 第7部分：铀矿》（TD/T 1031.7—2011）7项关于土地复垦类地推荐性行业标准。

这一阶段的生态补偿的实践相较于2000年以前有了较大的进步并取得了较大的实效。无论是中央还是地方都开始采取立法的形式将生态补偿政策予以固定化、法制化。虽然立法的依据依然模糊甚至是空缺，但是已经开始从国家层面列入国民经济和社会发展规划，相对来说有了一定的法律依据，同时从国家层面发布了一些指导意见，制定了部分行政规章，授权地方根据当地实际制定相应的办法。对于新设矿山和已投矿山基本上建立起比较完整的矿山环境治理恢复制度，从资金的筹集、监管、使用到治理方案的编制、治理恢复的验收以及相应的法律责任都有了相对完整的体系；对于责任人不明和废弃的矿山也明确了政府和企业共同负担的原则，并初步尝试建立矿山生态补偿基金制度。从矿产资源费和矿权价款及矿产资源税等专项资金中以项目的形式由中央与地方配套对历史遗留问题进行治理。

这一阶段生态补偿呈现以下特点：

（1）生态补偿的形式为保证金。不同的地方、不同的中央文件名称略有不同，如浙江省为矿山自然生态环境治理备用金，湖南省为矿山地质环境治理备用金，其他省份大都以矿山环境（地质）治理恢复保证金命名。征收的对象基本是采矿权人，只是实行的范围有所差异，如山西省仅适用于煤炭企业；征收标准有的按照产量缴存，更多是依照采矿许可证的年限和矿区面积、一定的系数及缴存基准来确定。

（2）生态补偿的性质为行政指导或行政合同。保证金实行"企业所有、政府监管、专款专用"的原则，保证金的缴存并不是物权的转移，只是以担保的形式保证专款专用，并没有改变资金的所有权。往往采取签订矿山环境治理承诺书或者合同书（广东）的形式，作为担保合同有效履行的一种方式。

（3）生态补偿的依据为行政规章（地质环境保护规定）或者地方规章（新疆、安徽），但主要是规范性文件（中央的指导意见及其余省份保证金的法律形式都是规范性文件），相较于2000年以前，有了较大的进步。并且制定了相关的配套性文件。

（4）矿山环境治理以矿山企业治理为主，政府治理为辅，只有矿山企业不治理或者治理达不到验收标准时，才有政府代执行。当然对于历史遗留矿山问题仍采用政府治理为主社会多渠道融资治理为辅的方式，不过，对于历史遗留问题不是这一阶段的重点。

（5）保证金制度同时构成行政许可的条件。缴存保证金和编制矿山环境治理方案及签订承诺书或者合同书成为新设采矿权的前置条件，同时也是矿山企业通过年检、注册、采矿权变更、转让的条件。

（6）生态补偿的实验性。仍然是中央和地方对矿山环境治理恢复实施生态补偿政策的一种试点。仍然欠缺法律、法规层面的支持。各地标准的不统一，势必造成矿企之间负担的不平衡，从而影响企业的市场竞争力。

1.3 综合生态补偿阶段（2007年至今）

该阶段以《国务院关于同意在山西省开展煤炭工业可持续发展政策措施试点意见的批复》（国函[2006]52号）为起点，山西省相继出台了《山西省煤炭工业可持续发展政策措施试点工作总体实施方案》《山西省煤炭可持续发展基金征收和使用管理实施办法（试行）》《山西省煤炭可持续发展基金安排使用管理实施细则（试行）》《山西省煤炭可持续发展基金分成入库与使用管理实施办法》《山西省煤炭可持续发展基金征收使用管理实施办法（试行）》《山西省矿山环境恢复治理保证金提取使用管理办法》《山西省煤矿转产发展资金提取使用管理办法（试行）》《山西省人民政府关于印发山西省煤炭开采生态环境恢复治理规划的通知》等规范性法律文件。对山西省境内所有煤炭生产企业统一征收煤炭可持续发展基金，设立矿山环境治理恢复保证金和煤矿转产发展资金。煤炭可持续发展基金主要用于单个企业难以解决的跨区域生态环境治理、支持资源型城市转型和重点接替产业发展、解决因采煤引起的社会问题，基金用于以上 3 个方面的支出，原则上按 50%、30%、20% 的比例安排；矿山环境治理恢复保证金用于矿区生态环境和水资源保护、地质灾害防治（含村庄搬迁）、污染治理和环境恢复整治（土地复垦、矿山绿化）；煤矿转产发展资金的使用实行项目管理制度，主要用于煤炭企业转产、职工再就业、职业技能培训和社会保障等。

　　这一阶段的生态补偿呈现出综合化趋势，对于矿石环境治理恢复采取"一揽子"的治理政策和措施，且不仅仅限于生态补偿，并且将范围扩展到整个矿区的生产转型、社会问题的解决上。体现了系统性的方法和思路。同时，此时的生态补偿不再是地方的自行其是，而是有了国务院的授权，也就是说该政策和制度有了法律上的正当性和合法性。势必会成为今后矿山环境治理恢复和矿区治理的标本和参照。针对不同的矿山环境问题采取了不同的治理制度：对于历史遗留问题采取行政征收方式征收可持续发展基金，对于现有生态环境问题采取目前较为成熟的矿山环境治理恢复保证金制度，但采取了相对较为简便的缴存标准——从量计征。而对于其他资源枯竭社会问题也进行了规定。可以说完成了对矿山生态环境问题全面覆盖。

　　这一阶段生态补偿呈现如下特点：

　　（1）生态补偿的形式为基金和保证金。针对不同时期的矿山环境问题采用不同的方式和资金渠道。彻底治理矿山生态环境问题。

　　（2）生态补偿的性质为行政征收和行政指导或行政合同。既有强制性的可持续发展基金的征收，又有以矿山环境治理恢复保证金的缴存。针对不同的问题适用不同的行政措施。

　　（3）生态补偿的依据为国务院的授权。综合生态补偿的依据来源于国务院的授权，根据国务院的授权制定了一系列的规范性法律文件。

　　（4）对于现有矿山环境问题企业治理为主，政府治理为辅，只有企业不作为或治理不当时，政府才代执行；对于历史问题和区域性的环境问题以政府治理为主，企业治理为辅。

　　（5）生态补偿的实验性。

　　（6）生态补偿模糊性。生态补偿是作为整个山西省可持续发展试点政策的一部分，是整个政策系统中的一环，各个事项之间的关系不易理清，势必影响到生态补偿资金的分配和环境治理的效果。可持续发展基金的用途虽然有大致比例的划分，但是每一部分里面有含有不同性质的内容，如何合理分配有待进一步细化。

2　我国生态补偿法律政策评析

2.1　从法律渊源上来看

　　既有法律（如矿产资源法和土地管理法）（规定并不明确），又有行政法规（如矿产资源法实施细则和土地复垦条例等）；既有部门规章（如矿山地质环境保护规定），又有规范性文件[如财政部、国土资源部、环保总局就逐步建立矿山环境治理和生态恢复责任机制提出指导意见（财建[2006]215 号），关于开展生态补偿试点工作的指导意见（环发[2007]130号）等]；既有地方性法规（如湖南省地质环境保护条例），又有地方规章和其他规范性文件（如湖南省矿山地质环境治理备用金管理暂行办法和陕西省实施《土地复垦规定》办法等）。

总的来看，生态补偿的法律依据并不充分，中央层面的仅仅是国务院组成部门的指导意见，并无直接的法律规定。地方层面虽然全国 30 个省市自治区都制定了关于保证金的管理办法，但是仅有安徽和新疆采取的是地方规章的形式，其余都以规范性文件的形式实施，这势必大大削弱了保证金的实施效果。从名称来看，可以说也是五花八门，中央出台的四个规范性法律文件就有四个不同的称谓。地方出台的大体存在两种类型：备用金、保证金；但是其前缀却各不相同，大体又可分为 3 种类型：矿山环境、矿山地质环境、矿山复垦或景观协调。名称的不同事实上很大程度上注定了内容不同。从立法的时间来看，主要集中于 2004—2007 年，中央文件的指导文件的出台并没有起到引导地方立法的作用，仍然不少地方立法没有采用中央的指导意见（从名称上可以看出）。

2.2 从内容上来看

法律层面的规范仅仅提到了环境治理和土地复垦，并没有明确的生态补偿的实质规定。而真正提出实质性内容的是在国家部委的其他规范性文件之中，不过从它的形式来看，是法律法规和规章之外的其他规范性文件，其效力级别较低。名称是指导意见，没有形成真正的法律制度。事实上，正是该其他规范性文件的出台，加速了行政规章和地方性法规和地方性规章的出台，当然也有不少省份在之前就制定了矿山环境治理和恢复保证金制度。该地方性法规和规章的立法权限来源于《立法法》第 64 条和第 73 条的规定。

内容主要集中在矿山环境治理恢复保证金制度和土地复垦制度的建立，明确了矿山环境治理的主体为采矿权人，保证金按矿产品销售收入的一定比例，由矿山企业分年预提并列入成本。企业和政府共同负担，实行企业所有、政府监管、专款专用的原则。从目前现行的规范性文件来看，该保证金用于运营中的矿山企业对矿山环境的治理，而对废弃矿山等历史遗留问题没有涉及（山西省可持续发展基金主要用于该问题的解决）。

由于没有上位法的依据，各地的相关立法虽然主要内容相似，但仍然存在不少差异。从适用范围看，有的针对的是矿山生态环境，有的针对的是矿山地质环境，还有的针对的是矿山环境；征收的标准不同，主要考虑矿山的规模、采深系数、开采年限、开采方法、对环境的影响等因素来确定，但各地方确定的因素各不相同（可参见湖北省、吉林省和青海省的规定）。保证金的缴存时间有的是一次缴存，有的是分期缴存，缴存的数额，有的是 1 亿元封顶，大部分不封顶；保证金的使用大都规定治理验收后返还，也有规定治理时申请审批然后提取；监管机关有的是国土部门，有的是国土、环保、财政共同监管，还有的竟然有物价部门。

该保证金与土地复垦费或土地复垦保证金的关系上不甚明了。根据矿山环境治理恢复保证金或备用金的管理办法，其适用范围与土地复垦规定存在交叉和重合，那么，两种保证金或费用该如何征收，大部分规范没有明确。只有浙江省根据浙江省人民政府《关于第三批取消暂停征收部分行政事业性收费项目和降低部分收费标准的通知》（浙政发[2009]48号）取消了土地复垦保证金。而青海省矿山环境治理恢复保证金管理办法第四条规定，开采矿产资源，涉及土地复垦、污染防治、水土保持、占用或征用林地、草地的，依照有关法律、法规的规定办理，并不免除相关的法律责任。而深圳市关于调整深圳市自然生态环境治理保证金标准的通知则明确该保证金同时也是土地复垦保证金。浙江省根据浙江省人民政府办公厅关于矿山自然生态环境治理备用金收取管理办法有关问题的通知（浙政办发[2002]48号）规定：缴纳矿山自然生态环境治理备用金，不缴纳水土流失防治费。

另外，矿山环境治理保证金的用途明显与矿山企业的排污费的用途产生了交叉和重合，在山西省体现得尤其明显。其他省的该保证金仅仅用于矿山生态破坏，而不涉及矿山的污染治理。当然事实上二者在矿山环境中是难以截然分开的。环境的整体性决定了环境治理模式的综合性。此外，矿山的环境治理与水土保持、植被的绿化、地质灾害的治理同样存在交叉，如何处理它们之间的关系，势必影响到该制度的实效。

2.3　一个初步结论

（1）从我国矿山生态补偿的历史发展来看，大体经历了从行政管制到市场导向的过程，其表现形式为从生态补偿费到保证金，行政手段从过去的命令控制式转向经济政策导向的经济手段，由过去的行政征收演化为行政指导、行政合同到现在的行政征收与行政指导、行政合同并重。

（2）生态补偿不等于生态补偿费。生态补偿是个系统性工程，不能简单地理解为征收生态补偿费，应当通过多种制度和手段，动员社会各方主体参与其中。

（3）生态补偿不是什么都补偿。生态补偿有其特定的范围，有明确的补偿对象和补偿标准、补偿主体。不是与矿产资源开采相关的事项都纳入进来。对于已有的制度仍然采用，对于环境侵权不易纳入生态补偿。而是形成协调性的对接。

（4）各地的试点确实取得了一定的效果，对当地的矿山环境的治理和恢复起到了显著的作用，不过问题也大量存在，标准不一，企业的负担不均，收费存在重复征收现象，国有大型企业征收困难。问题的根源在于法律的不统一。需要国家层面的法律或者行政法规对此予以规范。

（5）矿山环境治理与恢复是综合性工程，不能人为地将生态破坏与水土保持、土地复垦以及污染治理分割，实行条块分割，部门分割。应该作为一个整体来治理。

（6）生态补偿的概念应该包括对环境正外部性的补偿，同时也包括对环境负外部性的补偿。国家的立法应当将矿区作为一个特殊区域来对待，将该区域相关的部门分割进行整合，征收的费用整合，形成统一性的法律机制。

（7）规范性文件的形式限制了生态补偿的实效。根据规范性文件的相关规定，一般其有效期为 5 年。含有暂行、试行字样的规范性法律文件有效期为 2 年。

3　建立我国矿产资源开发生态补偿机制的政策展望

3.1　统一立法，以法律的形式将相关的政策法制化

目前的生态补偿政策都是处于一种探索摸索阶段，采取的是各地试点的形式，由此势必造成法律的不统一，市场准入和企业的竞争条件产生很大的不同，影响到整个行业的发展和环境的治理恢复。在中央层面将目前成熟的制度予以立法，而后再逐步将相关制度统合，成熟一个，立一个。或者尽快修改矿产资源法，将相关的生态补偿内容予以规定，如此，生态补偿的制度方有法律依据。

3.2　改革矿产资源税费政策，加大投入

推行现行资源税按应税资源产品销售收入计税，要逐步提高矿产资源补偿费征收标准，创新矿产资源及产品价格形成机制，使之真实体现矿产资源开发过程中产生的生态环境损失。改革现行矿产品价格形成机制，将适当的生态环境成本纳入矿产资源价格构成（约占矿产资源各阶段产品市场销售价格的 15%～30%），为矿山环境治理和生态修复集聚更

多的资金。大幅度提高矿产资源税费中用于矿山环境治理和生态修复工程支出比例。以克服资金投入不足，治理步伐缓慢的问题。

整合各种资源税费资金，扩展政府资金来源渠道。在矿山开发过程中，相关部门均依法收取了相关费用。例如，林业部门收取了植被恢复费，环境保护部门收取排污费、水利部门收取了水土流失防治费与水土流失补偿费、土地部门收取了土地复垦费用等。在立法中明确免征重复性的规费，也可仿效浙江省的做法以文件的形式免征部分规费。当前，需要坚持"专款专用，专款定向专用"的原则，规定各部门收费中用于矿山环境治理和生态修复资金开支比例，以此整合部门资金，作为中央政府和地方政府环境治理和生态修复政府专项基金的补充。

3.3　建立矿山环境治理和生态恢复政府部门之间的协调机制

我国行政管理机构设置中存在的按资源要素分工的部门管理模式强化部门利益弱化统一监管，很容易出现部门分割，难以形成一个有机联系的整体。为了建立符合我国国情的矿山环境治理与生态恢复的行政部门间的协调机制，建议采取如下措施：

打破条条分割和条块分割，建立部门之间的协调机制。可仿效水资源流域设立的流域管理机构设立矿区的区域协调机构，协调不同部门、不同地方之间的利益冲突，监督矿山环境治理恢复资金的有效使用。

自然保护区生态补偿问题的思考
——以贵州雷公山自然保护区为例

Consideration on the Issues of Eco-compensation in Nature Reserve
——An Case of Leigong Mountain Nature Reserve in Guizhou Province

田 旸[1] 薛达元[1] 余勇富[2]

（1. 中央民族大学生命与环境科学学院，北京 100081；

2. 雷公山自然保护区管理局，贵州 557100）

[摘 要] 建立自然保护区可以有效地保护自然资源和加强生态环境保护，但是同时也限制了社区居民对保护区资源的利用而未得到应有的补偿。因此，对自然保护区周边社区居民建立合理的生态补偿制度，是自然保护区实现社会经济发展和自然资源保护"双赢"的关键。本文以位于贵州黔东南州少数民族地区的雷公山自然保护区为例探讨了自然保护区所涉及的生态补偿问题。雷公山自然保护区是黔东南州唯一的国家级自然保护区，由于保护区严格的保护条例及地处高寒、较为恶劣的自然农业环境，目前保护区内仍有相当比例的贫困人口。文章从生态补偿的理论基础——外部性理论入手，利用文献调研、对周边农户和相关管理机构的问卷调查和访谈等方法研究了农户对保护区的认知以及保护区的建设对其生存空间和发展空间的限制性影响，明确了对保护区所处地区实施生态补偿的现实依据。在此基础上进一步提出建立雷公山保护区生态补偿机制的框架构想：通过利益相关者分析界定了生态补偿机制的主体与客体；通过开展农户受偿意愿调查等方法确定了保护区生态补偿的依据和标准；调查了农户对资金补偿、实物补偿和智力补偿等补偿方式和途径的需求。研究结果为保护区的管理提供了思路和建议，也为其他保护区开展生态补偿研究提供了实证参考。

[关键词] 雷公山 生态补偿

Abstract The establishment of nature reserves can effectively protect the natural resources and strengthen environmental protection. However it also limits the community residents in the protected areas to use the resources. Therefore，the establishment of a rational eco-compensation mechanism in nature reserve is a key win-win method to achieve social and economic sustainable development and natural resource protection. In this paper，the nature reserves involved in measures of eco-compensation is discussed by taking Leigong Mountain Nature Reserve which is located in in ethnic minority areas of Guizhou Province as an example. Leigong Mountain Nature Reserve is the only National Nature Reserve in Qiandongnan. Due to the strict regulations in protected areas, and being located in the cold, relatively poor natural agricultural environment, there is still a significant proportion of the poor there. Literature research, questionnaires and interviews with surrounding farmers and related management agencies are utilized in this paper to study the farmer 's awareness of protected areas and the restrictive effects of the construction of their living space and development and clarify the practical basis of the implementation of ecological compensation to the protected areas. Further the concept framework of the establishment of eco-compensation mechanism in Leigongshan Protected areas is proposed, including the definition of subject and object of eco-compensation mechanism by the stakeholder analysis; survey of the residents' willingness to accept as eco-compensation standards and viewpoints about the different compensation methods such as technology and intellectual ways. The research results provide not only the ideas and suggestions for the management of protected areas, but also the empirical reference to carry out eco-compensation study for other protected areas.

Keywords Leigong Mountain, Eco-compensation

建立自然保护区可以有效地保护自然资源和恢复生态系统服务功能，但是同时也限制了社区居民对保护区资源的利用而未得到应有的补偿。所以，目前在自然保护区发展过程中暴露出比较突出的生态保护与经济发展的矛盾、局部利益与整体利益的矛盾。基于环境经济学中外部性和公共物品理论，自然保护区在保持生态平衡等方面所产生的外部正效益是其他区域共享的，但相应的保护成本却由自然保护区的居民来承担。因此，对自然保护区周边社区居民建立合理的生态补偿制度是解决上述矛盾及实现社会经济发展和自然资源保护"双赢"的关键。

另外，从空间分布上来看，我国约有 80%的自然保护区集中在西部地区，而西部恰恰多是少数民族聚居地区，居住着相当比例的贫困人口[1]。从这一点看，建立合理的生态补偿制度，对处于民族地区的自然保护区来说，尤为重要和紧迫。

本研究以贵州省黔东南州雷公山国家级自然保护区为案例，从补偿的主体、客体、标准、方式和途径等方面对雷公山保护区生态补偿机制进行了研究，为该保护区可持续发展提供了科学依据，也为其他森林生态系统类型自然保护区开展生态补偿机制研究提供借鉴参考。

1 雷公山自然保护区概况

雷公山自然保护区位于贵州省的东南部，其地理位置在东经 108°09′～108°22′，北纬 26°15′～26°22′，总面积 47 792 hm^2（保护区内面积 47 300 hm^2，区外实验场面积 492 hm^2）。保护区 1982 年经省人民政府批准建立，2001 年 6 月被国务院批准为国家级自然保护区，2007 年 8 月经中国人与生物圈国家委员会批准接纳为"中国人与生物圈保护区网络"正式成员。主要保护对象为秃杉林及其生境、水源涵养林，是我国中亚热带森林植物资源比较丰富，珍稀动植物资源保存较多的一个重要地区，具有很高的生态、科研和旅游价值。保护区地跨贵州省黔东南苗族侗族自治州雷山、台江、剑河、榕江 4 县的 11 个乡（镇），29 个行政村，区内共 2 683 户、约 12 066 人，其中苗族人口占 98%以上。由于保护区地处高寒，居住环境和生产条件较为恶劣，人多地少，区内农民贫困面大，是黔东南州乃至贵州省最为贫困的地区之一。

2 研究方法和数据来源

中央民族大学生命与环境科学学院"自然资源管理"课题组选取贵州雷公山自然保护区为案例，于 2011 年 8 月 17—24 日对保护区管理局相关机构和保护区主要所属县——雷山县的两个乡（镇）中经济水平（人均纯收入）差异显著的两个行政村实施了调查。

2.1 机构访谈和问卷调查

本研究通过对自然保护区管理局相关职能部门中主要负责人的访谈和 20 份问卷获得政府机构对保护区目前存在的主要问题和现有生态补偿政策实施效果等问题的观点，并分析政府在保护区生态补偿中发挥的作用。

2.2 农户访谈和问卷调查

问卷调查主要涉及保护区建设对农户的影响、农户对生态补偿的认知和受偿意愿等信息。调查程序分为 3 步：①到保护区管理局作初步调查，确定调查村落（分别是方详乡的雀鸟村和丹江镇的乌东村）；②到各选定的村委会与村干部进行座谈，了解村里的整体情况，确定农户调查对象；③采取随机抽样的原则选择样本农户实施入户调查，采取面对面访谈的形式完成调查问卷。本次调查共发放问卷 89 份，剔除一些缺失数据较多的问卷和有明显偏差的问卷，最终回收的有效问卷为 83 份。由于保护区社区农民生计相似性很大，虽然问卷数量不多，但不影响论文分析。通过对问卷调查结果内部一致性检验，问卷具有可信性。采用 SPSS13.0 软件对调查数据进行统计处理。

表 1 调查农户基本情况

基本情况	类 别	人 数	比 例
性别	男	72	87
	女	11	13
年龄	<30	14	17
	31～50	57	69
	>50	12	14
受教育程度	高中	7	8
	初中	35	42
	小学	37	45
	文盲	4	5

3 保护区建立生态补偿机制的必要性分析

3.1 周边社区农民对保护区的认知及保护区建立对农民的影响

在保护区建立带来的利益与损失两者相比较方面，认为利益小于损失、利益与损失相当的合计占 37.21%。说明大多数农民认同保护区的建设与保护活动。通过对受调查村民的年龄、性别、受教育水平等因素与保护区认知之间的相关关系进行分析发现：受教育程度越高，农民对保护区认知态度越积极，一方面受教育程度高的农民可以比较全面地认识保护区带来的影响，另一方面也比较容易通过外出打工或者学习新的技术等途径获得替代的收入，减少保护区建立后带来的收入损失；年龄越长的人越表现出对保护区设立持认可的观点，主要是能够切身感受到保护区设立前后环境的变化[2]。

被调查村民认为保护区建立后对其生产或生活带来积极的方面主要包括：自然环境改善（54.32%）、保护水源（21.74%）、野生动植物数量增加（12.81%）、拓宽了致富途径（12.76%）、发展旅游带来收入（9.74%）。另外，被调查村民也认为保护区建立后给其生活带来了一定的负面影响，主要体现在：减少了收入（87.57%）、不能随意砍伐林木（67.71%）、土地被占用（53.46%）、不能随意采集药材（21.56%）、不能猎捕野生动物（11.74%）、其他（5.67%）。

综合来看，保护区给社区居民带来的正面影响中，生态效益要高于经济效益，而且生态效益具有很强的外部性；而负面影响突出体现在村民利用保护区内动植物资源的直接使用价值上受到严格限制，以至于给已经习惯"靠山吃山"的村民带来了一定程度的收入损失但却没有对其进行应有的补贴，直接损害到村民个人的经济利益。正是基于此，对趋向偏好经济利益最大化的村民而言，尽管大多数农民认同保护区的建设与保护活动，但是目前来看参与保护和建设保护区的积极性并不高。

3.2 保护区建设与保护中存在的主要问题

本研究分别对保护区周边社区农民和保护区管理局及下设管理站开展了问卷调查和访谈。

对保护区内社区（雀鸟村和乌东村）村民调查发现，保护区村民认为目前所面临的问题按照重要性排序依次为：从保护区所得收入减少（89.13%）、现有补偿标准偏低（83.64%）、缺乏发展替代经济来源的资金和技术（64.15%）、很难获得建房所需的木材和准备猪食的燃料（47.61%）。保护区地处少数民族聚居的山区，自然条件差，经济发展缓慢。村民主要靠饲养牲畜、采集中草药、土特产获得收入，保护区成为周围社区获得现金收入的主要途径。个别农户从保护区内获得的现金收入几乎占家庭总收入的一半以上。目前获得的补偿数额远远不足以弥补建立保护区造成的这部分收入损失。缺乏发展替代产业的资金和技术也是现存的主要问题。所调查的位于核心区的雀鸟村村委为了帮助村民发展以生态农业为重点的特色产业，已经建立起中药材种植协会、茶叶协会、辣椒协会等农村经济合作组织。但是由于缺乏资金扶持，这类产业协会仅仅停留在初级发展阶段。目前村里更没有建立起集中和规模化的产业基地，比如因为缺少资金投入无法搭建特色蔬菜的种植大棚。此外，雀鸟村村民还提到缺乏教育资源的问题，原因是由于教育部门的"撤点并校"政策，2009年雀鸟村的小学取消，村里的孩子要寄宿在十几里外的方详乡中心小学，给当地家庭带来一笔不小的开支。

对保护区管理局相关机构（含下设的位于保护区腹地的方详管理站）的问卷调查识别出保护区管理中所面临的主要问题，按照重要性排序依次为资源保护与开发利用之间的矛盾带来的管理压力、运转经费不足、科研业务能力水平不高及社区工作缺乏技巧和经验。访谈中了解到，目前核心区内还有近2 000人居住，村民的基本生活和少数民族的传统习俗等都与保护区内的动植物资源密不可分。按规定，核心区所在的雷山县政府要逐步减少核心区的群众。但是县财政无法支付生态移民需要的搬迁费用。所以，按照保护区严格的管理条例，村民的利益受损却没有得到合理补偿，给管理工作带来了一定的压力。

目前，雷公山保护区管理局经费由黔东南州的州级财政预算安排，经费总数仅为人头工资和简易运转经费（2010 年人均公用经费 4 000 元），只能维持管理局基本运转，没有足够的资金支持管理局提高自身科研能力，以及加强社区的扶贫开发工作。比如，很难通过组织培训、外出参观等活动帮助村民解决转变生产生活方式中遇到的难题。从保护区森林生态系统服务功能上来看，保护区所产生的生态效益辐射到全国乃至世界，但是现在并没有在生态保护受益方和投入方之间建立起有效的区域补偿机制。而保护区所在的贵州省地方经济基础薄弱，仅仅依靠当地政府支付保护区所需全部经费既是不现实的，也是不合理的。

3.3　保护区目前实施的生态补偿相关政策的评估

目前雷公山保护区已经实施的生态补偿相关政策包括由中央财政和地方财政支持的天保工程（772 万元）、保护区 2001—2010 年规划中的一期基础设施建设（963 万元）、退耕还林补贴（15.69 万元）和退耕还茶补贴以及生态公益林补偿基金。

本次调查重点评估了村民对从 2009 年开始下达的生态公益林补偿基金的认知和看法。2009 年，中央财政对雷公山自然保护区内自实施天保工程区以来新增造林且未享受天保工程管护经费的重点公益林生态效益补偿面积 6.26 万亩[①]，占雷公山自然保护区经营面积的8.73%。此外，贵州省地方政府决定，对全省林业系统内国家级、省级自然保护区内的集体林实施森林生态效益补偿，补偿标准是每年每亩 5 元。根据保护区所上报的材料，通过核实认定，于 2009 年对保护区内集体林补偿面积 54.4 万亩，占保护区经营管理面积的75.88%，下达补偿资金 272 万元。以上中央和地方共计下达雷公山自然保护区森林生态效益补偿面积 60.66 万亩，占保护区经营管理面积的 84.61%，补偿资金 301.74 万元。

调查发现，农民对现行的生态公益林补偿基金政策总体是持支持态度的。但是普遍认为补偿金额对于提高生活收入方面的力度不够，希望提高补偿标准。生态补偿方式有直接补偿和间接补偿两种。调查中有 87%的农民对目前采用的发放补偿金的直接方式表示满意。95%的农民选择了愿意接受现金或粮食的直接补偿方式，对于技术补偿、智力补偿等间接补偿方式多持有不是很信任的态度。这可能是受到当地经济发展水平、人口素质和思想观念的影响和制约。在补偿金的发放方式上，现在实行的是由保护区管理站与村民签订管护协议，验收合格后发放补偿金。村民基本认同这种形式，说明村民具有较强的生态保护的责任意识，了解生态补偿政策实施的意义。

以上的分析可以看出，虽然在保护区已经实施了一些生态补偿措施，但是与保护区建立后对村民带来的限制性影响相比，还存在补偿力度不够、补偿主体单纯依靠政府和补偿形式单一等问题。因此，目前亟待建立雷公山保护区生态补偿机制的框架体系，保障农民的基本生存与发展条件，调动农民参与生态保护的积极性。

4　雷公山保护区建立生态补偿机制关键问题的分析

4.1　补偿主客体分析

保护区周边社区农户为了保护与恢复生态而牺牲了部分利益，为受到损害的一方，应得到补偿，是补偿的直接主体。对补偿的客体而言，保护区内法律允许开发利用的功能区

---

① 15 亩=1 公顷（hm²）。

域及资源、景观等因子，对于生态旅游、科研、教学、参观考察等有着重要的价值。需要在森林生态系统服务功能价值评估的基础上确定，每一项价值对应的受益者即为补偿的客体[3]。

表2 森林类型自然保护区的价值构成及其主要的受益者

价值类型		价值形式	受益方
使用价值	直接使用价值	动植物资源、土地资源等	保护区社区居民、保护区管理机构
	间接使用价值	旅游资源、科教资源、生态系统服务价值（包括涵养水源、保持水土、改善气候等）	保护区管理机构、旅游部门、保护区社区居民、地方相关企业
非使用价值	选择价值 存在价值	维持生物多样性、提供基因资源	国家和世界的科研机构等

4.2 补偿标准分析

充分考虑利益主体的意愿是科学制定补偿标准的必要环节。本研究调查了保护区周边村民对生态补偿的受偿意愿，为确定合理的补偿标准提供了一定的参考。意愿调查中补偿数值按照 10 元的间距设计，每年补偿额度从每亩 10～120 元不等，采用样本平均值来计算被调查保护区周边社区农民对生态公益林生态补偿的每亩年平均受偿意愿。对受偿意愿结果的描述性分析显示：21.3%的被调查者要求补偿在 40 元/（亩·a）以下，67.3%的被调查者要求补偿值 40～80 元/（亩·a），11.4%的被调查者要求补偿值 80 元/（亩·a）以上。农民生态公益林补偿的平均受偿意愿计算结果为 75.36 元/（亩·a），远远高于目前来自中央财政和地方财政合计的补偿额度——10 元/（亩·a）。

4.3 补偿方式与途径分析

按照补偿实施主体和运作机制的差异，补偿方式大体可以分为政府补偿和市场补偿两大类型。保护区目前仍采用的是依靠政府财政补贴，将现金直接发放给村民的补偿方式，并且现行补偿标准与农民为保护森林生态系统所付出的代价相比存在很大的差距。雷公山保护区处于经济落后的边远地区，应该以国家补偿为主，但是目前主要是资金补偿，形式单一而且力度不够，仅仅起到对生活基本补助的作用，并没有起到发展替代产业结构和脱贫致富的作用。应该积极探索使用市场手段补偿生态效益的可能途径。雷公山保护区被联合国教科文组织接纳为世界生物圈自然保护区网络成员，在生物多样性保护上具有重要的国际意义。应当充分利用来自国际组织的关注，可以通过依靠财政金融专家的技术支持，寻求 GEF 等国际基金作为资金来源的渠道。同时随着国际气候谈判的进展，也可以考虑通过开展碳汇交易项目打开国际生态服务的市场，这样不仅可以引进发达国家的资金，还可以引进先进的造林技术和管理经验。

另外，可以通过建立保护区生态补偿基金，引入社会性收费机制。通过对保护区一定范围内的资源开发利用者或环境受益主体（如周边企业、旅游开发者、水电站、观光考察者、教学科研单位等）征收保护管理费或资源补偿费的途径来实现补偿主体的多元化。生态补偿基金可以为企业和个人搭建"购买生态服务"的平台，促进在政府主导下，企业和个人对生态补偿活动的积极参与。

5　结论

对于既是自然保护区又是民族聚居地的贫困地区，保护区周边居民对自然资源的生存依赖度很高，而保护区严格的管理条例限制周边农民开发利用资源却没有对其进行应有的补偿，这只会加剧农民落后的生活状况，导致农民为了基本生存需求不得不站到生态环境保护的对立面。案例研究表明，将生态补偿与扶持贫困人口脱贫有机结合起来才是实现贫困地区生态环境保护的关键所在。

按照国家对雷公山保护区主体功能的定位，保护区的产业要围绕生态农业和生态旅游发展。只有注入外来的新的项目和技术才能将外部补偿转化为自我积累能力和自我发展能力[4]。因此，进一步将深入调研如何将技术补偿、智力补偿和项目补偿与现有资金补偿的方式有效结合以增强落后地区产业转型的能力。

另外，生态补偿标准的确定也是生态补偿机制建立的难点和重点。本研究通过对保护区周边农民开展受偿意愿调查确定保护区生态补偿标准，只是一个初步的尝试。根据国内外已有研究成果，确定生态补偿标准还应该考虑保护区的生态系统服务功能的价值、保护成本和农民的机会成本因素，这些也有待进一步研究和探讨，以提出更科学合理的补偿依据。

参考文献

[1]　黄寰. 论自然保护区生态补偿及实施路径[J]. 社会科学研究，2010（1）：108-113.

[2]　甄霖. 海南省自然保护区生态补偿机制初探[J]. 资源科学，2006，28（6）：10-19.

[3]　王蕾. 自然保护区生态效益补助方案研究[D]. 北京：北京林业大学，2010.

[4]　母学征. 我国自然保护区生态补偿机制的建立[J]. 安徽农业科学，2008，36（23）：101-102.

第五篇
排污交易

◆　国际航空业纳入欧盟排放交易系统（EU-ETS）对中国的影响及对策
◆　基于公平发展视角的碳减排国际比较
◆　美国 SO_2 排放权交易经验及对中国的启示

国际航空业纳入欧盟排放交易系统（EU-ETS）对中国的影响及对策

Impact of International Aviation Into the EU Emissions Trading System（EU-ETS）on China and Countermeasures

葛察忠　李晓琼　高树婷

（环境保护部环境规划院，北京　100012）

[摘　要]　欧盟已于 2008 年通过法案，自 2012 年 1 月 1 日起正式将所有欧盟和非欧盟航班纳入欧盟温室气体排放交易系统（EU-ETS）。本文解读了欧盟这一法律政策及驱动原因，列举了国际航空业对此的反应，并分析了欧盟此举对中国航空业的影响，提出了争取有利于中国航空业发展的空间，制定并采取相应的应对措施，推进我国温室气体交易体系及航空技术改革等政策建议。

[关键词]　欧盟温室气体排放交易系统（EU-ETS）　航空业　影响分析　应对方案

Abstract　The EU was to pass the bill in 2008，since January 1，2012，all EU and non-EU flights are admitted into the EU Greenhouse Gas Emissions Trading System（EU-ETS）. This paper interprets EU legal policy and drivers，cites the reaction of the international aviation industry，analyzes the impact of the EU move on China's aviation industry，fight for space conducive to China's aviation industry，develop and implement corresponding measures，and offers policy proposals like promoting China's greenhouse gas trading system and aviation technology reform.

Keywords　EU greenhouse gas emissions trading system（EU-ETS），The aviation industry，Impact analysis，Encounter measure

根据 IEA 统计，全球航空业 2008 年二氧化碳排放（包括国际航空和国内航空）占总化石燃料二氧化碳排放的 2.6%，虽然其比例不高，但航空业却是全球二氧化碳排放增长速度最快的行业之一，尤其是国际航空，其二氧化碳排放量在 1990—2008 年增加了 76%，这还是在航空科技以及运行效率得到很大提高的基础上，而中国在这一时期的国际航空二氧化碳排放增量为 230%，达到 2 019 万 t。

国际航空二氧化碳排放问题一直是国际社会碳减排讨论的焦点。根据《联合国气候变化框架公约》（UNFCCC）1994 年会议（A/AC.237/5），国际航空二氧化碳排放不纳入国家温室气体排放清单，但需单独列出。《IPCC 2006 国家温室气体清单指南》也继承了这一观点。因而对于国际航空二氧化碳排放的归属和国家分配问题一直争论较大。欧盟始终是解决这一问题的积极推动者，UNFCCC 缔约方第 15 次会议（COP15）和 COP16 都专门对此进行了讨论。

2008 年 11 月 19 日，欧盟议会和欧洲委员会通过新法案（Directive2008/101/EC）[①]，决定将国际航空业纳入欧盟温室气体排放交易系统（EU-ETS）。自 2012 年 1 月 1 日起，将所有飞往和经停欧盟机场的欧盟和非欧盟航班纳入 EU-ETS。2012 年航空公司的排放额将被限制在 2004—2006 年平均年排放量的 97%，2013 年限制在 95%，以此类推。2012 年，85%的配额将是免费发放的。也就是说，如果某航空公司将维持 2010 年的航班次数，而且没有成功地减少排放，那么它需要购买 17.5%的排放权[1.00–（85%×97%）]。

根据欧盟的相关规定（EU No.394/2011）[②]，中国的国营、私营共 33 家航空公司被列入名单。根据中国民用航空局初步测算，仅 2012 年一年，中国各大航空公司至少需要向欧盟支付约 8 亿元人民币，而随着中欧间航班量的增加，这个数字将不断攀升。本文通过资料调研及数据收集，对欧盟此举的主要原因、国际航空业的反应及对中国航空业的影响进行了综述与分析，并就国内航空业的应对方案提出了建议。

1 航空业与欧盟温室气体排放交易系统

1.1 欧盟温室气体排放交易系统（EU-ETS）

联合国政府间气候变化专门委员会通过艰难谈判，于 1992 年 5 月 9 日通过了《联合国气候变化框架公约》（以下简称《公约》）。并于 1997 年 12 月于日本京都通过了《公约》的第一个附加协议，即《京都议定书》（以下简称《议定书》）。《议定书》把市场机制作为解决二氧化碳为代表的温室气体减排问题的新路径，即把二氧化碳排放权作为一种商品，从而形成了二氧化碳排放权交易。

《京都议定书》规定了 3 种碳交易机制，即清洁发展机制（CDM）、联合履约（JI）和排放贸易（ET）。清洁发展机制是附件一国家（发达国家）与发展中国家之间在清洁发展机制登记处的减排单位转让；联合履约是发达国家之间在"监督委员会"监督下，进行减排单位核证与转让；排放贸易则是在发达国家的国家登记处质检，进行减排单位的核证与转让。

除此之外，全球的碳交易市场还有另外一个强制性的减排市场，即欧盟的温室气体排放交易系统（EU-ETS）。《京都议定书》规定了《公约》附件一国家的量化减排指标；即在 2008—2012 年其温室气体排放量在 1990 年的水平上平均削减 5.2%。其他规则从《议定书》中衍生，如《议定书》规定欧盟的集体减排目标为到 2012 年，比 1990 年排放水平降低 8%，欧盟从中再分配给各成员国，因此于 2005 年开始实施 EU-ETS，确立交易规则。EU-ETS 允许将碳排放权作为一种商品在欧盟流通。欧盟委员会根据《议定书》为欧盟各成员国规定的减排目标和欧盟内部减排量分担协议，确定了各成员国的二氧化碳排放量，之后再由成员国根据国家分配计划（National Allocation Plan，NAP）分配给该国的企业。若企业通过技术升级、改造等达到了减少二氧化碳排放的要求，可以将用不完的排放权卖给其他未完成的企业。

---

① European Commission，2008.

② European Commission，2011.

EU-ETS 目前已在 30 个国家运作（包括欧盟的 27 个成员国以及冰岛，列支敦士登和挪威），有约 11 000 家工厂和电厂加入，包括发电、炼油、钢铁、水泥、玻璃、石灰、制砖、制陶及造纸等行业。EU-ETS 的目标是使 2020 年的温室气体排放水平比 2005 年降低 21%，在其严格的体系之下，航空业将在 2012 年加入。至 2013 年，EU-ETS 的范围将扩大至石化行业、合成氨工业及制铝业。[①] 此外，欧盟还正酝酿将航运业纳入 EU-ETS。近日，国际海事组织（International Maritime Organization，IMO）在欧盟成员国的支持下，宣布从 2015 年开始，对新船舶采用能效设计指数（Energy Efficiency Design Index，EEDI），以帮助降低船舶运输时产生的二氧化碳排放。IMO 以 1999—2009 年建成船舶的平均能效为基准值，规定 2015—2019 年建成的船舶，能效须提高 10%；2020—2024 年建成的船舶能效须提高 20%，2025—2030 年建成的船舶能效须提高 30%。[②]

根据欧盟即将执行的航空业排放配额（aviation emission allowances，EUAs）定义，EU-ETS 将以航空业在 2004—2006 年的平均排放量为基础值，设定 2012 年总的排放额为这个基础值的 97%。在这个总值范围内，根据各航空公司排放额在 2010 年总排放额的比率，分配各航空公司在 2012 年的排放额。剩余的配额必须通过参与 EU-ETS 的拍卖有偿取得。该配额从 2012 年起将逐步减少。在 2012 年，航空公司 85% 的排放额度都可以免费获得，剩余 15% 的配额则需要通过拍卖的形式获得；到 2013 年，这个比例将下降到 82%，另外 3% 将作为特别预留配额，提供给 2010 年后首次开通飞往欧洲航班或 2010—2014 年吨公里数据年均增长 18% 的航空公司；免费配额到 2020 年将不复存在，全部实行拍卖机制。

航空业加入 EU-ETS 的第一个履约阶段为 2012 年，而后从 2013—2020 年为第二履约阶段。这样的设计与欧盟排放交易体系交易期保持了一致，因为其第二交易期就是从 2008—2012 年，而第三交易期则将于 2013 年开始。确保 EU-ETS 正常运行的重要程序是监测、报告和核证（MRV）制度，这一制度包括两项重要内容：①欧盟委员会及其成员国根据航空公司提交的包括吨公里数的监测报告，向航空公司分配免费的碳排放额度；②航空公司根据每年的排放监测报告，向欧盟上缴相应的碳排放配额。

1.2 欧盟将国际航空业纳入 EU-ETS 的主要原因

从保护环境的角度出发，为了减少航空业对气候变化的影响，将航空业也纳入碳排放监管的范围，这是欧盟将航空业纳入二氧化碳排放贸易系统的基本原因。航空运输业的快速增长，因航油燃烧排放气体（主要是二氧化碳、氮氧化物、硫化物等）和颗粒导致的气候变化，逐渐引起了各方面的重视。统计显示：虽然 2006 年欧盟的温室气体排放比 1990 年的水平下降了 3%，但是同期国际航空业的排放翻了一番。2012 年航空业的碳排放预计为 2 300 万 t。

从国际政治角度来讲，欧盟试图借助于航空业的国际性，模糊"共同但有区别"责任原则，将发达国家和发展中国家都纳入二氧化碳排放交易体系中，从而在气候变化问题上取得领导权，并强化其运用市场机制减缓气候变化领域的优势。欧盟在航空业的试点，有可能是其全球性行业方案的一个重要尝试。

同时，在监管欧盟航空业碳排放的同时，为了保护欧洲航空业在国际市场上的竞争力，

---

① Emissions Trading Systems（EU-ETS），欧盟官方气候行动网站，2011.

② Commission Welcomes the International Maritime Organization Agreement to Tackle CO₂ Emissions，欧盟官方气候行动网站新闻，2011 年 7 月 18 日。http://ec.europa.eu/clima/news/articles/news_2011071801_en.htm.

限制非欧盟企业在欧盟市场的扩张，也是欧盟将整个国际航空业纳入二氧化碳排放贸易系统的重要原因。

但是，此举并不是简单地以经济手段应对气候变化的政策，势必会从环境策略转变为经济策略，由经济策略进而转变到政治层面。欧盟以市场为基础的减排机制将带动欧盟的一批新兴企业，可以在未来全球碳市场中抢占先机，比如碳检测、报告和核查业务（MRV）、碳交易和碳金融业务。将航空业纳入二氧化碳贸易系统将巩固和加强欧洲在全球碳交易市场中的主导地位，并树立欧盟在国际政策和市场机制主导权。

综上所述，保护环境、保护欧盟航空业的竞争力以及寻求政治经济主导权，是欧盟如此坚决地要把国际航空业纳入 EU-ETS 的核心驱动因素。

1.3 国际航空业对欧盟政策的反应

欧盟将国际航空业纳入 EU-ETS 这一方案，在国际航空业内引起了持续强烈的反应。主要分支持、合作及反对三方面态度。

巴西和中东的航空公司比较支持欧盟此项决策。中东航空公司认为，将国际航空业纳入 EU-ETS 会使很多经欧洲转机的航班为避免计入 EU-ETS 而更改航线途经中东，从而吸引更多的国际航班在中东转机，因为按照欧盟规定，只要旅途划分两段，如在北京起程后由中东转机，以不同航班编号客机续程欧洲，则只有中东飞往欧洲的碳排放量才被计算。巴西航空业支持欧盟此举的原因是巴西在研发生物燃料或低能耗飞行器等方面具有优势。

一些亚洲国家也已表明立场，准备配合欧盟此举。亚洲的航空业如韩国、新加坡、泰国等航空公司已经和欧盟方面合作，开展前期工作准备加入 EU-ETS。一些欧盟航空公司，如荷兰皇家航空集团及旗下的法国航空公司、西班牙和葡萄牙航空公司等，已表明接受并将遵循 EU-ETS 的规定。

还有一方则是强烈反对欧盟这一单方面方案。反对者以美国为首，早在 2009 年 12 月美国已将此事诉诸欧洲法庭。美国航空运输协会和 3 家美国航空公司联手对 EU-ETS 提起诉讼，认为欧盟违反了《芝加哥公约》[①]《京都议定书》和《美国欧盟开放领空协议》。此外，欧洲航空协会（Association of European Airlines，AEA）近日与欧洲空中客车（Airbus）联名致函欧盟委员会，表示将航空业纳入 EU-ETS 可能会引起其他国家和地区的贸易冲突，而贸易争端只会削弱欧洲的竞争力，无法推动欧洲国家实现全球减排的战略目标。AEA 与 Airbus 希望欧盟能够再次认真考虑此做法，争取寻求最佳解决方案。[②]

2 欧盟政策对中国航空业的影响

欧盟于 2008 年单方面公布，自 2012 年起将所有抵离欧盟的商业航班纳入 EU-ETS，实施碳排放权配额制度。根据欧盟碳排放具体征收规定，从 2012 年 1 月 1 日起，航空公司超过免费额度的，就要到欧盟碳排放交易市场购买或通过拍卖的方式购得排放配额。如果额度用不完，亦可以出售。1 t 碳排放配额出售价格为 10～30 欧元。如果按照此方案运

---

① 国际民用航空公约（The International Civil Aviation Covenant），是有关国际民用航空在政治、经济、技术等方面问题的国际公约。国际民用航空公约是 1944 年 12 月 7 日在芝加哥召开的国际民用航空会议上签订的有关民航的公约。1947 年 4 月 4 日起生效。《芝加哥公约》第一条规定，即缔约国承认每一个国家对其领土之上的空域具有完全的和排他的主权，第十二条管理公海上空飞行的职权。

② Airbus，AEA urge EU to reconsider airline CO$_2$ emission scheme，人民日报，2011 年 6 月 10 日。

作，中国民用航空局初步测算，仅 2012 年一年，中国各大航空公司起码需要向欧盟支付约 8 亿元人民币，2020 年超过 30 亿元人民币，9 年累计支出约 176 亿元人民币。中国飞往欧洲的航班每增加一班，一年将增加 1 500 万元人民币的额外成本支付。

案例研究：经济影响的量化分析

从中国飞往欧盟的单程航班基本燃油消耗几十吨到 100 多吨不等。根据波音飞机一般机型，飞机行驶时每消耗 100 t 燃油将产生约 300 t 的二氧化碳排放，若国内一家航空公司的波音 747 航班从北京起飞往返巴黎，耗油 200 t，则往返一次将产生 600 t 的二氧化碳排放。若一年内该航线往返巴黎机场的航班班次达到 360 次，则将产生约 20 万 t 的二氧化碳排放。如果这家航空公司没有申请到欧盟的免费排放配额，那么这 20 万 t 的排放都需要花钱来买——按国际市场价格最低每吨 8～10 欧元计算，该航空公司仅北京往返巴黎航线每年就需要向欧盟支付 160 万～200 万欧元，约合 1 500 万～1 800 万元人民币。

乘客作为航空业的终端服务对象，也将成为受 EU-ETS 影响的利益相关方之一。欧盟委员会在将航空业纳入 EU-ETS 的影响分析中指出[1]，航空公司最终将把因向欧盟交付碳费的成本部分或全部转移给顾客。根据供需关系，机票价格的上涨将抑制乘客对于机票需求的增长，票价也将对乘客有一定的影响，特别是对票价敏感的旅游、探亲旅客，将减少其出行意愿。

航空公司应对减排任务的直接反应就是把减排成本转移给顾客。表面上看，航空公司似乎不会受到影响。然而，实际的航空公司运营状况表明，中国民航运输的需求量对于机票价格敏感性非常强。因此，在航空公司把减排成本转移到顾客的同时，票价上涨也可能导致需求的下降，从而影响到航空公司的净营业收入。

然而，任何事情都有正反两面，无论中国航空业是否加入 EU-ETS，欧盟的这一决定毫无疑问将促使我国航空业加快研究航空器新技术、提高燃油效率、合理优化航线、改善空中管理，并增强社会各界对航空业减排的认识。

3　对中国政府及中国航空业的建议

欧盟关于将航空业纳入 EU-ETS 的政策已经制定并提前发布，目前看来如果没有特别的变化，这项政策将会按期在欧盟成员国实施，当然也会对我国航空业，尤其是航空公司带来一定的影响。为此，我国政府及我国航空业要认真对待，研究应对措施。目前看来，我国可以从建立中国自己的排放标准及排放监测标准、加快建立自己的 ETS、开展技术改革等方面制定并实施一些政策。

3.1　积极应对，争取有利于中国航空业发展的空间

（1）政治策略。从强调联合国框架公约"共同但有区别的责任"入手，寻求对发展中国家航空企业的优惠政策，通过政治谈判将中国等发展中国家排除在 EU-ETS 之外。如果不能达到排除在外的要求，也要争取让欧盟许诺对于中国的一系列优惠政策，如：迟缓加入欧盟碳排放交易系统、得到更多的免费配额、得到有关节能减排方面及管理经验的技术支持、对于中国航空公司在欧盟碳交易的款项专门用于帮助中国航空业进行技术改造和研

---

[1] European Commission，2008.

究，以及扶持发展中国家在航空业进行温室气体减排工作。

（2）利用法律手段。可以参照美国的模式，由航空协会和企业联合起诉。尽管目前美国还没有赢得最后胜诉，但是起诉本身可以对欧盟产生压力，促进对话和协商。欧盟的碳排放政策，违反了联合国气候变化公约中"共同但有区别的责任"的原则，中国等发展中国家的碳减排义务和欧盟等发达国家的义务应当是有区别的，欧盟的减排是强制性的义务，而发展中国家的减排应该根据各自经济和社会发展水平的情况，建立在自愿的基础上。

欧盟建立的具有区域性特征的碳排放方案，高于联合国国际民用航空组织的全球总体目标。2010 年 10 月国际民航组织 37 届大会发布一个全球性的航空业减排计划，承诺到2050 年之前每年提高 2%的燃油效率，建立全球行框架促进可持续的替代燃料的开发和运用，并在 2013 年形成一个特定的世界性标准为飞行器的二氧化碳排放设定限制。

（3）呼吁建立全球统一方案。应该指出欧盟的碳政策有很大的漏洞。可能造成更大的碳排放量，因为非欧盟航空公司为了避免购买碳排放权，可能会选择绕过欧盟的线路，此举实际上增加了碳排放，违背了减排的初衷。我们可以拒绝或延缓加入碳排放交易系统，同时加快推动具有更强法律效益及国际认可的航空业碳排放体系的形成。只有制定全球性的单一减排协议方案，才能有效解决业界环保问题，此举能避免因执法尺度不一而扰乱航空市场的公平竞争。

3.2　精心准备，制定并采取相应的应对措施

（1）研究并提出碳税抵消措施。主张按照对等原则，对往返经停我国的欧盟航班同样实施类似碳税、燃油税、环境税、排放收费等方案，抵消我们在欧盟由于购买碳排放所造成的运用成本压力，为我国航空企业创造至少同等的竞争环境，扶持中国自己的航空业发展。

（2）入股欧洲航空企业。建议借鉴国内钢铁企业入股国外矿石企业的做法，通过入股欧洲航空企业，取得企业间碳排放交易的优先权与定价权；并分享由碳排放交易所带来的经济利益，从而缓解在碳排放配额的问题上对中国航空业发展带来的冲击和束缚。

（3）发挥航空器买方力量。考虑中国航空运输发展的速度和扩大机队规模的需求，我国的航空企业可以联合发挥航空器贸易市场上的买方力量，减少对欧盟生产的空客系列航空器的采购，对欧盟施加压力。

3.3　认真谋划，推进我国温室气体交易体系和航空技术改革

（1）建立中国自己的排放标准及排放监测标准。中国航空业要建立自己的数据收集和数据分析能力建设，避免欧洲核查机构出具数据的片面性。根据欧盟即将执行的航空业排放配额的计算方式，排放量基准值的得出直接影响今后数年的配额情况。针对配额制定及执行期可能出现的争端问题，中国应根据自己监测的排放数据提供技术层面的支持。

（2）建立我国温室气体排放交易体系。发改委等有关部门正在推进我国温室气体交易体系。目前正在制定相关政策，而且在一些省市开展了试点。在建立我国温室气体排放标准和排放检测标准后，应建立我国温室气体排放交易体系。研究征收碳税的可行性和制定碳排放自愿交易管理办法，探索建立交易平台和交易管理机构。将欧盟飞往我国的航空公司也纳入我国的系统，这样可以对等管理和收费。

（3）加快推进航空技术改革。这是最根本的解决碳排放问题的途径，包括新型航空燃

料的研制和对发动机的革新。需要联合航空业、科研单位、生产企业共同协作，需要国家的政策支持及加强国际技术交流与合作。尽管这是最根本的解决碳排放问题的途径，但是由于大型航空设施都是由波音和空客公司两大飞机制造商生产的，一旦飞机机型确定，每公里温室气体排放量就确定了，而且由于研发是一项周期较长的工作，并不能起到立竿见影的效果，需要长期有效的支持。

从以上措施来看，建立中国自己的排放标准及排放监测标准、建立我国温室气体排放交易体系、研究制定碳税抵消措施等，环保部门都可以发挥自己优势，介入全球和中国碳排放政策和交易体系设计，促进我国温室气体减排和环境保护工作。

参考文献

[1]　Directive 2008/101/EC of the European Parliament and of the Council of 19 Nov. 2008，"amending Directive 2003/87/EC so as to include aviation activities in the scheme for GHG emission allowance trading within the Community"，Official Journal of the European Union，Jan. 2009.

[2]　Commission Regulation（EU）No 394/2 011 of 20 Apr. 2011，amending Regulation（EC）No 748/2 009 on the list of aircraft operators that performed an aviation activity listed in Annex I to Directive 2003/87/EC of the European Parliament and of the Council on or after 1 Jan. 2 006 specifying the administering Member State for each aircraft operator as regards the expansion of the Union emission trading scheme to EEA-EFTA countries，Official Journal of the European Union，Apr. 2011.

[3]　SEC（2006）1685"Summary of the Impact Assessment：Inclusion of Aviation in the EU-ETS". Commission Staff Working Document. Brussels，2008.

[4]　王泪娟. 我国航空业如何应对国际碳减排压力——基于碳排放数据质量的分析[J]. 技术与市场，2010（12）.

[5]　马军. 我国航空运输业践行低碳运输的对策分析[J]. 对外经贸实务，2010（10）.

[6]　欧盟将收碳排放费　中国航企被迫推向环保赛场[J]. 节能与环保，2010（2）.

[7]　范泽有. 欧盟碳交易以航空业为突破口，实质性实施已近在眼前[J]. 中国产经新闻，2011-02-17.

[8]　龙金光，张志婧. 欧盟欲豪征碳排放费，中国航企年付 20 亿[N]. 南方都市报，2011-05-11.

[9]　陈姗姗. 争议欧盟航空碳税："碳排量"引发的战争[N]. 第一财经日报，www.eastmoney.com，2011-05-11.

基于公平发展视角的碳减排国际比较[※]

International Comparison of Carbon Emission Reduction From the Perspective of the Fair Development

李军军[*]　周利梅

（福建师范大学经济学，福州　350108）

[摘　要]　发达国家和发展中国家对认定碳排放历史责任、分配碳减排任务还存在诸多争议，使得应对全球气候变化的国际碳减排合作机制充满变数。本文构建国际面板数据模型，分析了 32 个发达国家和 17 个发展中国家 1971—2009 年经济增长对二氧化碳排放的影响程度，发现二氧化碳排放的收入弹性系数为 0.6，但利用面板数据模型的分割点检验，弹性系数有增长趋势。发达国家碳排放的收入弹性系数一直大于发展中国家，《京都议定书》规定的碳减排双重政策没有造成产业非正常转移，发达国家也没有严格履行碳减排义务，从各国公平拥有经济发展权的角度来看，要求发展中国家立即承担严格的碳减排义务是不公平的。

[关键词]　EKC 曲线　经济增长　二氧化碳排放　国际比较

Abstract　Both developed and developing countries has many disputes about carbon emission historical responsibility, distribution carbon emissions task, which made the international carbon emission reduction cooperation mechanism variable. This paper constructs the international panel data model, analyzed the 32 developed countries and 17 developing countries 1971-2009 economic growth's impact on carbon dioxide emissions, found the income elasticity coefficient is 0.6, but using the panel data model to do segmentation point test, elastic coefficient has growing trends. Developed countries carbon has been greater income elastic coefficient than the developing countries. "Kyoto Protocol" provisions of the carbon emission reduction of double policy did not cause abnormal transfer of industry. Developed countries are not strictly performing the obligation of carbon emission reduction. From point of the economic development rights, it's not fair to require developing countries immediately assume strict obligation of carbon emission reduction.

Keywords　EKC curve, Economic growth, Carbon dioxide, International comparison

　　二氧化碳排放和温室效应导致气候异常变化，已经引起国际社会广泛关注，国际碳减排合作机制正在不断完善之中，以遏制排放量的过快增长。但世界工业方法发展方式还未

※　基金项目：教育部人文社会科学青年基金项目（10YJC790135）和福建省社会科学规划青年项目（2011C009）。

*　作者简介：李军军，男，江西分宜人，博士，福建师范大学经济学院讲师；周利梅，女，河南新乡人，硕士，福建师范大学经济学院讲师。

根本性转变，在维持经济持续增长的压力下，各国都在继续大量使用化石能源，二氧化碳排放的增长趋势短期内难以扭转。同时，由于各国经济发展水平的差异和受气候变化的影响程度不同，实施碳减排的经济基础和发展低碳经济的动机也不同，使得实现碳减排目标与国家利益存在各种冲突，认定碳排放的历史责任和分配减排义务将是一个长期的利益博弈过程。《联合国气候变化框架公约》（简称《公约》）规定了发达国家和发展中国家在应对气候变化的不同责任，即"共同但有区别的责任"原则，就是考虑到发展中国家经济发展水平较低，实施碳减排的压力太大。2005 年起生效的《京都议定书》进一步对发达国家的碳减排作出了硬性规定，要求发达国家在 2008—2012 年第一承诺期内的温室气体排放量比 1990 年平均减少 5.2%，但各个国家具体下降幅度有所不同，大多数国家要求在 1990 年基础上减排 8%，而澳大利亚、冰岛和挪威甚至允许一定幅度的上升。但事实上，包括美国、日本等国在内的大多数发达国家都没有完成既定的碳减排目标，却在关于《京都议定书》后续碳减排问题上违背"共同但有区别的责任"原则，要求中国等发展中国家也承担硬性碳减排义务，理由是发展中国家的碳排放总量迅速增长，占全球碳排放总量的比重越来越高。另外，他们认为由于《京都议定书》实施碳减排双重政策，要求部分发达国家总量上硬性减排，而发展中国家是自愿减排，这就会造成不同国家的碳减排政策标准和实施力度有差距，碳减排压力较大的国家，政策措施更为严格，对产业的影响越大，特别是能耗较大的产业，受影响程度更大。为了避免能源约束和碳税等政策带来的不利影响，逐利的资本就会从碳减排压力较大的国家转移到碳减排压力较小的国家，促使产业非正常转移，从碳减排政策更严格的国家转移到碳减排政策更宽松的国家，二氧化碳排放也随之转移。那么，《京都议定书》是否真的有效减缓了发达国家的碳排放增速，而提高了发展中国家的碳排放增速呢？如果不是，发达国家的不合理要求，自然会遭到发展中国家的抵制，阻碍国际碳减排合作机制的顺利推进。

按照环境库兹涅茨曲线（EKC），二氧化碳排放量和收入之间存在一个倒 U 形曲线的关系，在相对较低的收入水平，随着收入的增加，能源的消费量增加并引起二氧化碳排放量增长，此时，两者呈正相关关系。随着收入增长到一定的高水平，因为环境保护意识增强，提高了环境政策的调控和传导效果，二氧化碳排放量将减少，两者呈负相关关系。因此，随着收入的增加，二氧化碳排放量的收入弹性由正变负，当弹性大于 1，意味着一个国家的二氧化碳排放量的增长速度高于经济增长速度，可以认为碳排放形势恶化，当弹性大于 1，则二氧化碳排放量的增长速度低于经济增长速度，说明碳排放与经济增长脱钩，当弹性为负数，则碳排放量开始绝对下降。对于环境库兹涅茨曲线，Grossman 和 Krueger（1991）[1]较早发现空气污染和人均 GDP 之间存在倒 U 形曲线（EKC）关系，并用国际贸易和技术转移给出了解释。Jorgenson 和 Wilcoxen（1993）[2]则用跨期一般均衡分析框架，构建模型研究了能源、环境和经济增长之间的关系。对于碳排放和经济增长关系的研究，Ang（2007）[3]，Zhang 和 Cheng（2009）[4]，Fodha 和 Zaghdoud（2010）[5]等的研究方法，建立向量自回归模型、自回归分布滞后模型（ARDL）或者向量误差修正模型（VECM），检验二氧化碳排放和 GDP 的因果关系。Azomahou（2006）[6]和 Romero-Ávila（2008）[7]等用面板数据模型（Panel Data）验证 EKC 曲线。

但这些研究大多数都基于单个国家或局部区域，也有选择经合组织或大量国家（K.M.Wang，2011）[8]作为样本的，并且侧重于 EKC 曲线的验证，都没有从对不同碳减排责任的国家对比的角度进行分析，更需要从经济发展对碳排放影响的角度分析处于不同发展阶段的国家碳减排效果。

1 面板数据模型与数据分析

不失一般性，假设二氧化碳排放主要来自化石能源消耗，影响二氧化碳排放增长的主要原因是经济增长，据此建立双对数面板数据模型：

$$\ln(CO_{2it}) = \alpha_i + \beta_i \ln(GDP_{it}) + u_{it} \qquad i = 1, 2, \cdots, n, \quad t = 1, 2, \cdots, T \qquad (1)$$

式中：CO_2——二氧化碳排放量；

GDP——国内生产总值；

i——国家；

t——年份；

α_i——二氧化碳的基础排放或自主排放；

β_i——经济增长对二氧化碳排放增长的影响，即二氧化碳排放的收入弹性系数。

$$\beta = \frac{\partial \ln(CO_2)}{\partial \ln(GDP)} = \frac{\partial(CO_2)/CO_2}{\partial(GDP)/GDP}$$

如果 $\beta > 1$，说明二氧化碳增长速度超过经济增长速度，碳减排形势恶化，碳排放强度上升；如果 $\beta < 1$，说明二氧化碳增长速度低于经济增长速度，碳减排形势好转，碳排放强度下降，特别当 $\beta \leqslant 0$，就实现了碳排放的绝对下降，说明碳排放和经济增长完全脱钩。

为了比较发达国家和发展中国家经济增长对碳排放的影响程度，可以把面板数据的样本分成两部分，分别估计以后比较弹性系数，根据弹性系数的大小来判断碳减排政策的作用。如果发达国家的弹性系数小于发展中国家的弹性系数，说明经济发展水平较高的国家碳减排形势好于发展中国家。尽管《京都议定书》规定了发达国家 2008—2012 年的强制性碳减排义务，但协议是从 2005 年开始生效，此后发达国家之间的碳排放交易非常活跃，清洁发展机制（CDM）也允许发达国家和发展中国家进行项目级的碳减排量的转让，在发展中国家实施温室气体减排项目，CDM 项目数量和规模都增长迅速。因此，要判断碳减排协议的签订对各国碳减排效果的影响，可以把 2005 年作为一个分水岭，分别估计并比较前后两个期间的弹性系数，如果弹性系数下降，说明在碳减排政策取得实质性效果。

《京都议定书》规定 41 个发达国家具有强制性碳减排义务，由于 9 个国家缺失部分碳排放统计数据，把具有完整数据的 32 个发达国家纳入分析范围，包括澳大利亚、奥地利、比利时、保加利亚、加拿大、捷克、丹麦、芬兰、法国、德国、希腊、匈牙利、冰岛、爱尔兰、意大利、日本、卢森堡、马耳他、摩洛哥、荷兰、新西兰、挪威、波兰、葡萄牙、罗马尼亚、斯洛伐克、西班牙、瑞典、瑞士、土耳其、英国、美国；发展中国家代表的选择依据是 2009 年二氧化碳排放量超过 1 亿 t，符合这个标准的国家共 17 个，分别为中国、印度、伊朗、韩国、沙特、墨西哥、印度尼西亚、南非、巴西、泰国、埃及、阿根廷、马来西亚、委内瑞拉、阿拉伯联合酋长国、巴基斯坦和越南，这样共有 49 个国家纳入分析范围。二氧化碳排放和 GDP 数据都采集自国际能源署（IEA）的能源统计年鉴[9]，时间跨度为 1971—2009 年，其中二氧化碳排放（CO_2）单位是百万吨，GDP 全部以 10 亿美元为单位，包括按汇率（GDPE）和按购买力平价（GDPP）两种计算方法，并且折算为 2000 年不变价格。

　　数据测算表明，2009 年世界各国二氧化碳排放总量为 290 亿 t，是 1990 年的 1.38 倍，比 1971 年翻了 1 倍。纳入样本的 49 个国家碳排放总量为 238.3 亿 t，占全球总量的 82.2%，具有较好的代表性。其中，17 个发展中国家碳排放总量从 1990 年增长的 47.9 亿 t 快速增长到 2009 年的 126.9 亿 t，年均增长 5.26%，占全球碳排放总量比重从 1990 年的 22.9%上升到 2009 年的 43.9%。同期 32 个发达国家的碳排放总量则从 108.1 亿 t 上升到 111.3 亿 t，上涨了 3%，比重从 51.6%下降到 38.4%。如果考虑到其他 9 个国家，1990 年 41 个发达国家的碳排放总量为 139.3 亿 t，2009 年为 130.53 亿 t，下降了 6.3%，期间波动变化幅度不大，但占全球总量的比例则从 1990 年的 66.4%逐步下降到 2009 年的 45%，已经不足全球碳排放总量的一半。照此看来，近年来碳排放总量的快速增长主要归因于发展中国家，只有发展中国家实施严格的碳减排措施，才能有效控制全球碳排放总量的过快增长，这也是近年来在全球气候峰会上，发达国家强硬要求发展中国家承担硬性碳减排义务的主要原因。但是从碳排放和经济发展的关系来看，发展中国家的经济发展水平较低，大多处于工业化起步阶段，增长速度普遍高于发达国家，碳排放增速较快是正常的，而发达国家基本完成工业化，经济增长速度普遍放缓，碳排放增速理应降低。如果不顾这个事实，强行要求发展中国家承担严格的碳减排义务，不但忽视了发达国家碳排放的历史责任，也会剥夺发展中国家的经济增长的权利，加大发达国家和发展中国家的差距，对发展中国家而言是极不公平的。衡量发展中国家碳减排效果，重要的是看经济增长过程中碳排放的收入弹性，如果弹性系数和碳排放强度下降，就能够说明其碳减排政策的有效性。

2　检验与参数估计

2.1　单位根检验

　　由于每个时间序列都是由多个国家组成，其检验方法要考虑到截面的差异。LLC[10] 方法是应用于面板数据模型时间序列单位根检验较早的方法，假设各截面序列具有一个相同的单位根，仍采用 ADF 检验形式。而 IPS[11] 检验则是对每个截面成员进行单位根检验以后，利用参数构造统计量检验整个面板数据是否存在单位根。Fisher-ADF 检验和 Fisher-PP 检验也是对不同截面进行单位根检验，利用参数的 p 值构造统计量，检验整个面板数据是否存在单位根。分别用四种方法对 CO_2、GDPE 和 GDPP 3 个序列进行单位根检验，检验时的滞后阶数都按 AIC 最小化准则确定，结果如表 1 所示。

表 1　面板数据序列的单位根检验

序列	检验方法	CO_2	GDPE	GDPP
原序列	LLC	2.17	4.00	4.11
	IPS	2.41	4.37	4.41
	Fisher-ADF	2.33	3.92	3.94
	Fisher-PP	3.25	9.89	9.94
一阶差分	LLC	−21.12[***]	−3.54[***]	−3.55[***]
	IPS	−25.30[***]	−11.3[***]	−11.26[***]
	Fisher-ADF	−20.93[***]	−10.46[***]	−10.42[***]
	Fisher-PP	−27.21[***]	−7.57[***]	−7.52[***]

注：*** 代表显著性水平为 1%。

4 种方法的检验结果非常接近，通过对原序列和一阶差分的单位根检验结果判断，在 1%显著性水平下 3 个变量都是非平稳序列，都有单位根，并且是一阶单整，进一步可以对 3 个变量进行协整检验。

2.2 协整检验

协整检验是判断变量之间是否存在长期稳定关系的方法，Engle 和 Granger 最早提出的协整检验方法是判断两个或多个变量回归后的残差是否平稳，如果残差是平稳的，说明变量之间存在协整关系。对于面板数据的协整检验，Pedroni[12]的检验方法假设各截面的截距项和斜率系数不同，Kao[13]的检验方法却规定第一阶段回归中的系数相同。Maddala 和 Wu[14]提出根据单个截面序列的协整检验结果构建新的统计量，从而判断整个面板数据的协整关系。表 2 列出了采用不同方法分别对 CO_2 和 GDPE、CO_2 和 GDPP 两组变量协整检验的结果。检验结果一致拒绝不存在协整关系的原假设，表明 CO_2 和 GDPE、CO_2 和 GDPP 两组变量之间存在长期的稳定关系，据此可以对模型（1）进行参数估计。

表 2　面板数据变量的协整检验

		CO_2-GDPE	CO_2-GDPP
Panel v-Statistic		−0.40	−0.39
Panel rho-Statistic		−2.53[**]	−2.53[**]
Panel PP-Statistic		−4.36[***]	−4.36[***]
Panel ADF-Statistic		−5.27[***]	−5.27[***]
Kao（Engle-Granger）		6.49[***]	4.2[***]
Johansen Fisher	Test trace statistic	163.0[***]	163.3[***]
	Max−eigenvalue statistic	159.9[***]	159.7[***]

注：***、** 分别代表显著性水平为 1%、5%。

2.3 参数估计

由于各国经济发展程度不同，碳排放水平有很大差异，参数估计应该选择面板数据的变截距模型，至于选择固定效应还是随机效应，尽管样本国家只有 49 个，但仅仅用于分析这些个体，不涉及其他国家，选择固定效应模型更为合适。另外，截面随机效应的 Hausman 检验 p 值为 0.94，也不支持采用随机效应模型。考虑到存在截面异方差，采用加权广义最小二乘法（GLS）估计参数，并处理序列相关性，参数估计结果如表 3 所示。

表 3　不同解释变量方程参数估计结果

	方程 1（CO_2-GDPE）			方程 2（CO_2-GDPP）		
	1971—2009	1971—2004	2005—2009	1971—2009	1971—2004	2005—2009
α_0	1.815[***] （0.000）	1.95[***] （0.000）	0.226 （0.693）	1.50[***] （0.000）	1.637[***] （0.000）	−0.239 （0.731）
β	0.607[***] （0.000）	0.593[***] （0.000）	0.869 （0.000）[***]	0.604[***] （0.000）	0.589[***] （0.000）	0.867[***] （0.000）
AR（1）	0.969[***] （0.000）	0.962[***] （0.000）	0.771[***] （0.000）	0.969[***] （0.000）	0.962[***] （0.000）	0.772[***] （0.000）

	方程 1（CO₂-GDPE）			方程 2（CO₂-GDPP）		
	1971—2009	1971—2004	2005—2009	1971—2009	1971—2004	2005—2009
R^2	0.999	0.999	0.999	0.999	0.999	0.999
F	56 094*** (0.000)	51 303*** (0.000)	17 947*** (0.000)	56 060*** (0.000)	51 265*** (0.000)	17 599*** (0.000)
D.W.	1.995	2.044	2.284	1.99	2.04	2.282
Chow-F	1.44**			1.43**		

注：这里省略 α_i，括号内数字为 t 值，***、** 分别代表显著性水平为 1%、5%。

方程 1 的解释变量是按汇率计算的国内生产总值（GDPE），方程 2 的解释变量是按购买力平价计算的国内生产总值（GDPP），方程拟合优度较高，除截距项外参数都能通过 1% 显著性检验，两个方程的系数比较接近，说明以不同方式换算的 GDP 对结果影响不大。考察不同期间的系数，1971—2009 年碳排放的收入弹性系数 0.607<1，说明长期内碳排放强度在下降，但 2005—2009 年的弹性系数却高达 0.869，比 1971—2004 年的弹性系数高出 0.276 个百分点，表明 2005 年以后的碳减排形势反而恶化了，那么这个弹性系数的变化是否显著呢？可以把检验变量关系是否发生结构性变化的 Chow 分割点检验应用到面板数据模型中来，设样本个数 n，数据期间 T，估计的残差平方和 SSR，子样本期间 T_1 和 T_2，估计的残差平方和分别是 SSR_1 和 SSR_2，待估参数 k 个，构建面板数据模型的 Chow 分割点检验统计量：

$$F = \frac{(SSR - SSR_1 - SSR_2)/(k + n + 1)}{(SSR_1 + SSR_2)/(n \times T - 2k - 2n - 2)} \qquad (2)$$

如果统计量大于临界值，说明两个时期内的系数有显著差异。方程 1 和方程 2 的 Chow-F 都在 5% 的显著性水平下通过检验，碳排放的收入弹性系数在 2005 年以后是显著上升的。由于样本中 49 个国家既包括发达国家，也包括发展中国家，那么它们对碳排放的收入弹性系数上升的作用是否相同呢？为了区分各自的作用，分别以 32 个发达国家和 17 个发展中国家组建样本，利用模型（1）进行估计，仍然采用加权广义最小二乘法（GLS），参数估计结果如表 4 所示。

表 4　不同样本方程参数估计结果

	方程 3（CO₂-GDPE）发达国家			方程 4（CO₂-GDPE）发展中国家		
	1971—2009	1971—2004	2005—2009	1971—2009	1971—2004	2005—2009
α_0	−0.139 (−0.107)	1.02*** (2.810)	−0.578 (−0.978)	2.814*** (10.046)	3.037*** (10.073)	0.892*** (4.368)
β	0.712*** (8.162)	0.635*** (10.515)	0.883*** (8.164)	0.580*** (15.25)	0.556*** (12.77)	0.773*** (23.65)
AR（1）	0.988*** (80.718)	0.964*** (67.834)	0.821*** (12.99)	0.961*** (154.88)	0.964*** (151.82)	0.582*** (13.58)
R^2	0.999	0.999	0.999	0.998	0.998	0.999
F	74 271***	67 856***	17 820***	23 716***	18 953***	8 401***
D.W.	2.098	2.136	2.57	1.899	1.874	1.759
Chow-F	1.72***			0.79		

注：这里省略 α_i，括号内数字为 t 值，*** 代表显著性水平为 1%。

方程 3 的样本由 32 个发达国家组成，方程 4 的样本由 17 个发展中国家组成，方程拟合优度较高，除截距项外参数都能通过 1%显著性检验，方程 3 的系数 0.712 大于方程 4 的系数 0.574，在两个不同时期内，发达国家的碳排放的收入弹性系数都超过发展中国家。按照式（2），方程 3 的分割点检验 Chow-F 值在 1%显著性水平下通过检验，也是明显大于 2005 年以前的弹性系数。虽然发展中国家的弹性系数也有上升，但没有通过分割点检验。

3 结论

在环境和能源约束下维持经济持续稳定增长，无疑是各国经济政策的重要目标。旨在应对气候变化的国际碳减排合作机制能否发挥作用，关键在于碳减排目标的设定对经济增长的影响程度以及碳减排任务的分配能否得到各国认可，只有在碳减排任务合理、公平分配的前提下，兼顾到处于不同发展阶段国家的承受能力，才能得到广泛认可，形成合作的基础。碳排放的收入弹性系数反映经济增长对碳排放的影响程度，弹性系数的大小和变化趋势能够说明一个国家的碳减排政策效果和应对气候变化的努力程度，也可以作为碳减排任务分配的依据之一。利用面板数据模型分析 1971—2009 年主要国家经济增长对碳排放的影响，弹性系数为 0.6，碳排放增幅低于经济增长幅度，碳减排政策发挥了一定的效果。但是分割点检验判定弹性系数有明显上升趋势，2005—2009 年的弹性系数达到 0.869，说明近年来经济增长过程中碳减排力度在减小。对比发达国家和发展中国家两组样本，尽管发达国家的碳排放总量增长缓慢，部分国家的碳排放总量甚至下降，而发展中国家的碳排放总量增长比较快，占全球碳排放总量的比重明显上升，但发达国家碳排放的收入弹性系数在各个阶段一直大于发展中国家，2005 年以后也没有明显改变，这一方面说明发达国家碳减排政策实施力度不够，效果还不甚明显，另一方面也说明《京都议定书》规定发达国家和发展中国家不同的碳减排义务形成的政策差异，并没有造成资本因为规避碳排放约束而发生明显的非正常转移。

从各国公平拥有经济发展权的角度来看，应该坚持"共同但有区别的责任"原则，在明确发达国家碳排放历史责任的前提下，发挥发达国家良好经济基础和先进技术优势，确实降低碳排放强度。同时，加强国际合作交流，加大技术转让和资金援助力度，扩大碳排放权交易范围，完善清洁发展机制，提高发展中国家的碳减排积极性，降低发展中国家的碳排放增速。只有建立在公平、合理基础上的国际碳减排合作机制，才能发挥各国碳减排的积极性，有效控制全球碳排放过快增长。

参考文献

[1] Grossman G.M., Krueger A.B. Environmental impacts of a north American free trade agreement. working paper No. 3914, National Bureau of Economic Research, 1991.

[2] Jorgenson D.W., Wilcoxen P.J. Energy, the environment and economic growth. In: Kneese, A.V., Sweeney, J.L. (eds.) Handbook of Natural Resource and Energy Economics, 1993 (3): 1267-1349.

[3] Ang J.B. CO_2 emissions, energy consumption, and output in France. Energy Policy, 2007 (10): 4772-4778.

[4] Zhang X.P., Cheng X.M. Energy consumption, carbon emissions, and economic growth in China. Ecol. Econ, 2009 (68): 2706-2712.

[5]   Fodha M., Zaghdoud O. Economic growth and pollutant emissions in Tunisia: an empirical analysis of the environmental Kuznets curve. Energy Policy, 2010 (38): 1150-1156.

[6]   Azomahou T., Laisney F., Van Phu, N. Economic development and CO_2 emissions: a nonparametric panel approach. J. Public Econ, 2006 (90): 1347-1363.

[7]   Romero-Ávila D. Convergence in carbon dioxide emissions among 37 industrialised countries revisited. Energy Econ, 2008 (30): 2265-2282.

[8]   Wang Kuanmin. The relationship between carbon dioxide emissions and economic growth: quantile panel-type analysis. Qual Quant, 2011-09-07.

[9]   IEA. CO_2 EMISSIONS FROM FUEL COMBUSTION 2011[M]. http://www.iea.org.

[10]   Levin A., Lin C.F., Chu C. Unit root tests in panel data: asymptotic and finite-sample properties. J. Economet, 2002 (108): 1-24.

[11]   Im K.S., Pesaran M.H., Shin Y. Testing for unit roots in heterogeneous panels. J. Economet, 2003 (115): 53-74.

[12]   Pedroni P. Critical values for cointegration tests in heterogeneous panels with multiple regressors. Oxford Bull Econ. Stat, 1999 (61): 653-670.

[13]   Kao C. Spurious regression and residual-based tests for cointegration in panel data. J. Economet. 1999 (90): 1-44.

[14]   Maddala G.S., Wu S. A comparative study of unit root tests with panel data and a new simple test. Oxford Bull Econ. Stat, 1999 (61): 631-652.

美国 SO_2 排放权交易经验及对中国的启示

American Experiences on SO_2 Emissions Trading and the Lessons to China

王丽娟

（广东省社会科学院环境经济与政策研究中心，广州　510610）

[摘　要]　排污权交易制度是利用市场机制解决环境问题的有效途径。美国从 20 世纪 70 年代开始实践排污权交易，尤其是在 SO_2 排放权交易方面积累了丰富的经验。中国这项政策的实践探索遇到众多障碍，应该借鉴美国的经验，在法律法规、监管体制机制、初始排放权的分配及与现行制度融合等方面不断完善 SO_2 排放权交易的制度环境。

[关键词]　SO_2 排放权交易　美国　对策建议

Abstract　Emissions trading system is an effective way to solve environmental problems through market mechanisms. On the basis of introducing SO_2 emissions trading practice in the field of air pollution control in the United States, this paper analyzes the practice situation and existing impediments of the policy which has been carried out in China, at last, the paper tries to find out solutions to the problem and suggestions.

Keywords　SO_2 Emissions trading, the United States, Suggestions

　　排污权交易是由美国经济学家戴尔斯（J. H. Dales，1968）于 20 世纪 70 年代首先提出的，其核心思想是：在满足环境要求的条件下，建立合法的污染物排放权利即排污权，并允许这种权利像商品那样被买入和卖出，以此来进行污染物的排放控制（马中，D.Dudek，1999）。排污权交易制度在实现污染总量控制目标的同时，还寻求到一条既满足环境质量要求，也满足资源配置效率，同时还可促进成本节约、技术进步和产业升级的最佳途径（王学山等，2005）。对于交易主体而言，排污权交易行为成立的根本动力是成本的有效节约，使企业在购买排污权和治理污染之间作出对自己有利的选择，所以全社会总污染治理成本最小化是这一制度实施的重要结果之一。

作者简介：王丽娟，女，广东省社会科学院环境经济与政策研究中心，助理研究员，研究方向：环境政策与可持续发展。通信地址：广东省广州市天河北路 369 号广东省社科院环境中心（510610）；手机：13751857176；电话/传真：020-38823723；E-mail：cuckoowang@126.com。

1　美国 SO_2 排放权交易制度的应用

1.1　四大核心政策手段

美国 20 世纪 70 年代开始实践排污权交易制度，尤其是在大气污染控制领域对 SO_2 排污权交易的应用，可谓迄今为止该制度实践时间最长也最为成熟的典范。"容量节余"（netting）、"补偿"（offset）、"泡泡"（bubble）和"银行"（banking）是美国 SO_2 排污权交易的四大核心政策手段。

1974 年，美国国家环境保护局（EPA）创设了容量结余政策（netting policy）。在该政策之前，企业新建或改建的排放源必须通过严格的"新排放源审查"。其中包括预建许可、环境影响评估、最佳的相关技术设备安装等内容，费时费力成本又高，企业负担很重。容量结余政策给了企业灵活地选择，即需要改建或扩建的排污企业，只要企业内部总排污量没有增加，就允许通过减少同一工厂内的其他污染排放来避免通常要求达到的更高标准，并可避免新污染源的审查要求。

1976 年，美国国家环境保护局推出了补偿政策（offset system），主要用于环境"未达标地区"（《清洁空气法》将全美范围内那些未按要求达到法案规定空气标准的地区定为"未达标地区"）的新污染源和改扩建污染源，以及达标区的特定污染源，以解决这些地区经济发展与环境保护的矛盾。并将企业的适用范围由单个企业内部扩展到企业之间。补偿政策将污染源分为：老污染源（20 世纪 70 年代中期已经存在的污染源）、新污染源（70 年代中期后出现的污染源）、改扩建污染源。在非达标地区，以及达标区中一些特定地区，新建和扩建企业必然带来新的污染，从而加重该地区的污染程度。对此，美国国家环境保护局提出，布局在"非达标地区"已列入排污源控制的现有企业，如果削减现有排放量，且其排污削减额得到环保管理机构确认，即可认定为"排污削减信用"（emission reduction credits，ERC）。那些将产生污染排放物的新排放源或新企业要想布局到"非达标地区"，必须从企业内或市场上获得"排污削减信用"。EPA 规定，新企业可以向现有企业购买 ERC，其数量是其计划排放量的 120%，其中 100% 对应其计划排放量，另外 20% 的"排污削减信用"将无偿放弃，以作为"非达标地区"排污总额降低的一种补偿途径，促进区域空气质量改善。从美国全国来看，大约 10% 的补偿交易发生在公司内部；其余发生在同一公司所属的污染源之间（君南，2007）。大多数排污削减信用是关闭老污染源而产生的。

1979 年，美国国家环境保护局出台"泡泡"政策（bubble），又称排污削减替代政策。并开始在达标地区和未达标地区的老污染源中试行。该政策将一个污染企业的多个污染源当做一个"泡泡"，只要该"泡泡"向外界排出的污染物总量符合政府规定的排污额度，并保持不变，不危害周围的大气质量，就允许"泡泡"内各污染源从控制成本的角度，通过转让排污削减信用来相互调剂各自的排污量，从而使"泡泡"内的总体控污成本最小化。1986 年 EPA 扩大了"泡泡"政策的应用范围（称为"多泡"政策），污染者可以将整个工厂或邻近的几个工厂捆在一起作为一个"泡泡"，允许在这些扩大的"泡泡"中转让排污削减信用。"泡泡"政策的实行，使排污企业能够以最经济的代价、较少的设备改动，达到符合污染控制的总体要求。

1979 年，美国国家环境保护局还同时提出了银行政策（banking）。因为美国排污权许可证每年发放，企业通过努力产生的排污削减信用的有效期也是一年。银行政策就可以让排污企业在某一时期内富余的排污削减信用存入经 EPA 认可的银行，以延长削减信用的使用期，银行方面负责以后的储存和流通。排污削减信用是通用的媒介，可以在以后的"泡泡"、补偿及容量节余等项目中使用。既可以在将来的合适时间出售（交易）给其他企业，也可自己使用。美国各个州有权制订各自的银行计划。美国国家环境保护局先后批准了 24 家以上的排污银行。

美国排污权四项政策的共同特征是产生排放削减信用，它需经污染源将排放减少到允许的排放量之下并向所在州申请到减排证明之后才形成。一般以吨为计算单位，并以一年为运行周期。产生削减信用最一般的方法是关闭现有污染源，也有通过改造生产工艺和安装污染装置来产生。

1990 年美国《清洁空气法》修正案提出了"酸雨计划"（Acid Rain Program），主要目标之一就是到 2010 年，美国的 SO_2 年排放量将比 1980 年的排放水平减少 1 000 万 t。为实现这一目标，该计划明确规定在电力行业实施 SO_2 排放总量控制和交易政策（cap 和 trade）。这实际上是在全国范围内推行 SO_2 排放权交易。

1.2 政策步骤与过程

美国 SO_2 排放权交易制度实施的几个关键步骤是：

（1）确定总量。确定某个被选定地区在给定的一段时间内可流通的总排污许可量，可交易的排污许可能够对对象地区的排污水平实现控制。

（2）初始排污权的分配。确定总排污许可量后，就是如何在污染企业之间分配初始许可配额。初始配额可以通过无偿或者有偿拍卖两种方式发放给排污企业。每张许可证准许其持有者在一段给定的时间内排放一定数量污染物。美国现有的可交易排污许可证制度包含了一种"历史档案计划"，也就是基于历史排污水平的分配标准。美国国家环境保护局将每一个许可定义为允许排放 1 t SO_2。绝大多数的许可以"历史档案计划"（也叫"祖父条款"）方式分配，即按照企业原有排污量的比重无偿分配，其分配量占初始分配总量的 97.2%，剩余的 2.8% 由环保管理部门拍卖，为市场和另外的限额源提供早期的价格信号。此外，为了鼓励企业使用清洁能源和可再生能源，环保部门还拨出 30 万份许可，设立能源保护和可再生能源奖励储备。总体上，这三种形式分配的许可证总和相对稳定。1990 年前的第一阶段年平均 570 万份许可，1990 年后第二阶段为 895 万份。

（3）监管与处罚。即对超过限额的排污实施严格的惩罚。美国国家环境保护局要求每一个相关企业在每座烟囱上安装连续排放监测系统以监测实际的 SO_2 排放情况，排放数据向环保部门报告。在每年年终，每一排污企业必须在环保管理部门的账户上持有足够的许可，以抵消实际排放量，对超过规定排放量的企业，必须接受每超过 1 t 处以 2 000 美元的严厉罚款（2003 年底以前，SO_2 排放权交易价格一直在每吨 250 美元以下，2004 年 1 月后猛涨，也才 620 美元/t）。此外，美国《清洁空气法》（1990 年修正案）还规定有关的罚金以违法行为持续的天数计算，排污者不守法所持罚金越多，不守法的日期越长，罚金越重。同时，对违法者还可判处 1 年以下监禁。

美国的排污权交易政策经历了一个从对排污者个体的控制，到对一个区域甚至全国范围的污染排放总量控制的发展过程。排污权交易制度成功地使美国的二氧化硫排放量减少了一半，二氧化硫排放削减量大大超过预定目标（崔大鹏，2003）。据美国总会计师事务所估计，排污许可的市场价格远远低于预期水平，治理污染的费用节约了 20 亿美元，充分体现了排污权交易能够保证环境质量和降低达标费用的两大优势。

2　排污权交易制度在中国的实践

2.1　国内排污权交易制度实践历程

20 世纪 90 年代起，我国也开始了排污权交易制度的实践探索之路，并在多个地区开展过多次排污交易试点工作，试点交易对象集中在大气污染中的 SO_2 和水污染物中的 COD 两种物质。1991 年，国家环保局在包头、开远、柳州、太原、平顶山和贵阳 6 个城市实施大气排污权交易试点工作。由于缺乏成熟的监测技术和法律支撑，首批试点不久搁浅。2001 年，国家环保总局与美国环境保护基金会签署了"研究如何利用市场手段，帮助地方政府和企业实现国务院制定的污染物排放总量控制目标"的合作协议备忘录，确立了"利用市场机制控制二氧化硫排放"的中美合作研究项目，由美国环保协会提供技术、人员及资金等多方面的支持，在江苏南通和辽宁本溪试点实施该项目。2002 年 7 月，国家环保总局又选择在山东、山西、江苏、河南、上海、天津、柳州 7 个省市开展"二氧化硫排放总量控制及排污权交易试点"，随后又增加了华能集团参加试点，简称"4+3+1"，试点范围涉及"两控区"18.56% 的 SO_2 排放量、131 个城市（包括县级市）和 727 家企业。在试点项目的推动下，数项二氧化硫排放权交易案例得以完成。2001 年 11 月，南通天生港发电有限公司向南通另一个大型化工有限公司出售 1 800 t SO_2，这是我国第一例二氧化硫排污权交易案例。

近年来，随着环境保护工作压力的加剧和环境管理手段的创新，全国多个省市地区又再次纷纷试水排污权交易，"太湖流域主要水污染物排污权有偿使用和交易试点"已成为财政部和环保部推进节能减排工作的一项新的重大举措，北京、上海、天津、南京、湖北等地搭建了排污权交易平台，多个省市结合自身环境特征，制定和出台了排污权交易制度的相关办法和规范性文件，部分省市还进行了交易实践尝试。

2.2　我国排污权交易制度实践的阻碍因素

（1）认识误区和目标偏差。美国排污权交易制度设立和实施的重要目标之一是要实现污染控制总成本的最小化，提高环境容量资源的配置效率。这在我国现阶段的排污权交易试点工作中还没有完全体现。认识上的误区往往就带来行动上的偏差。目前多数已经开展了排污权交易试点工作的地区，多是将排污权交易作为污染减排的一种经济手段使用。即通过排污权交易，在排放总量不变的前提下，为新上项目寻求排放指标，排污指标一经获得交易即结束，无法形成持续性。同时，这种思想指导下的交易过程无法摆脱政府主导的"拉郎配"现象，且始终停留在个别企业的交易行为上。

（2）侧重初始权分配的有偿使用而非排污权交易的整个过程。排污权交易系统的运行包括 3 个基本环节：某区域或社会愿接受或容忍的污染程度的公共决策；对排污权利总量的限制与分配；建立排污权买卖的市场。围绕这 3 个环节，排污权交易制度由两部分构成：排污许可证和排污许可证的交易（李剑，2003）。

从美国等国家的经验可得出，排污交易制度的核心是排污许可证的交易环节。只有实现了交易并形成一定的市场规模后，排污权交易制度的节约污染治理总成本的优势才能得以显现。也才能形成激励企业进行生产工艺改造和技术提升，并持续、主动地参与到排污交易制度中的良性循环。

而从目前我国排污权交易实践结果来看，尤其是近几年来各地轰轰烈烈进行的排污权交易制度探索，无不以排污权初始分配的有偿使用为基点，其目的或是进行金融手段创新，或是拓宽环境保护资金筹措渠道，或是为了完成污染减排约束性任务。无论是理论上还是操作上，排污权初始分配的确定极为困难，由于信息上的不对称，每个企业的污染治理的边际成本对于政府而言就像是个"黑箱"。多数试点地区花费大量精力和财力，期望得出合理的排污权有偿使用的初始价格，但结果并不理想。同时，排污权有偿使用与现行排污收费的关系亦未理顺，这都使我国的排污权交易制度探索工作停滞不前。

作为排污交易制度的一个环节，初始权分配是为整个制度的顺利实施奠定基础，所以采用何种形式（无偿或有偿）应该以制度的有效推行而非分配本身为依据。即便是在市场经济高度发达的美国，SO_2 排污许可证的初始分配仍是以无偿分配为主，仅剩余 2.8% 的量用于拍卖，目的是使新建企业能够顺利进入排污市场而又不会突破污染物总量限制，同时还可以为市场和另外的限额源提供早期的价格信号。

（3）缺乏排污权交易的相关法律保障。美国的《清洁空气法》修正案为 SO_2 排污权交易的顺利实施提供了强有力的法律保障。我国目前尽管部分试点省市出台了一些地方性的排污权交易政策法规，但国家层面上的法律一直没有建立。根据中国现行法律，任何企业均只有保护和改善环境的权利，而没有明确规定其有排放基本污染量的权利，即法律上没有创设可用于交易的排污权的概念，企业实际上没有获得真正意义上污染物排放的产权。

（4）存在排污权交易的技术障碍。与排污权交易制度密切相关的排污许可证制度没有理顺和建立起来。国家现行的《大气污染防治法》等虽已提到了排污总量控制及排污许可证制度，但无具体实施细则。各地排污许可证五花八门，无法为排污权交易制度提供保障和依据。现行排污许可证制度的不规范性在技术层面大大加重了排污权初始分配的难度。

同时，排污数据监测的准确性也是影响政策实施的关键性技术因素。目前全国多个地方的排污许可证仍继续使用基于浓度控制的污染监测手段，无法满足总量控制的管理需求。此外，从所占比例上来看，国内只有少数企业安装排污自动呈报系统，排污监察主要依靠企业自己申报。事实上，即使试点城市计划建立在线监察系统，但因技术及设备投资等未能配合，最终还是以传统的间接法和物料衡算法考核居多，缺乏准确性和及时性，严重削弱了监测系统的有效性。

3 我国实施 SO_2 排放权交易的对策建议

3.1 加快构建国家层面的排污权交易法律法规体系

必须充分重视和加强排污权交易制度的法律法规建设，尤其是国家层面的法制供给，为政策的推行提供强有力的法律保障，确保整个交易流程的规范化。

建议在修订《环境保护法》《大气污染防治法》及《环境保护条例》等单行法时，应明确排污权交易制度的法律地位。《大气污染防治法》中仅有关于排污许可证的一般性规定，缺少排污权交易的法规支持。同时，抓紧制定有关污染物排放总量控制、排污权交易监管办法、排污权交易管理办法、排污权交易资金管理办法等法律法规。进一步明确排污交易中政府、企业及中介组织等分配主体和交易主体的责权利和违法责任等，确保排污权交易有法可依。

3.2 研究明确切实可行的排污初始分配方式

排污权初始分配是排污权交易制度的一级市场，其政策目标是落实总量指标，合理设定"增量"。Hahn（1984）指出，在不完全竞争的市场中，排污权的初始分配会影响排污权交易制度的效率。排污权初始配额分配的一级市场是由政府主导完成的，它的公平与否是排污交易能否有效运行的重要基础和前提。如何把排污权公平公正地分配给企业也是目前排污交易政策研究和实践争论的热点之一。

若无偿分配，排污者就有了一定的缓冲机会，但往往是工艺落后或缺少污染治理措施的污染大户得到的排污许可权大，将来在排污权交易中受益也就多，这不符合市场经济下的效率和公平原则；若拍卖或定价出售，政府可以从中筹集资金用于环境保护，但首次购买排污权会给企业带来一定的经济压力，同时排污初始权的分配价格较难准确得出。

从排污权交易制度的整体推行上，可以尝试将排污权交易制度与目前的排污收费制度进行有效结合。必须提高目前排污收费标准，以鼓励改进工艺和加大污染治理力度。在此基础上无偿分配排污初始权给企业。对于参与分配和交易的排污者对象，新老企业应区别对待，破产企业要及时收回排污权；在分配方式上，建议实行基于排放绩效的分配方法；在配额分配的有效时限设置上，考虑到其可操作性及其与五年总量控制规划相结合，可以采取五年期排污许可证的形式。

在经济发达的东部沿海地区可尝试排污权有偿分配探索。但必须解决好有偿分配与排污收费的相互关系。

3.3 加强排污权交易与现行环保制度的契合

从制度结构分析，孤立的制度存在只能将其推向死亡，任何一项制度都不是单一的，它包括多层次、多方面的制度维度支撑，制度间的互补、配合及协调将有助于使其实现高效率的执行力，并最终达到稳定状态。而我国现阶段的排污权交易制度，就严重缺乏相应的制度支撑，与其他现行环境保护制度的磨合期还远未结束，这种制度间的断层极大限度地降低排污权交易制度的效率及预期效果。因此，排污权交易制度实践能否在我国取得成功，关键在于能否很好地完成排污权交易制度与现行环境保护制度的制度契合，实现政策一体化，形成统一、完善、融合的大环境保护制度体系。

作为环境保护的基本制度之一，排污许可证制度与排污权交易密切相关。排污许可证制度在我国推行已有数十年的历史，但从目前全国的现状来看，实施效果不甚理想。排污许可属于行政许可制度的一种，至今，我国尚未制定出台普遍适用于全国及所有排污单位的统一的排污许可立法，所以说，排污许可制度尚未完成制度化。排污许可证要与总量控制和浓度控制相结合管理，进行双标准控制，许可证上不仅要规定浓度限值、速率（或吨产品污染物排放量），也必须规定污染物年排放总量规定。只有这样，排污许可证才能发挥其作为排污权交易制度顺利推行的前提和基础作用。

3.4 完善监测体系，强化监管能力

全面推行排污权交易，需要加强污染物排放监测和监管能力建设，扩大要求安装在线检测设备的排放单位范围，确保污染物的排放能够被有效地跟踪和监控。必须加大构建污染源基础数据库信息平台、排放指标分配管理平台、污染源排放核定平台、污染源排放交易账户管理平台的力度，全面管理参加排污权交易的各类对象。

参考文献

[1]　J. H. Dales，1968：Pollution，Property and Prices．Toronto：University of Toronto Press.

[2]　马中，D.Dudek，总量控制与排污权交易[M]．北京：中国环境科学出版社，1999.

[3]　王学山，等．区域排污权交易模式研究[J]．中国人口·资源与环境，2005（6）：62-66.

[4]　李剑．排污权交易的优越性不容置疑[N]．人民日报（海外版），2003-12-24. http://www.people.com.cn/GB/paper39/6838/666157.html.

[5]　崔大鹏．国际气候合作的政治经济学分析[M]．北京：商务印书馆，2003.